中国地质调查成果 CGS 2017-038
内蒙古自治区矿产资源潜力评价成果系列丛书

内蒙古自治区
遥感地质应用研究

NEIMENGGU ZIZHIQU YAOGAN DIZHI YINGYONG YANJIU

张 浩 颜 涛 陈卫东 等著

图书在版编目(CIP)数据

内蒙古自治区遥感地质应用研究/张浩等著. —武汉:中国地质大学出版社,2018.12
(内蒙古自治区矿产资源潜力评价成果系列丛书)
ISBN 978-7-5625-4442-5

Ⅰ.①内…
Ⅱ.①张…
Ⅲ.①区域地质调查-地质遥感-研究-内蒙古
Ⅳ.①P562.26

中国版本图书馆 CIP 数据核字(2018)第 276380 号

内蒙古自治区遥感地质应用研究			张 浩 等著
责任编辑:段连秀	选题策划:毕克成 刘桂涛		责任校对:徐蕾蕾
出版发行:中国地质大学出版社(武汉市洪山区鲁磨路388号)			邮政编码:430074
电　　话:(027)67883511	传真:67883580		E-mail:cbb@cug.edu.cn
经　　销:全国新华书店			http://cugp.cug.edu.cn
开本:880 毫米×1230 毫米 1/16		字数:500 千字	印张:15
版次:2018 年 12 月第 1 版		印次:2018 年 12 月第 1 次印刷	
印刷:武汉中远印务有限公司		印数:1—900 册	
ISBN 978-7-5625-4442-5			定价:288.00 元

如有印装质量问题请与印刷厂联系调换

《内蒙古自治区矿产资源潜力评价》
出版编撰委员会

主　　任：张利平

副 主 任：张　宏　赵保胜　高　华

委　　员：（按姓氏笔画排列）

于跃生　王文龙　王志刚　王博峰　乌　恩　田　力
刘建勋　刘海明　杨文海　杨永宽　李玉洁　李志青
辛　盛　宋　华　张　忠　陈志勇　邵和明　邵积东
武　文　武　健　赵士宝　赵文涛　莫若平　黄建勋
韩雪峰　路宝玲　褚立国

项目负责：许立权　张　彤　陈志勇

总　　编：宋　华　张　宏

副 总 编：许立权　张　彤　陈志勇　赵文涛　苏美霞　吴之理
方　曙　任亦萍　张　青　张　浩　贾金富　陈信民
孙月君　杨继贤　田　俊　杜　刚　孟令伟

《内蒙古自治区遥感地质应用研究》

主　　编：张　浩　颜　涛　陈卫东

编写人员：裴兰英　苏　文　郭　欣
　　　　　高　枫　刘其梅　帅建华

项目负责单位：中国地质调查局　内蒙古自治区国土资源厅

编　撰　单　位：内蒙古自治区国土资源厅

主　编　单　位：内蒙古自治区地质调查院

序

2006年，国土资源部为贯彻落实《国务院关于加强地质工作决定》中提出的"积极开展矿产远景调查评价和综合研究，科学评估区域矿产资源潜力，为科学部署矿产资源勘查提供依据"的精神要求，在全国统一部署了"全国矿产资源潜力评价"项目，"内蒙古自治区矿产资源潜力评价"项目是其子项目之一。

"内蒙古自治区矿产资源潜力评价"项目于2006年启动，2013年结束，历时8年，由中国地质调查局和内蒙古自治区人民政府共同出资完成。为此，内蒙古自治区国土资源厅专门成立了以厅长为组长的项目领导小组和技术委员会，指导监督内蒙古自治区地质调查院、内蒙古自治区地质矿产勘查开发局、内蒙古自治区煤田地质局以及中化地质矿山总局内蒙古自治区地质勘查院等7家地勘单位的各项工作。我作为内蒙古自治区聘请的国土资源顾问，全程参与了该项目的实施，亲历了内蒙古自治区新老地质工作者对内蒙古自治区地质工作的认真与执着。他们对内蒙古自治区地质的那种探索和不懈追求的精神，给我留下了深刻的印象。

为了完成"内蒙古自治区矿产资源潜力评价"项目，先后有270多名地质工作者参与了这项工作，这是继20世纪80年代完成的《内蒙古自治区地质志》《内蒙古自治区矿产总结》之后集区域地质背景、区域成矿规律研究，物探、化探、自然重砂、遥感综合信息研究以及全区矿产预测、数据库建设之大成的又一巨型重大成果。这是内蒙古自治区国土资源厅高度重视、完整的组织保障和坚实的资金支撑的结果，更是内蒙古自治区地质工作者8年辛勤汗水的结晶。

"内蒙古自治区矿产资源潜力评价"项目共完成各类图件万余幅，建立成果数据库数千个，提交结题报告百余份。以板块构造和大陆动力学理论为指导，建立了内蒙古自治区大地构造构架，研究和探讨了内蒙古自治区大地构造演化及其特征，为全区成矿规律的总结和矿产预测奠定了坚实的地质基础。其中提出了"阿拉善地块"归属华北陆块，乌拉山岩群、集宁岩群的时代及其对孔兹岩系归属的认识、索伦山-西拉木伦河断裂厘定为华北板块与西伯利亚板块的界线等，体现了内蒙古自治区地质工作者对内蒙古自治区大地构造演化和地质背景的新认识。项目对内蒙古自治区煤、铁、铝土矿、铜、铅、锌、金、钨、锑、稀土、钼、银、锰、镍、磷、硫、萤石、重晶石、菱镁矿等矿种，划分了矿产预测类型；结合全区重力、磁测、化探、遥感、自然重砂资料的研究应用，分别对其资源潜力进行了科学的潜力评价，预测的资源潜力可信度高。这些数据有力地说明内蒙古自治区地质找矿潜力巨大，寻找国家急需矿产资源，内蒙古自治区大有可为，成为国家矿产资源的后备基地已具备了坚实的地质基础。同时，也极大地鼓舞了内蒙古自治区地质找矿的信心。

"内蒙古自治区矿产资源潜力评价"是内蒙古自治区第一次大规模对全区重要矿产资源现状及潜力进行摸底评价，不仅汇总整理了原1∶20万相关地质资料，还系统整理补充了近年来1∶5万区域地质调查资料和最新获得的矿产、物化探、遥感等资料。期待着由"内蒙古自治区矿产资源潜力评价"项目形成的系统的成果资料在今后的基础地质研究、找矿预测研究、矿产勘查部署、农业土壤污染治理、地质环境治理等诸多方面得到广泛应用。

2017年3月

目 录

第一章 项目概况 ··· (1)

 第一节 目的和任务 ·· (2)

 第二节 完成的主要工作量及成果 ·· (2)

  一、遥感数据 ·· (2)

  二、基础遥感研究成果 ··· (2)

  三、预测工作区和典型矿床研究成果 ·· (5)

  四、数据库成果 ··· (5)

 第三节 提交验收的成果 ·· (6)

  一、1∶50万内蒙古自治区成果 ·· (6)

  二、1∶25万国际标准分幅成果 ·· (7)

  三、预测工作区、典型矿床研究同比例尺遥感成果 ································ (10)

 第四节 遥感专题验收最终成果 ··· (18)

  一、完成的实物工作量 ·· (18)

  二、主要工作成果 ·· (19)

第二章 自然地理和地质概况 ·· (21)

 第一节 区域自然地理概况 ··· (21)

 第二节 区域地质、矿产概况 ··· (21)

  一、区域地质概况 ·· (21)

  二、区域矿产特征 ·· (26)

 第三节 区域遥感特征 ··· (30)

  一、遥感特征分区及地貌分区 ·· (30)

  二、地表覆盖类型及其遥感特征 ·· (31)

  三、岩石的区域分布特点及其遥感特征 ··· (37)

第三章 遥感工作内容与工作方法 ·· (56)

 第一节 遥感资料收集 ··· (56)

  一、遥感数据分布及其投影位置 ·· (56)

  二、遥感数据质量评述 ·· (58)

第二节 遥感影像制图与遥感图像处理 (58)
一、遥感影像图的制作方法 (58)
二、遥感影像图的精度与质量 (60)

第三节 遥感地质解译与编图 (60)
一、遥感地质解译基本原则与要求 (60)
二、遥感地质解译基本内容与解译方法 (61)

第四节 遥感异常提取 (63)
一、ETM 数据遥感异常提取 (63)
二、ASTER 数据遥感异常提取 (68)

第五节 遥感专题解译数据库建立 (71)
一、遥感数据库概述 (71)
二、原始遥感资料数据库 (71)
三、遥感成果数据库 (72)

第四章 遥感地质构造研究 (77)

第一节 地质构造遥感解译及认识 (77)
一、线性构造 (77)
二、环形构造 (81)

第二节 深大地质构造形迹遥感特征 (106)
一、深大地质构造遥感特征分析 (106)
二、构造与遥感成矿带划分 (111)
三、遥感在构造研究中的作用 (115)

第三节 遥感异常组合与地质构造的关系 (115)
一、遥感羟基异常的分布规律 (115)
二、遥感铁染异常的分布规律 (117)
三、遥感异常的分布规律 (118)

第五章 Ⅲ级成矿区带遥感资料应用研究 (119)

第一节 古亚洲成矿域(Ⅰ-1)遥感地质特征 (120)
一、Ⅱ-2 准格尔成矿省遥感地质特征 (120)
二、Ⅱ-4 塔里木成矿省遥感地质特征 (125)
三、Ⅱ-14 华北(陆块)成矿省(最西部) (134)

第二节 秦祁昆成矿域(Ⅰ-2)遥感地质特征 (136)

第三节 滨太平洋成矿域(Ⅰ-4 叠加在古亚洲成矿域之上)遥感地质特征 (139)
一、Ⅱ-12 大兴安岭成矿省遥感地质特征 (139)

二、Ⅱ-13 吉黑成矿省 ………………………………………………………………… (171)

三、Ⅱ-14 华北成矿省 ………………………………………………………………… (172)

第六章 矿产特征遥感综合研究 ………………………………………………… (194)

第一节 金属矿遥感找矿模型与找矿线索分析 ………………………………… (194)

一、铁矿 ………………………………………………………………………………… (194)

二、铝土矿 ……………………………………………………………………………… (198)

三、钨矿 ………………………………………………………………………………… (198)

四、锑矿 ………………………………………………………………………………… (199)

五、金矿 ………………………………………………………………………………… (199)

六、铜矿 ………………………………………………………………………………… (201)

七、铅锌矿 ……………………………………………………………………………… (204)

八、稀土矿 ……………………………………………………………………………… (206)

九、银矿 ………………………………………………………………………………… (206)

十、锰矿 ………………………………………………………………………………… (208)

十一、镍矿 ……………………………………………………………………………… (209)

十二、锡矿 ……………………………………………………………………………… (212)

十三、铬矿 ……………………………………………………………………………… (215)

十四、钼矿 ……………………………………………………………………………… (217)

第二节 非金属矿遥感找矿模型与找矿线索分析 ……………………………… (221)

一、萤石矿 ……………………………………………………………………………… (221)

二、磷矿 ………………………………………………………………………………… (221)

三、菱镁矿 ……………………………………………………………………………… (222)

四、硫铁矿 ……………………………………………………………………………… (222)

五、重晶石矿 …………………………………………………………………………… (225)

第七章 结 论 …………………………………………………………………… (226)

致 谢 …………………………………………………………………………………… (228)

第一章 项目概况

2006年6月下达的"全国重要矿产资源潜力预测评价及综合"项目是"全国矿产资源潜力评价"计划项目中的工作项目之一,而"全国物探化探遥感自然重砂综合信息评价"是"全国重要矿产资源潜力预测评价及综合"工作项目的一个子项目。

2006年12月"全国重要矿产资源潜力预测评价及综合"升级为计划项目,名称仍采用原计划项目"全国矿产资源潜力评价"的名称,将"全国物探化探遥感自然重砂综合信息评价"升级为工作项目。

2006年,中国地质调查局组织编制技术要求,开展技术培训,进行数据准备工作。

2007年9月,中国地质调查局根据《关于抓紧落实内蒙古自治区矿产资源潜力评价工作任务的通知》(国土资厅发〔2007〕161号)精神,以中地调函〔2007〕175号文下发了《内蒙古自治区项目任务书》。

2007年10月,内蒙古自治区国土资源厅下达《地质调查工作项目课题任务书》(编号:〔2007〕038-01-05)。

该任务书确定的预测矿种有煤炭、铁、铜、铝、铅、锌、锰、镍、钨、锡、钾、金、铬、钼、锑、稀土、磷、银、硼、锂、硫、萤石、菱镁矿、重晶石24种。任务是充分利用航磁、重力、化探、遥感、自然重砂工作等综合找矿信息,深入开展区域地球物理和地球化学找矿规律的研究,圈定找矿远景区和找矿靶区,并对其资源潜力进行评价。内蒙古自治区国土资源信息院承担其遥感专题部分。

工作起止年限:2007—2009年,之后延续到2014年,分为以下阶段。

(1)2007—2009年,完成全国矿产资源潜力评价遥感资料应用内蒙古自治区1∶25万、1∶50万基础图件及其属性库的编制,完成铁、铝矿种典型矿床和预测区图件及其属性库的编制。

(2)2010年1月,中国地质调查局下达《地质调查工作项目任务书》(编号:资〔2010〕增22-05)。开展铜、铅、锌、钨、金、锑、稀土、磷8个矿种的资源潜力评价,基本摸清矿产资源潜力及其空间分布;建立矿产资源潜力评价相关的地质、矿产、物探、化探、遥感、自然重砂空间数据库;提交全区重力、航磁、化探、遥感、自然重砂等资料的处理和地质解译工作及其成果报告。

(3)2011年3月,中国地质调查局下达《地质调查工作项目任务书》(编号:资〔2011〕02-39-05)。开展锰、镍、锡、铬、钼、银、硫、萤石、菱镁矿、重晶石10个矿种的资源潜力评价,完成各矿种预测区圈定、优选和资源量估算,提交报告;继续开展数据库维护工作。

(4)2013年1月,中国地质调查局下达《地质调查工作项目任务书》(编号:资〔2013〕01-33-003)。配合大区及省级项目办开展各预测矿种成果的完善、汇总工作,按照省级项目办的要求,开展全区三级成矿带矿产资源潜力评价工作,编制《内蒙古自治区矿产资源潜力评价遥感资料应用成果报告》。

(5)2014年按照全国项目办专家组的意见,补充完善、调整修改了遥感专题成果资料的部分内容,调整成果资料格式后汇交省级项目办。2015年按照地质资料馆汇交格式要求,进一步调整遥感专题成果资料并于年底前汇交。

第一节　目的和任务

在内蒙古自治区以铁、铝、铜、铅、锌、钨、金、锑、稀土、磷、锡、钼、镍、锰、铬、银、萤石、硫、菱镁矿和重晶石20个矿种矿产资源评价为目的,提取与预测矿种密切相关的线、带、环、色、块遥感五要素和遥感羟基、遥感铁染异常信息,编制成果图件,建立矿产资源潜力评价遥感数据库,为矿产资源潜力评价提供遥感信息。

主要任务如下。

(1)全面收集和总结全区遥感地质调查成果资料,进行全区1:25万国际标准分幅五要素解译图、羟基异常提取图、铁染异常提取图的编图工作,以及1:25万影像图数据库的维护;开展1:50万(出图1:150万)全区遥感构造解译图、遥感影像图、遥感铁染、遥感羟基组合异常图编图等工作。

(2)配合全区铁、铝、铜等20个矿种矿产资源潜力预测评价工作,编制相同比例尺遥感影像图、遥感矿产地质特征与近矿找矿标志解译图、遥感羟基异常图、遥感铁染异常图等编图工作。

(3)配合全区铁、铝、铜等20个矿种的典型矿床研究,编制1:1000~1:1万遥感影像图、遥感矿产地质特征与近矿找矿标志解译图、遥感羟基异常图、遥感铁染异常图等编图工作。

(4)建立全区1:25万国际标准分幅遥感地质特征(线、带、环、色、块五要素)、1:50万遥感构造解译图、1:25万国际标准分幅铁染和羟基异常、1:50万遥感铁染和羟基组合异常数据库,为今后开展矿产勘查的规划部署研究奠定扎实的信息基础。

(5)建立全区铁、铝、铜等20个矿种矿产资源潜力预测评价区相同比例尺遥感地质特征与近矿找矿标志解译图、遥感羟基异常图、遥感铁染异常图数据库,为矿产预测工作提供信息。

(6)建立全区铁、铝、铜等20个矿种典型矿床相同比例尺遥感地质特征与近矿找矿标志解译图、遥感羟基异常图、遥感铁染异常图数据库,为矿产预测工作提供信息。

(7)编写全区遥感一图一说明书、一图一库元数据和基础编图工作报告以及铁、铝、铜等20个矿种的工作成果报告(章节)。

第二节　完成的主要工作量及成果

一、遥感数据

(1)收集内蒙古自治区范围内的102景ETM数据,各景代号及接收时间见表1-1。

(2)全国项目办提供的1:25万国际标准分幅遥感影像图可供参考。

二、基础遥感研究成果

1. 1:50万内蒙古自治区研究成果

(1)1:50万内蒙古自治区遥感影像图。

(2)1:50万内蒙古自治区遥感构造解译图。

(3)1:50万内蒙古自治区遥感异常组合图。

表 1-1　内蒙古自治区 ETM 数据一览表

序号	行号	列号	接收时间	序号	行号	列号	接收时间
1	119	025	2002-09-15	30	123	025	2002-10-29
2	119	026	2002-05-26	31	123	026	2001-10-26
3	119	030	2000-06-05	32	123	027	2000-05-16
4	120	024	1999-07-28	33	123	029	2000-05-16
5	120	025	2000-05-27	34	123	030	2001-07-06
6	120	026	2002-09-22	35	123	031	1999-07-01
7	120	027	2000-06-28	36	124	023	2002-05-13
8	120	028	2002-09-22	37	124	029	2003-04-30
9	120	029	2003-03-17	38	124	030	2000-05-23
10	120	030	2000-06-12	39	124	031	2000-05-07
11	120	031	2000-06-12	40	125	025	2002-09-25
12	121	024	2002-02-17	41	125	026	1999-10-03
13	121	025	2000-06-03	42	125	027	2001-10-24
14	121	026	2000-06-03	43	125	028	1999-10-03
15	121	027	2000-06-03	44	125	029	2000-10-21
16	121	028	2000-06-03	45	125	030	2001-10-24
17	121	029	2000-06-03	46	125	031	2000-04-12
18	121	030	2000-06-03	47	125	032	1999-11-20
19	121	031	2000-06-19	48	126	025	2002-08-15
20	122	024	2001-01-20	49	126	026	1999-09-08
21	122	025	2001-01-20	50	126	027	2000-05-05
22	122	026	2001-12-22	51	126	028	2000-10-28
23	122	027	1999-08-11	52	126	029	2000-05-05
24	122	028	2001-10-19	53	126	030	2000-07-24
25	122	029	2000-06-26	54	126	031	1999-09-24
26	122	030	2000-07-12	55	126	032	2000-04-03
27	122	031	1999-08-11	56	126	033	1999-08-23
28	123	023	1999-09-03	57	127	029	2000-06-13
29	123	024	2001-01-27	58	127	030	2000-05-28

续表 1-1

序号	行号	列号	接收时间	序号	行号	列号	接收时间
59	127	031	2002-09-23	81	132	031	1999-09-02
60	127	032	1999-10-17	82	132	032	1999-09-02
61	127	033	2000-06-29	83	132	033	2002-07-24
62	127	034	2000-06-29	84	133	030	1999-10-27
63	128	030	1999-10-08	85	133	031	1999-07-23
64	128	031	2001-09-11	86	133	032	1999-07-07
65	128	032	2000-05-03	87	130	031	1999-10-22
66	128	033	2000-05-03	88	130	032	1999-10-22
67	128	034	2000-05-19	89	130	033	2002-06-24
68	129	030	2000-06-11	90	130	034	2000-07-04
69	129	032	2000-06-11	91	131	031	1999-11-14
70	129	033	1999-08-12	92	133	033	1999-07-07
71	129	034	1999-08-12	93	134	030	1999-10-18
72	130	030	1999-10-22	94	134	031	1999-10-18
73	124	024	2000-09-28	95	134	032	1999-07-30
74	124	025	2002-05-13	96	135	030	1999-09-23
75	124	026	2000-09-12	97	135	031	1999-07-21
76	124	027	2002-05-13	98	135	032	1999-07-21
77	124	028	2000-04-05	99	136	030	1999-10-16
78	131	032	2000-07-11	100	136	031	2000-04-09
79	131	033	1999-08-26	101	133	034	1999-07-07
80	131	034	2003-03-30	102	136	032	2000-04-09

2. 1∶25万国际标准分幅研究成果

(1) 1∶25万遥感影像图。
(2) 1∶25万遥感矿产地质特征解译图。
(3) 1∶25万遥感羟基异常分布图。
(4) 1∶25万遥感铁染异常分布图。
基础遥感研究成果见表1-2。

表1-2 内蒙古自治区基础遥感研究成果表

序号	类别	设计工作量	完成工作量
1	内蒙古自治区遥感影像图	1幅	1幅
2	内蒙古自治区遥感构造解译图	1幅	1幅
3	内蒙古自治区遥感异常组合图	1幅	1幅
4	1:25万国际标准分幅	392幅	392幅
5	预测工作区遥感编图	682幅	682幅
6	典型矿床遥感编图	238幅	238幅
7	全区三级成矿带编图	56幅	56幅
8	编制图件说明书	1371份	1371份
9	建立属性库	1371个	1371个

三、预测工作区和典型矿床研究成果

1. 预测工作区研究成果

(1) 同比例尺遥感影像图。
(2) 同比例尺遥感矿产地质特征解译图。
(3) 同比例尺遥感铁染异常分布图。
(4) 同比例尺遥感羟基异常分布图。

2. 典型矿床研究成果

(1) 同比例尺典型矿床遥感影像图。
(2) 同比例尺典型矿床遥感矿产地质特征解译图。
(3) 同比例尺典型矿床遥感铁染异常分布图。
(4) 同比例尺典型矿床遥感羟基异常分布图。

预测工作区和典型矿床研究成果见表1-3。

四、数据库成果

按照一图一库的原则共提交除影像图外全区图件数据库2个、1:25万国际标准分幅图件数据库294个、预测工作区图件数据库505个、典型矿床图件数据库167个,三级成矿带图件数据库42个,共计建库1010个。

表1-3 预测工作区和典型矿床研究成果表

矿种	类别	设计工作量(个)	完成工作量(个)
铁	预测工作区/典型矿床	108/24	108/24
铝	预测工作区	3	3
锑	预测工作区/典型矿床	4/2	4/2
钨	预测工作区/典型矿床	20/2	20/2
金	预测工作区/典型矿床	88/10	88/10
铜	预测工作区/典型矿床	76/14	76/14
铅锌	预测工作区/典型矿床	60/12	60/12
稀土	预测工作区	16	16
磷	预测工作区	18	18
铬	预测工作区/典型矿床	24/12	24/12
锰	预测工作区/典型矿床	20/16	20/16
钼	预测工作区/典型矿床	60/40	60/40
镍	预测工作区/典型矿床	40/12	40/12
锡	预测工作区/典型矿床	28/16	28/16
银	预测工作区/典型矿床	32/32	32/32
萤石	预测工作区/典型矿床	51/24	51/24
硫铁矿	预测工作区/典型矿床	28/16	28/16
重晶石	预测工作区/典型矿床	3/3	3/3
菱镁矿	预测工作区/典型矿床	3/3	3/3
合计	预测工作区/典型矿床	682/238	682/238

第三节 提交验收的成果

一、1∶50万内蒙古自治区成果

(1)内蒙古自治区遥感影像图(1幅)。
(2)内蒙古自治区遥感构造解译图(1幅)。
(3)内蒙古自治区遥感异常组合图(1幅)。
上述图件包括遥感数据库、遥感编图说明书以及各图件元数据。

二、1∶25万国际标准分幅成果

内蒙古自治区共涉及 136 幅 1∶25 万国际标准分幅(图 1-1),目前已全部完成各图幅的遥感影像图、遥感矿产地质特征解译图、遥感羟基异常分布图、遥感铁染异常分布图编图及数据库建设,提交成果见表 1-4 和表 1-5。

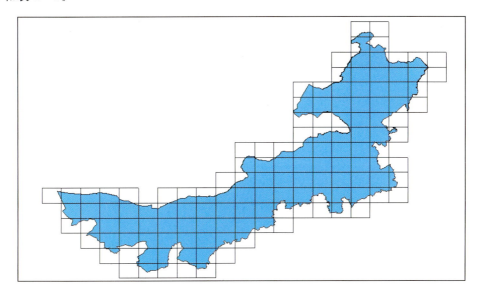

图 1-1　内蒙古自治区 1∶25 万国际标准分幅接图表

表 1-4　内蒙古自治区 1∶25 万国际标准分幅遥感工作成果表

图件名称	数量(幅)	编图说明书(份)	元数据(个)
1∶25 万国际标准分幅遥感影像图	136	136	136
1∶25 万国际标准分幅遥感矿产地质特征解译图	136	136	136
1∶25 万国际标准分幅遥感羟基异常分布图	136	136	136
1∶25 万国际标准分幅遥感铁染异常分布图	136	136	136

表 1-5　内蒙古自治区 1∶25 万国际标准图幅遥感名称一览表

序号	图幅编号	图幅名	四位字母缩写	序号	图幅编号	图幅名	四位字母缩写
1	K47C002001	红石山	HSSF	9	K47C004003	鼎新镇	DXZF
2	K47C002002	甜水井	TSJF	10	K47C004004	板滩井	BTJF
3	K47C002003	老点	LDTF	11	J47C001003	临泽县	LZXF
4	K47C002004	准扎海乌苏	ZZHF	12	J47C001004	阿拉善右旗	AYQF
5	K47C003002	石板井	SBJF	13	J47C002004	山丹县	SDXF
6	K47C003003	路井	LJTF	14	K48C002001	雅干	YGTF
7	K47C003004	额济纳旗	EJNQ	15	K48C002003	诺木冈	NMGF
8	K47C004002	花海	HHTF	16	K48C002004	巴音查干	BYCG

续表 1-5

序号	图幅编号	图幅名	四位字母缩写	序号	图幅编号	图幅名	四位字母缩写
17	K48C003001	温图高勒	WTGL	49	K49C003002	白云鄂博	BYEB
18	K48C003002	哈日敖日布格	HRAR	50	K49C003003	四子王旗	SZWQ
19	K48C003003	海力素	HLSF	51	K49C003004	集宁	JNTF
20	K48C003004	乌拉特后旗	WHQF	52	K49C004001	乌拉特前旗	WQQF
21	K48C004001	哈尔扎盖	HEZG	53	K49C004002	包头市	BTSF
22	K48C004002	乌力吉	WLJF	54	K49C004003	呼和浩特市	HHHT
23	K48C004003	图克木	TKMF	55	K49C004004	大同市	DTSF
24	K48C004004	临河市	LHSF	56	J49C001001	杭锦旗	HJQF
25	J48C001001	雅布赖盐场	YBLF	57	J49C001002	东胜市	DSSF
26	J48C001002	达里克庙	DLKM	58	J49C001003	偏关县	PGXF
27	J48C001003	吉兰泰	JLTF	59	J49C002001	乌审旗	WSQF
28	J48C001004	乌海市	WHSF	60	J49C002002	榆林县	YLXF
29	J48C002001	金昌市	JCSF	61	J49C003001	靖边县	JBXF
30	J48C002002	图兰泰	TLTF	62	M50C001004	吉拉林	JLLF
31	J48C002003	银川市	YCSF	63	M50C002004	恩和	EHTF
32	J48C002004	鄂托克前旗	EQQF	64	M50C003002	布日顿	BRDF
33	J48C003001	武威市	WWSF	65	M50C003003	满洲里市	MZLS
34	J48C003002	景泰县	JTXF	66	M50C003004	海拉尔市	HLES
35	J48C003003	吴忠县	WZXF	67	M50C004002	新巴尔虎右旗	XBYQ
36	J48C003004	定边县	DBXF	68	M50C004003	新巴尔虎左旗	XBZQ
37	L49C003003	巴音得勒特尔	BYDL	69	M50C004004	辉河	HHTF
38	L49C003004	巴音申图	BYST	70	L50C001002	马塔德	MTDF
39	L49C004003	红格尔	HGEF	71	L50C001003	贝尔湖	BEHF
40	L49C004004	巴音乌拉	BYWL	72	L50C001004	阿尔山	AESF
41	K49C001002	呼布斯格勒	HBSF	73	L50C002002	翁图乌兰	WTWL
42	K49C001003	二连浩特市	ELHT	74	L50C002003	额仁高壁苏木	ERGB
43	K49C001004	苏尼特左旗	SZQF	75	L50C002004	宝格达山林场分场	BGDS
44	K49C002001	桑根达来	SGDL	76	L50C003001	吉尔嘎郎图苏木	JEGL
45	K49C002002	满都拉	MDLF	77	L50C003002	东乌珠穆沁旗	DWQF
46	K49C002003	补力太	BLTF	78	L50C003003	新庙	XMTF
47	K49C002004	苏尼特右旗	SYQF	79	L50C003004	霍林郭勒市	HLGL
48	K49C003001	五原县	WYXF	80	L50C004001	阿巴嘎旗	ABGQ

续表 1-5

序号	图幅编号	图幅名	四位字母缩写	序号	图幅编号	图幅名	四位字母缩写
81	L50C004002	朝克乌拉	CKWL	109	M51C003001	牙克石市	YKSS
82	L50C004003	西乌珠穆沁旗	XWQF	110	M51C003002	小乌尔旗汉林场	XWEQ
83	L50C004004	昆都	KDTF	111	M51C003003	诺敏	NMTF
84	K50C001001	查干诺尔	CGNE	112	M51C003004	嫩江县	NJXF
85	K50C001002	锡林浩特市	XLHT	113	M51C004001	苏格河	SGHF
86	K50C001003	林西县	LXXF	114	M51C004002	扎兰屯市	ZLTS
87	K50C001004	巴林右旗	BLYQ	115	M51C004003	阿荣旗	ARQF
88	K50C002001	正镶白旗	ZXBQ	116	M51C004004	讷河县	NHXF
89	K50C002002	多伦县	DLXF	117	L51C001001	柴河镇	CHZF
90	K50C002003	西老府	XLFF	118	L51C001002	蘑菇气	MGQF
91	K50C002004	赤峰市	CFSF	119	L51C001003	齐齐哈尔市	QQHF
92	K50C003001	张北县	ZBXF	120	L51C002001	索伦	SLTF
93	K50C003002	丰宁县	FNXF	121	L51C002002	乌兰浩特市	WLHF
94	K50C003003	隆化县	LHXF	122	L51C002003	泰来县	TLXF
95	K50C003004	建平县	JPXF	123	L51C003001	科尔沁右翼中旗	KYZQ
96	K50C004001	张家口市	ZJKS	124	L51C003002	白城市	BCSF
97	N51C003001	恩和哈达	EHHD	125	L51C004001	扎鲁特旗	ZLTQ
98	N51C003002	漠河	MHTF	126	L51C004002	瞻榆县	ZYXF
99	N51C004001	奇乾	QQTF	127	L51C004003	通榆县	TYXF
100	N51C004002	漠河县	MHXF	128	K51C001001	开鲁县	KLXF
101	M51C001001	莫尔道嘎	MEDG	129	K51C001002	通辽市	TLTF
102	M51C001002	阿龙山镇	ALSZ	130	K51C001003	四平市	SPSF
103	M51C001003	新林镇	XLZF	131	K51C002001	奈曼旗	NMQF
104	M51C001004	兴隆	XLTF	132	K51C002002	阜新县	FXXF
105	M51C002001	额尔古纳右旗	EGYQ	133	K51C002003	铁岭市	TLSF
106	M51C002002	额尔古纳左旗	EGZQ	134	K51C003001	锦州市	JZSF
107	M51C002003	加格达奇	JGDQ	135	M52C001001	呼玛县	HMXF
108	M51C002004	卧都河	WDHF	136	M52C002001	黑河市	HHSF

三、预测工作区、典型矿床研究同比例尺遥感成果

1. 预测工作区遥感成果

遥感专题组对20个矿种的177个预测工作区分别进行了遥感影像图制作,遥感矿产地质特征与近矿找矿标志解译,遥感羟基异常和遥感铁染异常提取,结合矿产预测类型和预测方法,编制表1-6。

表1-6 矿产预测工作区研究同比例尺遥感成果表

矿种	序号	预测工作区名称	比例尺	矿床成因类型	预测方法类型
铁矿	1	内蒙古白云鄂博式沉积型铁矿预测工作区	1:25万	沉积型	沉积型
	2	内蒙古百灵庙式复合内生型铁矿预测工作区	1:25万		复合内生型
	3	内蒙古壕赖沟式沉积变质型铁矿预测工作区	1:25万		沉积变质型
	4	内蒙古三合明式沉积变质型铁矿预测工作区	1:25万		沉积变质型
	5	内蒙古雀儿沟式沉积型铁矿乌海预测工作区	1:25万	沉积型	沉积型
	6	内蒙古雀儿沟式沉积型铁矿清水河预测工作区	1:25万		沉积型
	7	内蒙古额里图式侵入岩型铁矿预测工作区	1:25万		侵入岩型
	8	内蒙古朝不楞式侵入岩型铁矿预测工作区	1:25万	矽卡岩型	侵入岩型
	9	内蒙古黄岗梁式侵入岩型铁矿预测工作区	1:25万		侵入岩型
	10	内蒙古卡休他他式侵入岩型铁矿预测工作区	1:25万		侵入岩型
	11	内蒙古黑鹰山式火山岩型铁矿预测工作区	1:25万		火山岩型
	12	内蒙古索索井式侵入岩型铁矿预测工作区	1:25万	矽卡岩型	侵入岩型
	13	内蒙古哈拉火烧式侵入岩型铁矿预测工作区	1:25万		侵入岩型
	14	内蒙古克布勒式侵入岩型铁矿预测工作区	1:25万		侵入岩型
	15	内蒙古乌珠尔嘎顺式侵入岩型铁矿预测区	1:25万		侵入岩型
	16	内蒙古谢尔塔拉式火山岩型铁矿预测工作区	1:25万		火山岩型
	17	内蒙古马鞍山式复合内生型铁矿预测工作区	1:25万		复合内生型
	18	内蒙古苏尼特左旗-红格尔马场地区温都尔庙式火山沉积型铁矿预测工作区	1:25万		火山沉积型
	19	内蒙古温都尔庙式火山岩型铁矿二道井预测工作区	1:10万		火山岩型
	20	内蒙古温都尔庙式火山岩型铁矿脑木根预测工作区	1:10万		火山岩型
	21	内蒙古地营子式复合内生型铁矿预测工作区	1:10万		复合内生型
	22	内蒙古神山式侵入岩型铁矿预测工作区	1:25万	矽卡岩型	侵入岩型
	23	内蒙古梨子山式侵入岩型铁矿预测工作区	1:25万		侵入岩型
	24	内蒙古贾格尔其庙式沉积变质型铁矿集宁-包头预测工作区	1:25万		沉积变质型
	25	内蒙古贾格尔其庙式沉积变质型铁矿迭布斯格预测工作区	1:25万		沉积变质型
	26	内蒙古贾格尔其庙式沉积变质型铁矿贾格尔其庙预测工作区	1:25万		沉积变质型
	27	内蒙古霍各乞沉积型铁矿预测工作区	1:25万	沉积型	沉积型

续表 1-6

矿种	序号	预测工作区名称	比例尺	矿床成因类型	预测方法类型
铝土矿	1	内蒙古清水河地区晚石炭世铝土矿预测工作区	1:10万		沉积型
锑矿	1	内蒙古阿木乌苏式侵入岩型锑矿预测工作区	1:10万	热液脉型	侵入岩型
钨矿	1	内蒙古沙麦式钨矿预测工作区	1:10万		侵入岩型
	2	内蒙古白石头洼式侵入岩型钨矿预测工作区	1:25万		侵入岩型
	3	内蒙古七一山式侵入岩型钨矿预测工作区	1:25万	热液型	侵入岩型
	4	内蒙古大麦地式侵入岩型钨矿预测工作区	1:5万		侵入岩型
	5	内蒙古乌日尼图式侵入岩型钨矿预测工作区	1:10万		侵入岩型
金矿	1	内蒙古朱拉扎嘎式层控内生型金矿预测工作区	1:25万		层控内生型
	2	内蒙古老硐沟式层控内生型金矿预测工作区	1:25万	岩浆热液型	层控内生型
	3	内蒙古浩尧尔忽洞式层控内生型金矿预测工作区	1:10万		层控内生型
	4	内蒙古十八顷壕式层控内生型金矿预测工作区	1:5万		层控内生型
	5	内蒙古赛乌苏式层控内生型金矿预测工作区	1:5万		层控内生型
	6	内蒙古乌拉山式复合内生型金矿乌拉山预测工作区	1:25万		复合内生型
	7	内蒙古乌拉山式复合内生型金矿卓资县预测工作区	1:10万		复合内生型
	8	内蒙古白乃庙式复合内生型金矿预测工作区	1:10万		复合内生型
	9	内蒙古巴音温都尔式复合内生型金矿巴音温都尔预测工作区	1:10万	热液型	复合内生型
	10	内蒙古巴音温都尔式复合内生型金矿红格尔预测工作区	1:10万	热液型	复合内生型
	11	内蒙古金厂沟梁式复合内生型金矿预测工作区	1:10万	岩浆热液型	复合内生型
	12	内蒙古三个井式侵入岩型金矿预测工作区	1:25万		侵入岩型
	13	内蒙古碱泉子式侵入岩型金矿预测工作区	1:25万		侵入岩型
	14	内蒙古巴音杭盖式侵入岩型金矿预测工作区	1:10万		侵入岩型
	15	内蒙古毕力赫式侵入岩型金矿预测工作区	1:10万		侵入岩型
	16	内蒙古小伊诺盖沟式侵入岩型金矿小伊诺盖沟预测工作区	1:5万		侵入岩型
	17	内蒙古小伊诺盖沟式侵入岩型金矿八道卡预测工作区	1:10万		侵入岩型
	18	内蒙古小伊诺盖沟式侵入岩型金矿兴安屯预测工作区	1:10万		侵入岩型
	19	内蒙古四五牧场式火山岩型金矿预测工作区	1:10万		火山岩型
	20	内蒙古陈家杖子式火山岩型金矿预测工作区	1:5万	隐爆角砾岩型	火山岩型
	21	内蒙古古利库式火山岩型金矿预测工作区	1:10万		火山岩型
	22	内蒙古新地沟式变质型金矿预测工作区	1:5万	变质热液(绿岩)型	变质型

续表 1-6

矿种	序号	预测工作区名称	比例尺	矿床成因类型	预测方法类型
铜矿	1	内蒙古霍各乞式沉积型铜矿预测工作区	1:10万	沉积型	沉积型
	2	内蒙古查干哈达庙式沉积型铜矿预测工作区	1:10万	沉积型	沉积型
	3	内蒙古白乃庙式沉积型铜矿预测工作区	1:10万		沉积型
	4	内蒙古别鲁乌图式沉积型铜矿预测工作区	1:10万		沉积型
	5	内蒙古乌努格吐式侵入岩型铜矿预测工作区	1:10万		侵入岩型
	6	内蒙古敖瑞达巴式侵入岩型铜矿预测工作区	1:10万		侵入岩型
	7	内蒙古车户沟式侵入岩型铜矿预测工作区	1:10万		侵入岩型
	8	内蒙古小南山式侵入岩型铜矿预测工作区	1:25万		侵入岩型
	9	内蒙古珠斯楞式侵入岩型铜矿预测工作区	1:10万		侵入岩型
	10	内蒙古亚干式侵入岩型铜矿预测工作区	1:10万	岩浆型	侵入岩型
	11	内蒙古奥尤特式火山岩型铜矿预测工作区	1:10万	火山热液型	火山岩型
	12	内蒙古小坝梁式火山岩型铜矿预测工作区	1:10万		火山岩型
	13	内蒙古欧布拉格式复合内生型铜矿预测工作区	1:25万		复合内生型
	14	内蒙古宫胡洞式复合内生型铜矿预测工作区	1:5万		复合内生型
	15	内蒙古罕达盖式复合内生型铜矿预测工作区	1:10万	矽卡岩型	复合内生型
	16	内蒙古白马石沟式复合内生型铜矿预测工作区	1:25万		复合内生型
	17	内蒙古布顿花式复合内生型铜矿预测工作区	1:25万		复合内生型
	18	内蒙古道伦达坝式复合内生型铜矿预测工作区	1:25万	热液型	复合内生型
	19	内蒙古盖沙图宫胡洞式复合内生型铜矿预测工作区	1:10万		复合内生型
铅锌矿	1	内蒙古东升庙式沉积型铅锌矿预测工作区	1:10万	沉积型	沉积型
	2	内蒙古查干敖包式侵入岩型铅锌矿预测工作区	1:10万	矽卡岩型	侵入岩型
	3	内蒙古甲乌拉式侵入岩型铅锌矿预测工作区	1:10万	火山热液型	侵入岩型
	4	内蒙古阿尔哈达式侵入岩型铅锌矿预测工作区	1:10万		侵入岩型
	5	内蒙古长春岭式侵入岩型铅锌矿预测工作区	1:10万		侵入岩型
	6	内蒙古拜仁达坝式侵入岩型铅锌矿预测工作区	1:25万		侵入岩型
	7	内蒙古孟恩陶勒盖式侵入岩型铅锌矿预测工作区	1:10万		侵入岩型
	8	内蒙古白音诺尔式侵入岩型铅锌矿预测工作区	1:10万		侵入岩型
	9	内蒙古余家窝铺式侵入岩型铅锌矿预测工作区	1:10万		侵入岩型
	10	内蒙古天桥沟式侵入岩型铅锌矿预测工作区	1:10万		侵入岩型
	11	内蒙古三河式火山岩型铅锌矿预测工作区	1:10万		火山岩型
	12	内蒙古扎木钦式火山岩型铅锌矿预测工作区	1:10万		火山岩型

续表 1-6

矿种	序号	预测工作区名称	比例尺	矿床成因类型	预测方法类型
铅锌矿	13	内蒙古李清地式火山岩型铅锌矿预测工作区	1:10万		火山岩型
	14	内蒙古花敖包特式复合内生型铅锌矿预测工作区	1:25万		复合内生型
	15	内蒙古代兰塔拉式复合内生型铅锌矿预测工作区	1:25万	热液型	复合内生型
稀土矿	1	内蒙古白云鄂博式沉积型稀土矿预测工作区	1:5万		沉积型
	2	内蒙古巴尔哲式侵入岩型稀土矿预测工作区	1:10万		侵入岩型
	3	内蒙古桃花拉山式变质型稀土矿预测工作区	1:10万		变质型
	4	内蒙古三道沟式复合内生型稀土矿预测工作区	1:25万		沉积型
磷矿	1	内蒙古炭窑口式沉积型磷矿巴彦淖尔预测工作区	1:10万		沉积型
	2	内蒙古布龙图式沉积型磷矿白云鄂博预测工作区	1:10万		沉积型
	3	内蒙古盘路沟式沉积型磷矿呼和浩特市-包头预测工作区	1:10万		沉积型
	4	内蒙古三道沟式沉积型磷矿集宁预测工作区	1:25万		沉积型
	5	内蒙古正目观式沉积型磷矿阿拉善左旗预测工作区	1:10万		沉积型
	6	内蒙古哈马胡头沟式沉积型磷矿阿拉善右旗预测工作区	1:25万		沉积型
铬矿	1	内蒙古锡林郭勒盟二连浩特北部侵入岩型铬矿预测工作区	1:10万		侵入岩型
	2	内蒙古锡林郭勒盟浩雅尔洪克尔地区侵入岩型铬矿预测工作区	1:10万		侵入岩型
	3	内蒙古锡林郭勒盟哈登胡硕地区侵入岩型铬矿预测工作区	1:10万		侵入岩型
	4	内蒙古科尔沁右翼前旗呼和哈达地区侵入岩型铬矿预测工作区	1:10万	岩浆型	侵入岩型
	5	内蒙古克什克腾旗柯单山地区侵入岩型铬矿预测工作区	1:5万		侵入岩型
	6	内蒙古乌拉特中旗索伦山地区侵入岩型铬矿预测工作区	1:10万	岩浆型	侵入岩型
锰矿	1	内蒙古新巴尔虎右旗额仁陶勒盖地区复合内生型银锰矿预测工作区	1:10万	热液型	复合内生型
	2	内蒙古察右旗李清地地区复合内生型锰银矿预测工作区	1:10万	热液型	复合内生型
	3	内蒙古乌拉特中旗东加干地区变质型锰矿预测工作区	1:10万	沉积变质型	变质型
	4	内蒙古乌拉特前旗乔二沟地区变质型锰矿预测工作区	1:10万	沉积变质型	变质型
	5	内蒙古四子王旗西里庙地区火山岩型锰矿预测工作区	1:5万		火山岩型
钼矿	1	内蒙古苏尼特左旗乌兰德勒地区侵入岩型钼矿预测工作区	1:10万	斑岩型	侵入岩型
	2	内蒙古新巴尔虎右旗乌努格吐地区侵入岩型铜钼矿预测工作区	1:10万	斑岩型	侵入岩型
	3	内蒙古牙克石市太平沟地区侵入岩型钼矿预测工作区	1:10万		侵入岩型
	4	内蒙古阿荣旗太平沟地区侵入岩型钼矿预测工作区	1:10万	斑岩型	侵入岩型
	5	内蒙古卓资县大苏计地区侵入岩型钼矿预测工作区	1:10万	斑岩型	侵入岩型
	6	内蒙古额济纳旗小狐狸山地区侵入岩型钼矿预测工作区	1:10万	斑岩型	侵入岩型
	7	内蒙古克什克腾旗小东沟地区侵入岩型钼矿预测工作区	1:10万	斑岩型	侵入岩型

续表 1-6

矿种	序号	预测工作区名称	比例尺	矿床成因类型	预测方法类型
钼矿	8	内蒙古乌拉特后旗查干花地区侵入岩型钼矿预测工作区	1：10 万	斑岩型	侵入岩型
	9	内蒙古鄂温克旗梨子山地区复合内生型钼矿预测工作区	1：10 万	矽卡岩型	复合内生型
	10	内蒙古科右中旗孟恩陶勒盖地区侵入岩型钼矿预测工作区	1：10 万		侵入岩型
	11	内蒙古西乌珠穆沁旗拜仁达坝地区侵入岩型钼矿预测工作区	1：10 万		侵入岩型
	12	内蒙古阿拉善左旗元山子地区沉积变质型镍钼矿预测工作区	1：10 万	沉积变质型	沉积变质型
	13	内蒙古阿拉善左旗通湖山地区沉积变质型镍钼矿预测工作区	1：10 万		沉积变质型
	14	内蒙古锡林郭勒盟阿巴嘎旗地区侵入岩型钼矿预测工作区	1：10 万	斑岩型	侵入岩型
	15	内蒙古鄂伦春自治旗金河镇－劲松镇地区侵入岩型钼矿预测工作区	1：10 万		侵入岩型
镍矿	1	内蒙古西乌珠穆沁旗白音胡硕地区侵入岩型镍矿预测工作区	1：10 万	岩浆岩型	侵入岩型
	2	内蒙古乌拉特中旗小南山克布地区侵入岩型铜镍矿预测工作区	1：10 万		侵入岩型
	3	内蒙古四子王旗小南山地区侵入岩型铜镍矿预测工作区	1：5 万	岩浆型	侵入岩型
	4	内蒙古乌拉特后旗额布图地区侵入岩型镍矿预测工作区	1：5 万		侵入岩型
	5	内蒙古阿拉善左旗小雅干地区侵入岩型铜镍矿预测工作区	1：5 万		侵入岩型
	6	内蒙古苏尼特左旗哈拉图庙地区侵入岩型镍矿预测工作区	1：5 万	岩浆熔离型	侵入岩型
	7	内蒙古阿拉善左旗元山子地区沉积变质型镍钼矿预测工作区	1：5 万		沉积变质
	8	内蒙古阿拉善左旗通湖山地区沉积变质型镍钼矿预测工作区	1：10 万		沉积变质
	9	内蒙古乌拉特后旗达布逊地区侵入岩型镍钴矿预测工作区	1：10 万		侵入岩型
	10	内蒙古西乌珠穆沁旗浩雅尔洪克尔地区侵入岩型镍矿预测工作区	1：10 万		侵入岩型
锡矿	1	内蒙古额尔古纳市太平林场地区侵入岩型锡矿预测工作区	1：10 万		侵入岩型
	2	内蒙古东乌珠穆沁旗朝不楞地区侵入岩型锡矿预测工作区	1：10 万		侵入岩型
	3	内蒙古科右中旗孟恩陶勒盖地区侵入岩型锡矿预测工作区	1：10 万		侵入岩型
	4	内蒙古克什克腾旗－巴林左旗地区大井子式侵入岩型锡矿预测工作区	1：10 万	花岗岩型	侵入岩型
	5	内蒙古锡林浩特市毛登－林西地区复合内生型锡矿预测工作区	1：10 万	热液型	复合内生型
	6	内蒙古太仆寺旗千斤沟地区侵入岩型锡矿预测工作区	1：10 万	热液型	侵入岩型
	7	内蒙古克什克腾旗黄岗梁地区复合内生型锡矿预测工作区	1：10 万	矽卡岩	复合内生型
银矿	1	内蒙古西乌珠穆沁旗拜仁达坝地区侵入岩型银矿预测工作区	1：10 万	热液型	侵入岩型
	2	内蒙古科右中旗孟恩陶勒盖地区侵入岩型银矿预测工作区	1：10 万	热液型	侵入岩型
	3	内蒙古西乌珠穆沁旗花敖包特地区复合内生型银矿预测工作区	1：10 万	热液型	复合内生型
	4	内蒙古察右前旗李清地地区复合内生型银矿预测工作区	1：10 万		复合内生型
	5	内蒙古东乌珠穆沁旗吉林宝力格地区复合内生型银矿预测工作区	1：10 万		复合内生型

续表1-6

矿种	序号	预测工作区名称	比例尺	矿床成因类型	预测方法类型
银矿	6	内蒙古新巴尔虎右旗额仁陶勒盖地区复合内生型银矿预测工作区	1∶25万		复合内生型
	7	内蒙古赤峰市官地地区复合内生型银矿预测工作区	1∶10万		复合内生型
	8	内蒙古根河市比利亚谷地区复合内生型银矿预测工作区	1∶10万		复合内生型
萤石矿	1	内蒙古额济纳旗神螺山地区侵入岩型萤石矿预测工作区	1∶10万	热液充填型	侵入岩型
	2	内蒙古额济纳旗东七一山地区侵入岩型萤石矿预测工作区	1∶10万		侵入岩型
	3	内蒙古阿拉善左旗哈布达哈拉－恩格勒地区侵入岩型萤石矿预测工作区	1∶10万		侵入岩型
	4	内蒙古乌拉特中旗库伦敖包－刘满壕地区侵入岩型萤石矿预测工作区	1∶10万	热液充填型	侵入岩型
	5	内蒙古达茂旗黑沙图－乌兰布拉格地区侵入岩型萤石矿预测工作区	1∶10万	热液充填型	侵入岩型
	6	内蒙古四子王旗苏莫查干敖包－敖包图地区复合内生型萤石矿预测工作区	1∶10万	沉积改造型	复合内生型
	7	内蒙古二连浩特市白音脑包－赛乌苏地区侵入岩型萤石矿预测工作区	1∶10万	热液充填型	侵入岩型
	8	内蒙古四子王旗白彦敖包－石匠山地区侵入岩型萤石矿预测工作区	1∶10万		侵入岩型
	9	内蒙古太仆寺旗东井子－太仆寺东郊地区侵入岩型萤石矿预测工作区	1∶10万		侵入岩型
	10	内蒙古锡林浩特市跃进地区侵入岩型萤石矿预测工作区	1∶10万		侵入岩型
	11	内蒙古巴林右旗苏达勒－乌兰哈达地区侵入岩型萤石矿预测工作区	1∶10万		侵入岩型
	12	内蒙古喀喇沁旗大西沟－桃海地区侵入岩型萤石矿预测工作区	1∶10万	热液充填型	侵入岩型
	13	内蒙古敖汉旗白杖子－陈道沟地区侵入岩型萤石矿预测工作区	1∶10万	热液充填型	侵入岩型
	14	内蒙古额尔古纳市昆库力－旺石山地区侵入岩型萤石矿预测工作区	1∶10万		侵入岩型
	15	内蒙古鄂伦春族自治旗哈达汗－诺敏山地区侵入岩型萤石矿预测工作区	1∶10万		侵入岩型
	16	内蒙古科尔沁右翼前旗协林－六合屯地区侵入岩型萤石矿预测工作区	1∶10万		侵入岩型
	17	内蒙古锡林郭勒盟白音锡勒牧场－水头地区侵入岩型萤石矿预测工作区	1∶10万	热液充填型	侵入岩型
硫铁矿	1	内蒙古巴彦淖尔盟东升庙－甲生盘地区沉积变质型硫铁矿预测工作区	1∶10万		沉积变质型
	2	内蒙古准格尔旗房塔沟－榆树湾地区沉积型硫铁矿预测工作区	1∶10万	沉积型	沉积型
	3	内蒙古苏尼特右旗别鲁乌图－白乃庙地区岩浆热液型硫铁矿预测工作区	1∶10万	热液型	岩浆热液型
	4	内蒙古陈巴尔虎旗六一一十五里堆海相火山岩型硫铁矿预测工作区	1∶10万		火山岩型
	5	内蒙古东乌珠穆沁旗朝不楞－霍林河地区复合内生型硫铁矿预测工作区	1∶10万		复合内生型
	6	内蒙古克什克腾旗拜仁达坝－哈拉白旗地区复合内生型硫铁矿预测工作区	1∶10万		复合内生型
	7	内蒙古巴林左旗驼峰山－孟恩陶勒盖地区海相火山岩型硫铁矿预测工作区	1∶10万	火山岩型	海相火山岩型
菱镁矿	1	内蒙古乌拉特中旗索伦山地区侵入岩型菱镁矿预测工作区	1∶10万	风化壳型	侵入岩型
重晶石	1	内蒙古扎兰屯市巴升河地区侵入岩型重晶石矿预测工作区	1∶10万	热液型	侵入岩型

2. 典型矿床遥感成果

遥感专题组对20个矿种的71个典型矿床分别进行了遥感影像图制作，遥感矿产地质特征与近矿找矿标志解译，遥感羟基异常和遥感铁染异常提取，结合矿产预测类型和预测方法，编制表1-7。

表1-7 与典型矿床研究同比例尺遥感成果表

矿种	序号	典型矿床名称	比例尺	矿床类型	规模
铁矿	1	内蒙古包头市白云鄂博式沉积型铁矿典型矿床	1∶2.5万	沉积型	大型
	2	内蒙古伊盟海勃湾市雀尔沟式沉积型铁矿典型矿床	1∶5万	沉积型	小型
	3	内蒙古东乌珠穆沁旗朝不楞式矽卡岩型铁矿典型矿床	1∶2.5万	矽卡岩型	
	4	内蒙古额济纳旗索索井式矽卡岩型铁铜矿典型矿床	1∶1万	矽卡岩型	小型
	5	内蒙古扎赉特旗神山式矽卡岩型铁矿典型矿床	1∶1万	矽卡岩型	
	6	内蒙古乌拉特后旗霍各乞式沉积型铁矿典型矿床	1∶1万	沉积型	
锑矿	1	内蒙古额济纳旗阿木乌苏式热液脉型锑矿典型矿床	1∶2000	热液脉型	
钨矿	1	内蒙古额济纳旗七一山式热液型脉状钨矿典型矿床	1∶1万	热液型	中型
金矿	1	内蒙古额济纳旗老硐沟式岩浆热液型金铅-多金属矿典型矿床	1∶1万	岩浆热液型	
	2	内蒙古苏尼特右旗巴音温都尔热液型金矿典型矿床	1∶1万	热液型	
	3	内蒙古敖汉旗金厂沟梁式岩浆热液型金矿典型矿床	1∶1万	岩浆热液型	大型
	4	内蒙古宁城县陈家杖子式隐爆角砾岩型金矿典型矿床	1∶2000	隐爆角砾岩型	
	5	内蒙古察哈尔右翼中旗新地沟式变质热液（绿岩）型金矿典型矿床	1∶2000	变质热液（绿岩）型	
铜矿	1	内蒙古乌拉特后旗霍各乞式喷流沉积型铜矿典型矿床	1∶1万	沉积型	大型
	2	内蒙古达茂旗查干哈达庙式沉积型铜矿典型矿床	1∶5000	沉积型	
	3	内蒙古东乌珠穆沁旗奥尤特乌拉式次火山热液型铜矿典型矿床	1∶1万	火山热液型	
	4	内蒙古东乌珠穆沁旗小坝梁式火山岩型铜矿典型矿床	1∶1万	火山岩型	
	5	内蒙古新巴尔虎旗罕达盖式矽卡岩型铜多金属矿典型矿床	1∶1万	矽卡岩型	
	6	内蒙古西乌珠穆沁旗道伦达坝式热液型铜矿典型矿床	1∶5000	热液型	
	7	内蒙古阿右旗亚干式岩浆型铜镍钴矿典型矿床	1∶1万	岩浆型	
铅锌矿	1	内蒙古乌海市代兰塔拉式热液型铅锌矿典型矿床	1∶5000	热液型	
	2	内蒙古乌拉特后旗东升庙式海相火山喷流沉积型铅锌矿典型矿床	1∶5000	沉积型	
	3	内蒙古新巴尔虎右旗甲乌拉式火山热液型铅锌银矿典型矿床	1∶1万	火山热液型	大型
	4	内蒙古东乌珠穆沁旗朝不楞式矽卡岩型锌矿典型矿床	1∶2.5万	矽卡岩型	
	5	内蒙古东乌珠穆沁旗查干敖包式矽卡岩型铁锌矿典型矿床	1∶2000	矽卡岩型	
铬矿	1	内蒙古科右前旗呼和哈达矿区岩浆型铬铁矿典型矿床	1∶2.5万	岩浆型	
	2	内蒙古锡林浩特市赫格敖拉矿区岩浆型铬铁矿典型矿床	1∶2.5万	岩浆型	
	3	内蒙古乌拉特中旗索伦山矿区岩浆型铬铁矿典型矿床	1∶5万	岩浆型	

续表 1-7

矿种	序号	典型矿床名称	比例尺	矿床类型	规模
锰矿	1	内蒙古乌拉特中旗东加干矿区沉积变质型锰矿典型矿床	1:2.5万	沉积变质型	
	2	内蒙古乌拉特前旗乔二沟矿区沉积变质型锰矿典型矿床	1:2.5万	沉积变质型	
	3	内蒙古新巴尔虎右旗额仁陶勒盖矿区热液型银锰矿典型矿床	1:2.5万	热液型	
	4	内蒙古察右前旗李清地矿区低温热液型银锰矿典型矿床	1:2.5万	热液型	
钼矿	1	内蒙古苏尼特左旗乌兰德勒矿区斑岩型钼矿典型矿床	1:2.5万	斑岩型	
	2	内蒙古新巴尔虎右旗乌努格吐矿区斑岩型铜钼矿典型矿床	1:5万	斑岩型	大型
	3	内蒙古阿荣旗太平沟矿区斑岩型钼矿典型矿床	1:5万	斑岩型	
	4	内蒙古卓资县大苏计矿区斑岩型钼矿典型矿床	1:2.5万	斑岩型	
	5	内蒙古额济纳旗小狐狸山矿区斑岩型钼矿典型矿床	1:5万	斑岩型	
	6	内蒙古克什克腾旗小东沟矿区斑岩型钼矿典型矿床	1:2.5万	斑岩型	小型
	7	内蒙古鄂温克旗梨子山矿区矽卡岩型铁钼矿典型矿床	1:2.5万	矽卡岩型	
	8	内蒙古阿拉善左旗元山子矿区沉积变质型镍钼矿典型矿床	1:2.5万	沉积变质型	
	9	内蒙古乌拉特后旗查干花矿区斑岩型钼矿典型矿床	1:2.5万	斑岩型	
	10	内蒙古阿巴嘎旗必鲁甘干矿区斑岩型钼矿典型矿床	1:2.5万	斑岩型	
镍矿	1	内蒙古西乌珠穆沁旗白音胡硕矿区岩浆岩型镍矿典型矿床	1:2.5万	岩浆岩型	
	2	内蒙古四子王旗小南山矿区岩浆型铜镍矿典型矿床	1:5万	岩浆型	
	3	内蒙古苏尼特左旗哈拉图庙矿区岩浆熔离型镍矿典型矿床	1:2.5万	岩浆熔离型	
锡矿	1	内蒙古锡林浩特市毛登小孤山矿区热液型锡矿典型矿床	1:5万	热液型	
	2	内蒙古克什克腾旗黄岗梁矿区矽卡岩型铁锡矿典型矿床	1:5万	矽卡岩型	
	3	内蒙古林西县大井子矿区花岗岩型锡矿典型矿床	1:5万	花岗岩型	
	4	内蒙古太仆寺旗千斤沟矿区热液型锡矿典型矿床	1:5万	热液型	
银矿	1	内蒙古克什克腾旗拜仁达坝矿区热液型银铅锌矿典型矿床	1:1万	热液型	
	2	内蒙古科尔沁右翼中旗孟恩陶勒盖矿区热液型银铅锌矿典型矿床	1:5万	热液型	
	3	内蒙古西乌珠穆沁旗花敖包特矿区热液型银铅锌矿典型矿床	1:1万	热液型	
	4	内蒙古东乌珠穆沁旗吉林宝力格矿区热液型银矿典型矿床	1:1万	热液型	
	5	内蒙古乌拉特后旗霍各乞矿区沉积型铜伴生银典型矿床	1:1万	沉积型	
	6	内蒙古翁牛特旗余家窝铺矿区接触交代型银铅锌矿典型矿床	1:1万	接触交代型	中型
	7	内蒙古敖汉旗金厂沟梁矿区热液型银金矿典型矿床	1:1万	热液型	
	8	内蒙古赤峰市松山区官地矿区中低温火山热液型银金矿典型矿床	1:1万	热液型	
萤石矿	1	内蒙古额济纳旗神螺山矿区热液充填型萤石矿典型矿床	1:2.5万	热液充填型	小型
	2	内蒙古乌拉特中旗巴音哈太矿区热液充填型萤石矿典型矿床	1:2.5万	热液充填型	
	3	内蒙古达茂旗黑沙图矿区热液充填型萤石矿典型矿床	1:2.5万	热液充填型	

续表 1-7

矿种	序号	典型矿床名称	比例尺	矿床类型	规模
萤石矿	4	内蒙古四子王旗苏莫查干矿区沉积改造型萤石矿典型矿床	1:2.5万	沉积改造型	大型
	5	内蒙古二连浩特白音脑包矿区热液充填型萤石矿典型矿床	1:2.5万	热液充填型	中型
	6	内蒙古锡林浩特市白音锡勒牧场矿区热液充填型萤石矿典型矿床	1:2.5万	热液充填型	
	7	内蒙古喀喇沁旗大西沟矿区热液充填型萤石矿典型矿床	1:5万	热液充填型	
	8	内蒙古敖汉旗陈道沟矿区热液充填型萤石矿典型矿床	1:2.5万	热液充填型	
硫铁矿	1	内蒙古乌拉特前旗山片沟矿区沉积变质型硫铁矿典型矿床	1:2.5万	沉积变质型	
	2	内蒙古准格尔旗榆树湾矿区沉积型硫铁矿典型矿床	1:1万	沉积型	
	3	内蒙古苏尼特右旗别鲁乌图矿区热液型硫铁矿典型矿床	1:2.5万	热液型	
	4	内蒙古巴林左旗驼峰山矿区海相火山岩型硫铁矿典型矿床	1:2.5万	火山岩型	
菱镁矿	1	内蒙古乌拉特中旗索伦山察汗奴鲁矿区风化壳型菱镁矿典型矿床	1:1万	风化壳型	
重晶石	1	内蒙古扎兰屯市巴升河矿区热液型重晶石矿典型矿床	1:1万	热液型	

第四节 遥感专题验收最终成果

内蒙古自治区矿产资源潜力评价遥感资料应用成果报告(纸介质、电子文档),附件成果如下。
(1)1:50万内蒙古自治区构造解译图(纸介质)。
(2)内蒙古自治区遥感专题图册(电子文档)。
(3)成果数据库(数据成果)。
(4)成果评审意见书。

一、完成的实物工作量

(1)完成了内蒙古自治区102景ETM数据的高斯-克吕格各带投影、几何校正和数据融合。
(2)完成102数据异常提取、掩膜工作,并分别镶嵌、裁剪、整饰为1:25万国际标准图幅。
(3)基础性资料,包括覆盖全区的1:150万遥感资料(影像图、构造解译图、蚀变异常分布图)、1:25万国际标准分幅计136幅的遥感资料(影像图、地质特征解译图、羟基和铁染异常分布图)。2010年6月在北京经中国地质调查局进行评审验收,获优秀级;2010年12月在太原进行复核验收;2011年7月在石家庄汇交资料。
(4)完成全区1:50万遥感构造解译图(主要为线性、环形构造解译图)、遥感异常组合图,并完成这些图件说明书的编写工作。2010年6月29日—7月2日全国项目办在北京组织专家对内蒙古遥感基础编图成果进行验收,评分91分,为优秀级;数据库评分92分。
(5)2010年3月20—23日全国项目办在北京组织专家对内蒙古铁、铝矿遥感专业编图成果进行验收,评分90分,为优秀级;数据库评分92分。2010年12月19—21日在太原对铁、铝矿及省级基础编图进行复核验收。2011年3月20—25日在北京对铜、金等8个矿种矿产资源潜力评价遥感成果进行验收,评分90.5分,为优秀级。之后按专家所提修改意见进行修改完善。

铁、铝矿：2010年3月在北京评审通过，获优秀级。2010年7月在石家庄进行验收。2010年12月在太原进行复核验收。2012年3月在北京补交资料。

铜、金等8个矿种：2011年1月22—24日内蒙古自治区国土资源厅组织专家进行评审。2011年3月在北京验收，获优秀级。2011年8月在郑州复核8个矿种。2012年3月在北京补交资料。

(6)2012年6—7月，进行锡、钼、锂、锰、铬、银、萤石、硫铁矿、菱镁矿和重晶石10个矿种验收，77个预测区、46个典型矿床遥感影像图及说明书123份，遥感矿产地质特征与近矿找矿标志解译图及数据库、说明书123份，遥感羟基异常分布图及数据库、说明书123份，遥感铁染异常分布图及数据库、说明书123份，还提交《内蒙古自治区矿产资源潜力评价遥感专题阶段性报告》1份。本次成果通过验收，评分92分，为优秀级。

2012年8—12月，图件及数据库任务全部完成，华北片区汇总完成，等待全国汇总。

(7)2013年配合大区及省级项目办开展各预测矿种成果的完善、汇总工作，按照省级项目办的要求开展全区三级成矿带矿产资源潜力评价工作，编制《内蒙古自治区矿产资源潜力评价遥感资料应用成果报告》，同年7月参加由中国地质调查局组织的评审验收会，获得93分，为优秀级。

2014年按照全国项目办专家组的意见，补充完善、调整修改了遥感专题成果资料的部分内容，调整成果资料格式后汇交省级项目办。2015年按照地质资料馆汇交格式要求，进一步调整遥感专题成果资料并于年底前汇交。

二、主要工作成果

1. ETM遥感影像

重新制作了内蒙古自治区ETM遥感影像镶嵌图，色彩均匀，影像清晰，地面分辨率达15m，可以满足小于等于1∶5万比例尺的遥感图像制作，遥感矿产地质特征与近矿找矿标志解译，进行遥感最小找矿预测区的圈定，为本项目的遥感解译工作打下良好的基础。

2. 断裂构造遥感解译

在遥感断层要素解译中按断裂的规模、切割深度、断裂对地质体的控制程度，结合已知的地质资料，依次划分为巨型、大型、中型和小型4类。

内蒙古自治区境内解译出多条巨型断裂带，如华北地台北缘断裂带，又称"中朝准地台北缘超岩石圈断裂"。该断裂带为一条重要的铁、金-多金属矿产成矿的导矿构造，与该构造带相伴生的脆韧性变形构造、小型断裂构造多为金-多金属矿产的容矿构造。

3. 脆韧性变形构造遥感解译

本次在内蒙古自治区境内解译出的脆韧性变形趋势带，按其成因分为节理、劈理、断裂密集带构造17条和区域性规模脆韧性变形构造192条。其中区域性规模变形构造分布有明显的规律性，多与大规模断裂带相伴生，形成脆韧性变形构造带，大体分为4条规模较大的脆韧性变形构造带。

4. 环形构造遥感解译

内蒙古自治区境内的环形构造比较发育，在全区1∶25万遥感构造解译图上共圈出1310个环形构造。它们在空间分布上有明显的规律，多在不同方向断裂带的交会部位形成多重环或复合环，仅265个环形构造呈单环出现。按其成因类型分为11类，主要有与隐伏岩体有关的环形构造685个、中生代花岗岩类引起的环形构造258个、古生代花岗岩类引起的环形构造107个、火山口145个、火山机构或通道15个、闪长岩类引起的环形构造19个、基性岩类引起的环形构造7个、褶皱引起的环形构造11个、与浅层—超浅层次火山岩体引起的环形构造7个、断裂构造圈闭的环形构造1个和成因不明的55个。内蒙古自治区已知的铁、金-多金属矿产在空间分布上多与环形构造密切相关,多分布于隐伏岩体形成的环形构造内部或边部。

5. 色要素遥感解译

内蒙古自治区境内共解译出210块遥感色要素,其中由绢云母化、硅化引起的157块,由侵入岩体内外接触带及残留顶盖引起的53块。它们多分布于不同方向断裂带的交会部位及环形构造集中区,且大部分色调异常分布区有矿床(点)的分布。因此,本次解译出的色调异常区可作为金-多金属矿产找矿预测的依据之一。

6. 遥感异常提取

利用全国项目办提供的Landsat7 ETM数据和内蒙古自治区地质调查院自有的Landsat7 ETM数据,按春、秋、冬、夏顺序选择了内蒙古自治区102景数据,采用"面向特征主分量选择法"(克罗斯塔技术)对全区进行遥感羟基异常和铁染异常提取。

7. 羟基异常分布特征

第四纪玄武岩羟基异常发育,属地层岩性引起的羟基异常,与矿化无关。中生代和新生代二长花岗岩、碱长花岗岩、花岗闪长岩出露区及其内外接触带,羟基异常发育,由地层岩性及接触变质引起,与矿化有关。太古宙英云闪长片麻岩出露区羟基异常较发育,属地层岩性引起,与矿化关系较密切。多组断裂交会部位及环形构造集中区羟基异常相对集中,并且多分布于金-多金属成矿(区)带上,与矿化关系密切。

8. 铁染异常分布特征

古近纪+新近纪玄武岩,二叠纪—侏罗纪中酸性火山岩,二叠纪灰黑色板岩、龙井组砂砾岩,新元古代千枚岩、泥质板岩,铁染异常集中分布,属地层岩性引起,与矿化无关。二叠纪英云闪长岩内部或内外接触带铁染异常集中分布,部分与矿化有关。太古宙变质表壳岩铁染异常集中分布,与矿化关系密切。中小型断裂交会部位及环形构造集中区铁染异常相对集中,异常与矿化关系密切,多分布于金-多金属成矿(区)带上。

第二章 自然地理和地质概况

第一节 区域自然地理概况

内蒙古自治区位于中国北部,东、南、西三面与黑龙江省、吉林省、辽宁省、河北省、山西省、陕西省、宁夏回族自治区、甘肃省等毗连,北部与蒙古、俄罗斯两国为邻。地理坐标:东经$94°04'37''$~$126°54'24''$,北纬$36°44'10''$~$52°55'05''$。由东北向西南斜伸呈一狭长地带,东西长2400km,南北宽1700km,面积$118.3×10^4 km^2$,占全国土地面积的1/8。

行政区划设呼和浩特市、包头市、呼伦贝尔市、兴安盟、通辽市、赤峰市、锡林郭勒盟、乌兰察布市、鄂尔多斯市、巴彦淖尔市、乌海市、阿拉善盟共12个盟(市)辖县级市,下设52个旗、17个县、21个区。

内蒙古地形以高原为主,其次为山地和平原。大兴安岭、阴山、贺兰山蜿蜒相连,呈反"S"形横贯全区,与内蒙古高原、河套平原呈带状镶嵌排列,为本区地貌的突出特征。高原占全区总面积的42%,海拔1000m以上,地势高平,辽阔坦荡,是我国第二大高原。按地貌组合特征,又可分为呼伦贝尔高原、锡林郭勒高原、乌兰察布高原和巴彦淖尔-阿拉善高原。

东北部著名的大兴安岭延长1400km,海拔1000~1300m,最高峰2034m,是内蒙古高原与松辽平原的分水岭。横亘内蒙古中部的阴山山脉,由大青山、乌拉山、色尔腾山和狼山组成,延绵1000km,海拔1500~2000m,主峰2364m,北坡宽缓,多低山、丘陵,南坡陡峭,形如屏障,把内蒙古高原和河套平原分隔成两种截然不同的地貌景观。贺兰山呈南北向耸立在本区西部,海拔2000~2500m,最高峰3556m,山高谷深,坡度陡峻,成为一道天然屏障。

鄂尔多斯高原位于本区南部,其东、北、西三面被黄河环绕,南部与晋陕黄土高原相连,西北高,东南低,海拔1200~1600m,盐碱湖群和沙漠广布。在鄂尔多斯高原和阴山山地之间,是由黄河冲积而成的河套平原,西部海拔1100m,东部海拔900~1000m。

第二节 区域地质、矿产概况

一、区域地质概况

(一)地层

内蒙古地域辽阔,横跨华北陆块区、塔里木陆块区和天山-兴蒙造山系等不同的大地构造单元。各时代地层发育齐全,从古太古代至新生代,原始陆壳及后来的沉积表现为不同程度的变质和繁多的沉积类型、沉积建造和生物群特征,各地差异明显。根据内蒙古地区的实际情况,特别是大地构造的演化阶段,地层区的划分分阶段进行。

1. 中、新元古界

中、新元古界主要出露于华北陆块的北部,见于渣尔泰山、白云鄂博、壕子沟、白湖和平头山等地。长城系主要为变质砂岩、石英岩、石英片岩、碳质板岩、白云质灰岩,含大量的叠层石;阿拉善南部的墩子沟群、韩母山群;阴山地区的渣尔泰山群、白云鄂博群以及贺兰山地区的西勒图组、王全口组和正目观组等;塔里木陆块北缘的古洞井群、圆藻山群和洗肠井群。除上述中、浅变质岩组合外,还发育了大陆冰川形成的冰水沉积。

天山-兴蒙造山系活动类型的中、新元古代的沉积见于温都尔庙、白乃庙及艾力格庙等地,发育有类复理石建造,艾力格庙还有变质流纹岩及凝灰岩,是一套绿片岩系。在大兴安岭北部的额尔古纳地区称为佳疙瘩组和额尔古纳组。

2. 寒武系—奥陶系

华北陆块区是一个独立发展演化的、稳定的浅海区域,进入寒武纪后更趋稳定,出现覆盖全域的面式沉积,未见水平挤压运动的痕迹。寒武纪的沉积正处于碳酸盐岩建造形成的初始阶段,陆源碎屑与内源碎屑沉积交替出现。随着时间的推移,陆源逐渐减少,内源逐渐增多,至奥陶纪碳酸盐岩建造方进入成熟期。寒武系下部为陆源碎屑岩、鲕状灰岩、竹叶状灰岩,说明了动荡的浅水环境,特殊的风暴岩是识别它们的典型特征。

天山-兴蒙造山系的寒武系、奥陶系分布广泛,但出露零星。奥陶系以乌宾敖包地区为代表,以陆源碎屑岩为主,局部夹凝灰岩、凝灰质岩石和灰岩,含大量的珊瑚和腕足类化石。

内蒙古中部的奥陶系以海相火山岩及凝灰岩为主,部分为粉砂岩和灰岩透镜体,含笔石动物群。

北山地区寒武系—奥陶系发育完全。寒武系下部以长石石英砂岩等陆源碎屑岩为主,上部碳酸盐岩明显增加并有硅质条带白云岩和硅质岩等,含有较多的三叶虫。特别是晚寒武世的恩格尔乌苏组,以结晶灰岩、泥质灰岩、白云岩、白云质灰岩和硅质岩等内源碎屑为主,特征明显,易于区别。大兴安岭地区的寒武系称为苏中组,以含大量的古杯类为特征。

3. 志留系—泥盆系

内蒙古的志留系和泥盆系只发育于天山-兴蒙造山系。

(1)大兴安岭弧盆系的志留系。在内蒙古地区只发育了罗德洛-普瑞多里期的卧都河组,是一套近滨的碎屑岩并含有特殊的 *Tuvaella* 动物群;其上的泥盆系发育比较完全,下统、中统和上统都有良好的层型剖面,据此建立的泥盆纪地层系统是可信的。其岩石以陆源碎屑岩为主,局部地区和层段夹有少量的灰岩,含大量的腕足类、珊瑚等化石。在贺根山地区发育基性火山熔岩,在哈诺敖包山北出露有陆相或近滨的碎屑岩,含有极为原始的工蕨类植物化石。

(2)包尔汉图-温都尔庙弧盆系。在包尔汉图和巴特敖包地区发育了浅海相,类复理石建造的罗德洛夫期至洛赫柯夫期的沉积,称为西别河组,岩石主要是灰色、灰绿色粗粒长石砂岩,长石石英砂岩,细砂岩、粉砂岩及薄层生物碎屑灰岩和灰岩透镜体,并发育有泥丘和生物礁;含大量的腕足类、珊瑚、层孔虫、苔藓虫、三叶虫等,说明西别河组的沉积是从罗德洛夫期至洛赫柯夫期,特别是大量的卡灵星珊瑚化石的发现,更说明它包含了部分早泥盆世早期的沉积。

(3)北山-额济纳旗弧盆系。志留系以北山东段分布广,发育较全。兰多维利统是含笔石的泥岩粉砂岩建造(圆包山组),是区内唯一的发现。温洛克世以后的沉积,一般下部为中酸性火山岩及其凝灰岩夹碎屑岩;上部为碎屑岩夹灰岩,属介壳相。巴丹吉林沙漠北部的志留系均为正常的浅海相沉积,未见火山岩。

泥盆系主要出露于额济纳旗西北部和巴丹吉林沙漠北部,为一套浅海相碎屑岩建造和碳酸盐岩建造,部分地区还发育中基性火山岩及其凝灰岩,含大量的腕足类和珊瑚等化石。弗拉斯期的西屏山组以

含 *Cyrtospirifer* sp. *Tenticospirifer* 等腕足类为区内独一无二的发现。

索伦山-西拉木伦结合带的泥盆系只发育有一套浅海相的类复理石建造,称为色日巴彦敖包组,中部层段夹有火山岩;上部的厚层灰岩中含有 *Nalivkinella* 等珊瑚和腕足类化石。生物群的面貌显示为法门期至杜内期的时代特征。

4. 石炭系—二叠系

石炭系和二叠系在内蒙古具有广泛的地理分布,岩相和沉积建造各地差异显著。

内蒙古南部位于华北陆块西部,其石炭系—二叠系发育的特点及岩石地层的划分与陆块的中央区是一致的,为地质界所熟知。

其西部边缘的石炭系—二叠系出露于乌海市黄河以西,石炭系属祁连型海陆交互相沉积;上石炭统含煤。大青山地区的栓马桩组为一套灰绿色、灰黑色的碳质页岩,粉砂岩与灰白色粗粒石英砂岩互层,含煤。属河流与湖沼相的泥岩粉砂岩建造和粗粒碎屑岩建造,大量的植物化石表明该组是晚石炭世至早二叠世沉积。本区的二叠系属山间盆地堆积,主要是砂质页岩、砂岩、中粗粒砂岩和砾岩,偶夹灰岩薄层和钙质结核,下部多碳质页岩夹煤层,含植物化石;上部(脑包沟组)含脊椎动物化石,主要为二齿兽类等。

天山-兴蒙造山系的石炭系—二叠系发育完全,一般是中二叠世以前为海相沉积或者为海陆交互相沉积,而晚二叠世为陆相。

大兴安岭弧盆系、石炭系—二叠系主要见于呼伦贝尔盟、兴安盟和锡林郭勒盟的北部地区。下石炭统由下而上为岩关阶的红水泉组、莫尔根河组和大塘阶的谢尔塔拉组和角高山组;其中莫尔根河组、角高山组为海底火山喷发相;红水泉组和谢尔塔拉组为浅海相沉积、陆源碎屑岩和灰岩相伴产出,含大量的腕足类等壳相化石。上石炭统依根河组为含典型的安格拉植物群的湖相沉积。相似的岩性和化石亦见于布特哈旗的尕拉城一带。锡林郭勒盟北部东乌珠穆沁旗一带的宝力格庙组系熔岩和火山角砾岩及凝灰岩等,碎屑岩多呈夹层出现,其黑色板岩中亦多含 *Angaropteridium* 等安格拉型晚石炭世的植物化石。

本区的二叠系主要为亮晶灰岩、角砾状灰岩、燧石条带灰岩夹陆源碎屑岩,局部地区发育中酸性火山岩及其凝灰岩。下部为高家窝棚组,主要是一套中酸性火山岩夹火山碎屑岩和正常沉积的碎屑岩;其上的四甲山组和柳条沟组均为碳酸盐岩建造,含大量的单通道蜓和群体四射珊瑚。本区上二叠统林西组是原孙家坟组和老龙头组的统称,系与林西组的层型剖面对比而来。

乌兰浩特地区的中、下二叠统为海相沉积的碎屑岩,其中部层段广泛发育海底喷发的中、酸性熔岩及凝灰岩,具明显的三分性,即上部为吴家屯组、中部为大石寨组、下部为青凤山组。

锡林郭勒盟北部地区的早、中二叠世沉积,基本遵循着上述模式,只是中部层段的火山岩没有单独分出,独立命名,而是包含在格根敖包组中。上覆的西乌珠穆沁旗组发育多层含海绵骨针的硅质岩等,这一特征明显不同于吴家屯组和草原地区的哲斯组。晚二叠世的林西组以灰黑色板岩、灰绿色砂质板岩和粉砂岩为主要特征,含西伯利亚型双壳类淡水化石和匙叶等植物化石。

中部草原地区的石炭系—二叠系很发育,早石炭世为碎屑岩沉积,唯敖汉旗的杨家杖子地区早石炭世的沉积为碳酸盐岩相。晚石炭世为广泛的浅海碳酸盐沉积,局部发育有火山岩。

北山弧盆系的二叠系分布于北山东段和巴丹吉林沙漠的北缘;中下二叠统较发育,为海相沉积的碎屑岩夹灰岩,部分地区发育火山岩,化石极为丰富,尤其是腕足类和珊瑚等极为繁盛。但其突出的特点是营浮游生物菊石占有相当的数量,很多层位都发现保存完好的个体。晚二叠世为大陆淡水湖相沉积,为数不多的植物化石显示了安格拉植物群的特征。

5. 中生界

内蒙古中生代的构造格局是:东部的火山岩浆岩带呈中低山系近北北东向分布于呼伦贝尔盟东部至赤峰市东部一线;而中西部的广大地区分别存在一些大小不一的凹陷盆地和断陷盆地,它们各自发育了独特的地层系统。

内蒙古东部地区中生代大兴安岭火山岩浆带,早中侏罗世为小型断陷盆地或山间盆地沉积环境,万宝组和新民组为同时异相产物,其上发育一套河流相紫色、灰紫色杂砂质砾岩,杂砂岩夹细砂岩组合,称土城子组,其上被晚侏罗世满克头鄂博组酸性火山岩不整合覆盖。

晚侏罗世火山活动强烈,按火山喷发产物的岩石特征、喷发作用和沉积作用规律,早中晚三分明显,早期岩浆来源较浅,来自硅铝层,火山喷出物以酸性火山熔岩、酸性火山碎屑岩为主,在火山活动间歇期或火山活动晚期,一些山间盆地形成湖相或河流相碎屑岩,其中含热河动物群早期组合分子及植物,称满克头鄂博组,包括原南台子组、呼日格组、查干诺尔组及上库力组下部酸性火山岩夹沉积岩。中期岩浆来源较深,火山喷出物以中性或偏碱性火山熔岩、火山碎屑岩为主,在火山活动间歇期或活动晚期形成湖相或河流相碎屑岩,称玛尼吐组,包括原龙山组、傅家洼子组、兴仁组、道特诺尔组、上库力组中部中性偏碱性火山岩。晚期岩浆来源变浅,火山活动范围及强度减弱,火山喷出物以酸性火山碎屑岩、酸性火山熔岩为特点,大部分地区形成湖相或河流相碎屑岩。

(二)岩浆岩

火山岩在内蒙古的各个地质时期均有出露。前寒武纪火山岩,由于遭受了不同程度的区域变质作用,从低绿片岩相到麻粒岩相各个变质相岩石均有组成,多属于海相火山岩,主要分布在中部地区,西部和东部地区有少量的分布。

古生代以来的火山岩以海相火山岩为主,一部分为陆相火山岩,由于遭受了不同程度热液活动的影响,往往以蚀变岩石面貌出现,主要分布在西部和东部地区,在中部地区有少量的出露。

中生代火山岩在侏罗纪、白垩纪均有出露,但多以晚侏罗世火山活动为主,集中分布在大兴安岭山地及两侧盆地之中,呈北北东向延伸,构成了大兴安岭-燕山火山活动带,是我国东部地区三大火山活动带之一,也是环太平洋火山活动带的主要组成部分。

白垩纪火山岩在本区不太发育,仅在早白垩世有零星的分布,主要出露在西部苏红图和库乃头喇嘛庙盆地中,呈近东西向展布,面积约 $1500km^2$,另外在锡林浩特和固阳一带有零星分布。白垩纪火山活动以裂隙-中心式溢流为主,厚度不大,岩性以基性熔岩为主,夹少量的火山碎屑岩。

新生代火山岩的活动在本区总的表现较弱,仅在局部地区表现得十分活跃。在中新世、上新世、更新世均有火山活动。中新世火山岩有集宁一带的汉诺坝组玄武岩、赤峰一带的昭乌达组玄武岩;上更新世有五叉沟组,更新世有阿巴嘎旗一带的阿巴嘎组(玄武岩)、阿尔山一带的大黑沟组。以上几种火山岩组的岩性以基性熔岩为主,喷发面积约 $20\,000km^2$,往往形成玄武岩高原或台地。

(三)变质岩

内蒙古前寒武纪变质岩主要分布在华北陆块区的结晶基底中。区域变质作用的期次是指一次变质作用的发生、发展、终了的全过程。自治区内变质期共划分为8期,与构造旋回在区域上是一致的。

古元古代以前的4个变质期对绿岩型金的活化、转移、富集有重要的作用,形成金的初始富集或与成矿有关的重要中间富集过程,为金矿床的形成奠定了物质基础;对鞍山式铁矿床的改造、富集起到重要的作用。这4个变质期形成了大量变质成因的晶质鳞片状石墨矿床和部分大理岩矿床、石墨矿床。

加里东变质期对槽区温都尔庙式受变质铁矿床起到了重要的改造作用(表2-1)。

表 2-1 内蒙古自治区变质期次、变质相和受变质矿床

变质期	变质年龄时限(Ma)	变质地层	变质相	受变质矿床
海西期	250~350	上古生界	低绿片岩相	
加里东期	400~430	下古生界	绿片岩相	温都尔庙式铁矿床(白云鄂博、白音敖包、红格尔庙、宝尔汗喇嘛庙、卡巴等)
新元古代	700~900	新元古界	绿片岩相	
中元古代	1400~1550	中元古界	绿片岩相	白云鄂博式铁矿床(白云鄂博)、宣龙式铁矿床(西德岭、王成沟等)、层控铜铅锌硫矿床(霍各乞、甲生盘等)、磷矿床(布龙图等)
古元古代	1800~2000	古元古界	低角闪岩相-绿片岩相	
新太古代	2500~2600	色尔腾山群	低角闪岩相-绿片岩相	鞍山式铁矿床(三合明、公益明、书记沟、东五分子、黑敖包、高腰海等)
中太古代	2800~2900	乌拉山岩群及其相当岩系	角闪岩相	鞍山式铁矿床(察干郭勒、迭布斯格、赛勿洞、贾格尔其庙、别落乌托沟等)
古太古代—中太古代早期	3000~3300	兴和岩群、集宁岩群及其相当岩系	麻粒岩相	鞍山式铁矿床(壕赖沟)

区域变质作用类型可划分为以下 3 种。

(1)区域中高温变质作用。变质地层为古、中太古界兴和岩群、集宁岩群、乌拉山岩群及其相当的变质岩系。变质相为麻粒岩相和高角闪岩相。区域热流作用和构造应力作用是区域中高温变质作用的主要驱动条件,伴随区域变质的混合岩化和花岗岩化作用非常强烈,形成混合花岗岩,但同构造期的侵入岩以中基性侵入体为主,花岗岩极少。与变质作用有关的矿床有铁矿、石墨矿及大理岩矿等。

(2)区域动力热流变质作用。变质地层为太古宇色尔腾山群和古元古界二道凹群、宝音图群等。为中低—中压相系,变质相多为过渡型角闪岩相-绿片岩相。区域构造应力作用和区域热流是区域变质作用同等重要的驱动条件,混合岩化、花岗岩化虽较强烈,局部也形成了混合花岗岩,但并不普遍。与区域变质作用有关的矿床有受变质鞍山式铁矿床,如达茂旗三合明、高腰海、黑敖包,乌拉特前旗书记沟、东五分子,固阳县公益明等大中型鞍山式铁矿床。控矿因素除原岩建造外,还受控于变质作用类型和变质相-低角闪岩相。这种变质作用也是绿岩中原含金物质发生活化、转移的重要作用。

(3)区域低温动力变质作用。根据变质环境、变质程度可分为 3 种变质亚类型:①变质地层为中新元古界及下古生界,变质相为绿片岩相;②变质地层主要为槽区上古生界,变质相为低绿片岩相;③变质地层为温都尔庙群地层,变质相为蓝闪石绿片岩相,属于特有的构造环境(高压低温)下产生的变质作用类型。这 3 种类型所伴生的混合岩化强度极弱,同构造期侵入活动以花岗岩为主,局部形成边缘混合岩。温都尔庙群的蓝闪石绿片岩相变质作用受控于特殊的高压低温的构造环境,对温都尔庙式铁矿的定集、改造起到了有利的作用。

(四)构造

内蒙古共划分出超岩石圈断裂 6 条,岩石圈断裂 28 条,硅镁层、硅铝层断裂 12 条(表 2-2),断裂形成时期从元古宙—新生代各个构造阶段均有,现着重对古生代以来的超岩石圈深断裂及韧性剪切带加以叙述,因为它们常是不同构造单元的分界线,并明显地控制着不同构造单元的沉积建造、岩浆活动、成矿特征和构造演化等,在板块构造研究中具有重要的作用。

表 2-2 内蒙古自治区主要深断裂简表

编号	断裂名称	深度规模	编号	断裂名称	深度规模
1	地台北缘深断裂	超岩石圈断裂	21	乌兰套海超岩石圈断裂	超岩石圈断裂
2	临河-武川深断裂	岩石圈断裂	22	索伦山超岩石圈断裂	超岩石圈断裂
3	乌拉特前旗-呼和浩特深断裂	岩石圈断裂	23	二连-达茂旗大断裂	岩石圈断裂
4	石崩岩石圈断裂	岩石圈断裂	24	二连-苏尼特右旗深大断裂	岩石圈断裂
5	东升庙-大佘太硅铝层断裂	硅铝层断裂	25	温都尔庙-西拉木伦河超岩石圈断裂	岩石圈断裂
6	贺兰山西缘硅铝层断裂	硅铝层断裂	26	锡林浩特地块南缘深断裂及破碎带	岩石圈断裂
7	磴口-乌达硅铝层断裂	硅铝层断裂	27	锡林浩特地块北缘深断裂	岩石圈断裂
8	桌子山东缘硅铝层断裂	硅铝层断裂	28	二连-贺根山超岩石圈断裂	超岩石圈断裂
9	乌审旗深断裂	岩石圈断裂	29	查干敖包-阿荣旗超岩石圈断裂	超岩石圈断裂
10	东滕凸起北缘大断裂	岩石圈断裂	30	额尔古纳大断裂	岩石圈断裂
11	呼和浩特-河曲深断裂	岩石圈断裂	31	得耳布尔超岩石圈断裂	超岩石圈断裂
12	和林格尔-黄旗海硅铝层断裂	岩石圈断裂	32	根河大断裂	岩石圈断裂
13	走廊过渡带北缘岩石圈断裂	岩石圈断裂	33	海拉尔河大断裂	岩石圈断裂
14	雅布赖-迭布斯格大断裂	岩石圈断裂	34	伊敏河大断裂	岩石圈断裂
15	巴彦诺尔公-阿拉善左旗大断裂	岩石圈断裂	35	乌奴耳-鄂伦春自治旗深断裂	岩石圈断裂
16	巴彦前大门-吉兰泰硅镁层断裂	硅镁层断裂	36	诺敏河大断裂	岩石圈断裂
17	宝音图硅铝层断裂	硅铝层断裂	37	洮儿河大断裂	岩石圈断裂
18	北山地块北缘岩石圈断裂	岩石圈断裂	38	阿巴嘎旗硅镁层断裂	硅镁层断裂
19	北山地块南缘岩石圈断裂	岩石圈断裂	39	嫩江-八里罕深断裂带	岩石圈断裂
20	哈珠-雅干深断裂	岩石圈断裂	40	大兴安岭主脊-多伦岩石圈断裂带	岩石圈断裂

二、区域矿产特征

内蒙古地处古亚洲成矿域和滨太平洋成矿域,前者呈近东西向带状分布,后者呈北东向叠加在前者之上。区内地层发育较齐全,地质构造复杂,岩浆活动强烈,成矿地质条件优越。全区矿产资源丰富,具有发现矿种数量多、分布地域广的特点,是中国重要的有色金属、稀有稀土金属和能源基地。

内蒙古矿产资源丰富,是中国的资源大省。截至 2009 年底,查明现有资源储量的矿产(含矿种和亚矿种)共 104 种,列入"内蒙古自治区矿产资源储量表"的矿产为 100 种(除石油、天然气、铀矿、地热外),矿区(矿产地)1715 处,有 74 个矿种保有资源储量居全国前 10 位,其中居前三位的有 31 种。

从成矿区域上,矿产资源集中分布于"三带"和"三盆地"内。"三带"即华北地台北缘成矿带、大兴安岭成矿带和得尔布干成矿带,蕴藏了 2 个大型稀有稀土矿床,95% 以上的有色金属储量和 90% 以上的铁矿。"三盆地"即鄂尔多斯盆地、二连盆地(群)和海拉尔盆地(群),集中了全区 90% 以上的煤炭资源,也是石油、天然气和铀矿的主要产地。资源分布相对集中,为规模开采创造了良好条件。

从地域分布上,东部地区以有色多金属为主,其次为能源和非金属矿产;中部地区以能源、黑色金属、有色金属、贵金属、稀有稀土为主,其次为非金属矿产;西部地区以能源、非金属矿产为主,其次为金属矿产。

总体上全区矿产资源的主要特点表现为:以煤、石油、天然气为主的能源矿产品种较齐全、分布广泛、储量丰富,是国家重要的能源基地;稀土资源得天独厚,举世无双,储量在世界排名第一位,成为世界最大的稀土原料生产和供应基地;有色金属矿产资源分布集中、储量丰富,具有规模化开发的天然禀赋条件;非金属矿产种类繁多,分布广,矿种优势明显。

1. 铁矿

内蒙古铁矿分布广泛。已经发现矿化点以上产地912处,其中矿床91处、矿点254处、矿化点567处。在91处矿床中大型矿床2处、中型矿床22处、小型矿床67处。累计探明储量近22×10^8t,占全国铁矿总储量的3%,居第7位。

铁矿的成因类型多样,主要有产于太古宇中的火山-沉积变质型铁矿床(鞍山式),产于元古宇白云鄂博群中的铌、稀土铁矿床,产于海西期、燕山期岩浆岩与沉积地层接触间的接触交代型矿床(矽卡岩型)、火山喷发(或沉积)-热液叠加型铁矿床(火山岩型)4种主要成因类型。还有元古宇渣尔泰山群层状赤铁矿(宣龙式),热液型铁矿、褐铁矿,沉积型褐铁矿以及赋存于奥陶系风化壳的褐铁矿(山西式)等。

2. 铝土矿

内蒙古铝土矿分布较少,且无成型矿床,主要分布在鄂尔多斯古陆块准格尔洪水沟地区,为沉积型铝土矿。

3. 钨矿

内蒙古共发现钨矿床、矿点、矿化点49处,其中大型伴生钨矿床1处,中型钨矿床(包括1处伴生矿床)3处,小型钨矿床(包括1处伴生矿床)2处,矿点、矿化点43处,探明表内钨矿储量11.9×10^4t,占全国钨矿总储量的2%,居全国第10位。

钨矿产地主要分布在大兴安岭南段,即克什克腾旗-乌兰浩特海西期地槽褶皱带南部的黄岗梁地区。在东乌珠穆沁旗海西早期地槽褶皱带、温都尔庙-翁牛特旗加里东地槽褶皱带东段以及控制槽台边界深大断裂两侧均有钨矿产出,额济纳旗的七一山钨钼矿床是西部地区目前唯一的工业矿床。

钨矿产地以钨为主,常伴生其他有益组分或作为某矿产地的伴生组分赋存,没有单一的钨矿床。主要的钨矿床可分热液脉型、矽卡岩型和细脉浸染型3种成因类型。除前者以钨为主的矿床外,其他两种成因类型均为伴生钨矿床。钨的载体矿物除黄岗梁矿床为白钨矿外,其他皆以黑钨矿为主。与之共生的金属矿物主要为磁铁矿、锡石、辉钼矿及稀有、稀土矿物等。

钨的成矿时代以燕山早期为主。

4. 锑矿

内蒙古锑矿资源较贫乏,仅发现2处,均位于西部北山地槽红柳大泉北西西向成矿带内,该成矿带内锑、金、汞化探异常紧密伴生,有一定的找矿前景。矿床以阿木乌苏锑矿较为重要。

5. 金矿

内蒙古具有悠久的采金历史,但正规的金矿地质工作始于20世纪60年代初期,相继发现和评价了金厂沟梁、红花沟、莲花山、柴火拦子、安家营子、白乃庙、十八顷壕、赛乌素、东伙房、乌拉山、老羊壕、后石花、摩天岭等一批岩金矿床,以及哈尼河、西乌兰不浪、乌玛河等砂金矿,为金矿资源开发提供了矿山基地。除赤峰地区盛采岩金外,锡盟、乌盟、巴盟及阿盟的采金业也相继兴盛起来,近年来在乌拉山发现了大型金矿床,在中西部形成了新的金矿产地,探明储量有很大增长,迄今累计探明岩金储量123t,砂金储量39.7t,居全国第6位,产量居全国第5位。

内蒙古原生金矿(岩金)主要分布在赤峰市南部、包头市西郊、乌盟的达茂旗、固阳县、武川县西部地区等。哲里木盟、兴安盟则以伴生金为主。砂金主要分布在呼盟额尔古纳河流域、西部乌盟察右中旗南部一带,武川县西部、达茂旗东南部和巴盟乌拉特中旗东北部地区。

6. 铜矿

内蒙古铜矿资源较丰富。截至1987年底共发现40处不同类型的铜矿床(其中大型2处、中型12处、小型26处),矿点258处,矿化点601处;共获D级以上铜储量300余万吨,居全国第7位。

内蒙古铜矿床成因类型复杂,按成矿地质作用可分为以下5种成因类型:斑岩型、沉积改造型(层控型)、热液型、矽卡岩型、岩浆岩型。其中以斑岩型、层控型、热液型铜矿床为主要类型并形成大、中型矿床。其他成因类型的矿床多为小型矿床或矿点、矿化点。探明铜储量绝大多数来自小型矿床或矿点、矿化点。各种成因的铜矿床多为复合矿床,很少形成单元素矿床。

华北地台北缘的狼山-渣尔泰山Ⅲ级层控铜、铅、锌、硫成矿带,满洲里-八大关斑岩型铜、钼、多金属成矿带,大兴安岭中南段Ⅳ级斑岩型、热液型、矽卡岩型多金属成矿带等是本区重要的铜矿产地。

7. 铅锌矿

内蒙古铅锌矿都是多组分共生复合矿体构成矿床,很少以单一矿种产出。铅矿以铅锌共生矿床为主,锌矿则是以锌为主的多金属矿床。

铅锌矿产是内蒙古的优势矿种。截至1987年底,区内共发现铅、锌矿产地200余处,其中铅矿床大、中、小型22处,矿点、矿化点200余处,获表内D级以上铅储量$314×10^4$t,居全国第3位;锌矿床大、中、小型28处,矿点、矿化点200余处,获表内D级以上锌储量$1179×10^4$t,居全国第2位。

铅、锌矿床成因类型比较齐全,有层控型、矽卡岩(接触交代)型、热液型、火山岩型。其中以层控型、矽卡岩型和热液型为主,其探明储量占内蒙古总储量的95%以上,有大型矿床9处、中型12处、小型12处。华北地台北缘狼山-渣尔泰山Ⅲ级层控铅、锌、铜、硫成矿带受中新元古界渣尔泰山群某些特定含矿层位的同生成矿作用控制,其成矿时代为中元古代;东部得耳布尔成矿带、克什克腾旗-乌兰浩特Ⅲ级成矿带以及少郎河Ⅳ级成矿区,成矿时代均为燕山期,其中得耳布尔成矿带可能稍晚,属燕山晚期,其他区带均为燕山早期。得耳布尔成矿带和克什克腾旗-乌兰浩特成矿带位于中生代火山盆地的基底隆起带一侧,与成矿作用关系密切的岩浆岩是中生代火山-侵入相的以中酸性岩为主的浅成或次火山岩相侵入岩体,其中最主要的克什克腾旗-乌兰浩特Ⅲ级成矿带,主要矿床产于中生代断陷的局部隆起上(拗中隆),主要构造层为下二叠统地槽型沉积。岩相分异显著,隆起带的北西翼发育碳酸盐岩,中酸性岩浆岩侵位,形成许多重要的矽卡岩型铅、锌金属矿床,如白音诺尔、浩布高等矿床,而南东翼因系碎屑岩建造,仅形成热液型矿床,如大井、碧流台、后卜河等。隆起带北西翼分布的重要铅、锌多金属矿床均赋存于下二叠统大石寨组和黄岗梁组内,前者夹有中—中酸性火山岩建造,后者夹有较厚的碳酸盐岩建造,Pb、Zn在这两组地层中的浓集系数均大于1,是主要的富集成矿元素,推知工业矿床中有少部分的Pb元素来自该两组地层,大部分Pb、Zn则来自于地壳深部。

8. 稀土矿

内蒙古稀有稀土矿产资源极为丰富,有举世瞩目的白云鄂博和扎鲁特旗八〇一特大型稀有稀土矿床2处、阿右旗桃花拉山大型铌-稀土矿1处,还有20余处矿床和矿点。探明了铌、铍、钽、稀土、锆5个矿种的工业储量。

稀有稀土矿产资源类型独特,品位较高,伴生元素丰富,储量巨大。白云鄂博铌稀土矿床,探明的稀土储量占世界储量的80%,铌仅次于巴西居世界第2位。八〇一稀有稀土矿床的锆占全国储量的73%,居全国之首,铍、钽探明储量也居全国第2位。

9. 磷矿

内蒙古有磷矿上储量表产地 6 处,其中 5 处为单一磷矿产地。大型矿床 1 处,小型矿床 4 处,总储量 1.9×10^8 t;共生磷矿床 1 处,储量 530.6×10^4 t;还有磷矿点、矿化点多处。内蒙古磷矿储量居全国第 11 位。

磷矿的成因类型主要为沉积变质型(以达茂旗布龙土磷矿床为代表)和岩浆岩型(包括透辉岩型和碳酸盐岩型),前者品位低且较难分选,但矿床规模大;后者品位高,但矿床规模小。

10. 锰矿

内蒙古锰矿资源较少,工作程度也较低。已发现锰矿产地约 77 处,其中小型矿床 5 处、矿点 28 处(东部为 12 处)、矿化点 44 处。具有工业价值的小型锰矿床分布于内蒙古中部地区。内蒙古北部地槽区有 2 个锰矿床:乌拉特中旗东加干锰矿、四子王旗西里庙锰矿。南部华北地台北缘有 3 个锰矿床:乌拉特前旗红壕锰矿、六大股塔库山锰矿、固阳县康兔沟锰矿。

11. 镍矿

内蒙古已探明镍储量 23 554t,居全国第 13 位。钴镍呈共生,或在铁、铜等多金属矿床中作为伴生组分产出。已知矿产地较多,但尚未发现规模较大的矿床。矿床类型以岩浆岩型为主,其次为接触交代型、风化壳型、沉积再造型等,已知矿产地多分布于Ⅲ~Ⅳ级构造单元结合部位断裂附近。

12. 锡矿

内蒙古锡矿资源比较丰富,探明表内储量 329 142t。发现大型伴生锡矿床 1 处,中型锡矿床 6 处(包括共生矿床 2 处、伴生矿床 2 处),小型锡矿床 3 处,矿点、矿化点 5 处。

锡矿的成因类型较为复杂,有花岗岩型、伟晶岩型、云英岩型、斑岩型、矽卡岩型和热液脉型,以后 3 种类型最为重要。此外,内蒙古西部还有细脉浸染型锡矿。

锡矿床(点)多分布于区域性深断裂,在规模较大(深)断裂间的构造脆弱带中也有分布。锡矿床(点)的展布多与燕山早期钾长花岗岩、花岗斑岩有关。多数与一种或两种以上金属矿物共生,没有单一的锡矿床。锡的载体矿物主要为锡酸(胶态锡)和锡石。矽卡岩型锡矿床的锡矿物中,有相当部分为胶态锡及酸溶锡,成为该类矿床的一大特征,占储量比例很大,开发利用程度很低。

13. 铬矿

内蒙古是我国铬铁矿的主要产区之一。20 世纪 50 年代在贺根山和索伦山两个地区对超基性岩开展了大规模的地表及深部地质工作,累计探明铬矿储量 170×10^4 t,其中 3756 矿床是我国最早发现的中型矿床。

14. 钼矿

内蒙古已探明钼矿储量 34×10^4 t,居全国钼矿储量第 8 位。已知钼矿多与铜、铁、钨共生,因钼的品位偏低(一般为 0.05%~0.10%),在含钼的矿床中,均以伴生组分待之。

已探明钼储量的 75%(25×10^4 t)集中在呼伦贝尔盟乌努格吐山铜钼矿中。额尔古纳地槽褶皱带的额尔古纳大断裂与得耳布尔深断裂之间的地块是重要的钼矿产地,在华北地台北缘北侧的温都尔庙-翁牛特旗加里东地槽褶皱带、额济纳旗的北山海西期地槽带上也有钼矿产出。

矿床成因类型以斑岩型为主,其次为矽卡岩型和热液型。成矿作用主要与燕山早期中酸性花岗岩有关。

15. 银矿

内蒙古银矿多与金铅锌等多金属共生,银矿床或银金共生的矿床多产出于东部地区。成矿作用主要与中生代,尤其是燕山期火山-侵入岩浆活动有关。

银矿床大致可分为两类:一类是以银为主的多金属矿床,伴生的金属铅锌铜等均可综合利用;另一类是独立银矿床,伴生的其他金属含量很低,难以利用,此类矿床发现较少。除上述两类外,区内发现有较多的伴生银矿,银在多金属矿床中仅作为伴生组分出现,其含量一般均低于独立大型银矿的最低工业品位要求,但大于综合利用品位要求($20\times10^{-6}\sim40\times10^{-6}$)。经过选矿,银在精矿中得以富集,可以综合利用。

内蒙古银矿除少数金银矿点分布在华北地台北缘外,大部分银矿及与铜铅锌多金属矿共生伴生的银矿都分布在内蒙古-兴安古生代地槽褶皱区的古生代隆起与中生代火山喷发盆地的交界部位,岩浆活动频繁、断裂构造发育的地段。其中接触交代型、热液裂隙充填交代型矿脉最为重要。成矿时代绝大部分为燕山期,个别属于海西晚期和印支期。

与其他金属矿共生和伴生的银矿,如接触交代型有白银诺铅锌(银)矿,热液型有孔雀山铜(银)矿、莲花山铜(银)矿、大井子银锡矿、孟恩陶勒盖银铅锌矿等。

16. 硫铁矿

内蒙古是我国硫铁矿的重要产地之一。现有矿床16处,矿点、矿化点10余处,总储量$58\,219.8\times10^4$ t,居全国第3位。硫铁矿作为单一矿产或主要矿产、共生矿产,产地11处,储量$51\,060.6\times10^4$ t,占总储量的88%;伴生矿产产地5处,储量7159.2×10^4 t,占总储量的12%。

17. 萤石矿

内蒙古萤石矿资源丰富,现有特大型矿床1处、中型矿床5处、小型矿床19处,总储量近2500×10^4 t,居全国第3位;又有贵勒斯太、伊和尔、三河、凯河等萤石矿点数十处;还有白云鄂博与富铁矿伴生的萤石矿,品位低,储量1×10^8 t。

18. 菱镁矿

内蒙古索伦山、贺根山等地超基性岩带分布区均有菱镁矿产出,地质储量共100×10^4 t。因工作程度等原因,未上内蒙古自治区矿产储量平衡表。

19. 重晶石

内蒙古至今尚无一处重晶石矿上储量表产地,仅有矿点2处,即扎兰屯巴升河重晶石矿点和牙克石一指沟重晶石矿点,两处矿点都具有一定规模,属热液型成因。

第三节 区域遥感特征

一、遥感特征分区及地貌分区

内蒙古自治区面积118.3×10^4 km²,需用102景ETM数据才能完全覆盖。

内蒙古地貌类型多样,有高原、山地、丘陵、平原和滩地等。内蒙古高原属于蒙古高原的一部分,为我国第二大高原,包括大兴安岭以西,北山以东,阴山、贺兰山以北的地域,海拔700~1400m,占全区总面积的34%，是内蒙古地貌的主体。西南部的鄂尔多斯高原，面积仅 $8.6\times10^4\mathrm{km}^2$，占全区总面积的8%。

二、地表覆盖类型及其遥感特征

内蒙古的地表覆盖类型主要有以下几种。

1. 沙漠

内蒙古的沙漠主要有巴丹吉林沙漠、腾格里沙漠、乌兰布和沙漠、库布齐沙漠和毛乌素沙漠，面积约 $15\times10^4\mathrm{km}^2$。

巴丹吉林沙漠位于内蒙古阿拉善右旗北部，雅布赖山以西、北大山以北、弱水以东、拐子湖以南，面积 $4.7\times10^4\mathrm{km}^2$，是我国第三、世界第四大沙漠，沙漠西北部还有 $1\times10^4\mathrm{km}^2$ 的范围至今没有人类的足迹(图 2-1 和图 2-2)。海拔高度为 1200~1700m，沙山相对高度可达500m，堪称"沙漠珠穆朗玛峰"。

图 2-1 巴丹吉林沙漠

图 2-2 巴丹吉林沙漠

腾格里沙漠位于内蒙古阿拉善左旗西南部和甘肃省中部边境，南越长城，东抵贺兰山，西至雅布赖山，面积约 $3\times10^4\mathrm{km}^2$ (图 2-3)。

乌兰布和沙漠地处内蒙古西部巴彦淖尔盟和阿拉善盟境内(图 2-4 和图 2-5)，北至狼山，东北与河套平原相邻，东近黄河，南至贺兰山北麓，西至吉兰泰盐池，南北最长 170km，东西最宽 110km，总面积

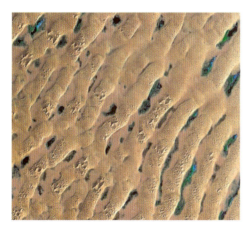
图 2-3 腾格里沙漠

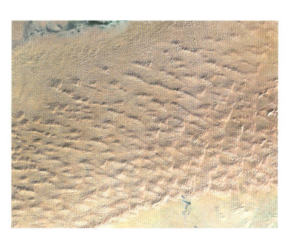
图 2-4 乌兰布和沙漠

约 $1\times 10^4 km^2$,海拔 1028~1054m,地势由南偏西倾斜。构造上是一个断陷盆地,为第四纪细沙及黏土状冲积-湖积物所覆盖,其上为冲积、淤积和风积物,多为高低不等 3~10m 的流动、半固定、固定沙丘、平缓沙地及丘间低地相互交错呈复区分布的地貌类型。

库布齐沙漠是中国第六大沙漠,也是距北京最近的沙漠(图 2-6)。西、北、东三面均以黄河为界,地势南部高,北部低。位于鄂尔多斯高原脊线的北部,伊克昭盟杭锦旗、达拉特旗和准格尔旗的部分地区。南部为构造台地,中部为风成沙丘,北部为河漫滩地,总面积约 $1.45\times 10^4 km^2$。流动沙丘约占 61%,长 400km,宽 50km,沙丘高 10~60m,像一条黄龙横卧在鄂尔多斯高原北部,横跨内蒙古三旗,形态以沙丘链和格状沙丘为主。

图 2-5 乌兰布和沙漠　　　　　　　　　　图 2-6 库布齐沙漠

毛乌素沙漠也称毛乌素沙地,海拔多为 1100~1300m,西北部稍高,达 1400~1500m,个别地区可达 1600m 左右,东南部河谷低至 950m(图 2-7 和图 2-8)。毛乌素沙区主要位于鄂尔多斯高原与黄土高原之间的湖积冲积平原凹地上。出露于沙区外围和伸入沙区境内的梁地主要是白垩纪红色和灰色砂岩,岩层基本水平,梁地大部分顶面平坦。各种第四纪沉积物均具明显沙性,松散沙层经风力搬运,形成易动流沙。

图 2-7 毛乌素沙漠　　　　　　　　　　图 2-8 毛乌素沙漠

2. 平原高滩地

平原高滩地主要发育全新统—上更新统湖积冲积层,分布在内蒙古东部浑善达克沙地、科尔沁沙地和呼伦贝尔沙地第四系风积,分布面积约 $5\times 10^4 km^2$,以固定和半固定沙丘为主。

浑善达克沙地是我国十大沙漠沙地之一（图2-9），位于内蒙古中部锡林郭勒草原南端，与北京直线距离180km，是离北京最近的沙源。浑善达克沙地东西长约450km，平均海拔1100m，是内蒙古中部和东部的四大沙地之一，以固定半固定沙丘为主，其南部多伦县流沙移动较快，故又称小腾格里沙地。

科尔沁沙地位于大兴安岭和冀北山地之间的三角地带。地势是南北高，中部低，西部高，东部低。西辽河水系贯穿其中。地貌特点是沙层有广泛的覆盖，丘间平地开阔，形成了坨甸相间的地形组合，当地人称它为"坨甸地"（图2-10）。沙丘多是北西-南东走向的垄岗状，在沙岗上广泛分布着沙地榆树疏林。

图2-9　浑善达克沙地

图2-10　科尔沁沙地中的"坨甸地"

呼伦贝尔沙地位于内蒙古东北部呼伦贝尔高原（图2-11）。东部为大兴安岭西麓丘陵漫岗，西对达赉湖和克鲁伦河，南与蒙古相连，北达海拉尔河北岸，地势由东向西逐渐降低，且南部高于北部。呼伦贝尔沙地东西长270km，南北宽约170km，面积近$1 \times 10^4 km^2$。由于人们过度放牧，使得呼伦贝尔陈巴尔虎旗草原开始退化，从而形成中国的第四个沙地。

图2-11　呼伦贝尔沙地

3. 植被

内蒙古植被主要分为草原和林木。

内蒙古草原幅员辽阔,位居我国五大牧区之首。富饶的草原上生长着1000多种优良牧草,适宜放牧各种牲畜。草原类型可以划分为草甸草原和典型草原两类。草甸草原又称为森林草原,大兴安岭东西两侧的呼伦贝尔大草原便属于此种类型,堪称我国最美丽富饶的草原之一(图2-12)。内蒙古中部的大片地区则属于典型草原,如锡林郭勒大草原(图2-13)。

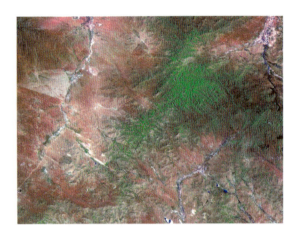

图2-12　呼伦贝尔大草原　　　　　　　　　　图2-13　锡林郭勒大草原

在TM数据合成的影像上呈绿色和浅绿色,如果仔细判断有可能区分林木和草地,一般情况下林木尤其是以松树为主的乔木分布在山的阴坡,草地分布在阳坡和较低处。大兴安岭位于黑龙江省、内蒙古自治区北部,是内蒙古高原与松辽平原的分水岭,北起黑龙江畔,南至西拉木伦河上游谷地,北东-南西走向,全长1200km,宽200～300km,海拔1100～1400m,主峰索岳尔济山。大兴安岭原始森林茂密是我国重要的林业基地之一,主要树木有兴安落叶松、樟子松、红皮云杉、白桦、蒙古栎、山杨等(图2-14)。

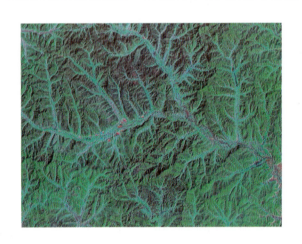

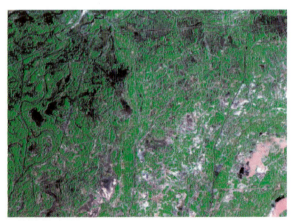

图2-14　大兴安岭原始森林　　　　　　　　　　图2-15　河套平原的农田

4.农田

内蒙古的农田不是很多,但分布范围很广,比较集中的区域在河套平原(图2-15)。由于人工耕作形成的规则几何形体和不同生长期植物构成的绿色深浅差别,使得在30m左右分辨率的影像中农田极易辨认。

5. 湖泊

内蒙古内陆湖泊较多,大小湖泊1000余个,主要分布于西辽河平原、内蒙古高原和鄂尔多斯高原。湖泊在TM数据合成的影像上呈深蓝色,与湖岸的边界影像差异大,容易辨识。在天然湖泊中,面积大于$100km^2$的有7个。

达赉湖(图2-16),又称呼伦池,位于呼伦贝尔高原的西部,面积$2210km^2$,平均水深5.7m,其影像色调从深蓝至浅蓝,直接反映了湖泊深浅的变化,一般颜色较深的湖泊,深度也较深。贝尔湖在达赉湖以南,我国与蒙古国的边界从湖中间穿过,整个湖面面积约$600km^2$,平均水深9m,最大水深50m。达赉湖与贝尔湖、哈拉哈河下游、乌尔逊河沟通,湖的四周为水草丰茂的牧场。还有位于大兴安岭南端西麓、赤峰市克什克腾旗西北部的达里湖(图2-17),位于巴彦淖尔盟后套平原东端乌拉特前旗内的乌梁素海,位于乌兰察布盟南部岱海盆地中的岱海,位于乌兰察布盟察哈尔右翼前旗内的黄旗海和位于锡林郭勒盟阿巴嘎旗内的库勒查干诺尔。另外,沙漠区分布有数量众多的小湖泊,这些小湖泊的面积一般不足$1km^2$(图2-18和图2-19)。

图2-16 达赉湖

图2-17 达里湖

图2-18 巴丹吉林沙漠湖泊

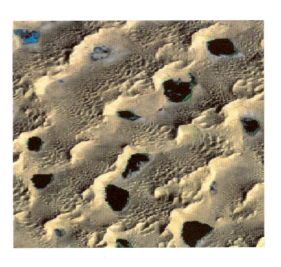

图2-19 沙漠区中的小湖泊

6. 河流

内蒙古境内分布面积最大的是黄河流域、弱水河流域、西拉木伦河流域、西辽河流域、克鲁伦河流域、克鲁伦河、海拉尔河、根河等。

在 TM 数据合成的影像上河流呈深蓝色至黑色,形态为细线状,与河岸的边界十分清晰,一些较大的河流能看出河面宽窄的变化,目视解译非常容易辨认(图 2-20 和图 2-21)。

图 2-20 黄河流域

图 2-21 河流的遥感影像图

7. 冲击扇

冲积扇在山区和平原的结合部都有分布,出露面积大,在 TM 数据合成的影像上其色调受上游物质来源区的影响较明显,一般为暗红色、灰色,呈现特有的间歇流水留下的冲刷痕迹,比较容易辨认,这些冲积扇被划分在第四系(图 2-22)。

图 2-22 冲积扇

三、岩石的区域分布特点及其遥感特征

(一)地层的分布特征

1. 太古宇(Ar)

兴和岩群($Ar_1 X.$)(原称下集宁群):为本区太古宇的最底层系,分布于兴和县南部及包头以东地区。主要为条带状混合质紫苏斜长麻粒岩、二辉麻粒岩夹紫苏花岗岩及斜长角闪岩。它是一套层状不明的暗色岩系,经高温中压区域变质作用,变质相达麻粒岩相。区域混合岩化强烈,并以重熔为特征。在兴和群中赋存沉积变质型铁矿,如包头东壕赖沟铁矿。

兴和岩群遥感影像特征:在 ETM741 影像上(图 2-23),以偏红色调的暗色岩石,山高,层理、水系均不发育。相对山前构造,断裂比较发育,有明显的断层三角面,但与其他地质单元之间地层接触界线不明显。

中太古界有两个群:下部为集宁岩群,上部为乌拉山岩群。

集宁岩群(Ar_2^1):出露于大青山南麓及凉城一带,大青山、乌拉山以北也有零星出露。其层序下部以矽线(堇青)榴石钾长(斜长)片麻岩、含紫苏黑云斜长片麻岩、石墨片麻岩为主,夹浅粒岩、变粒岩、麻粒岩、斜长角闪岩、辉石岩及含石墨透辉大理岩;上部为长石石英砂岩、浅粒岩夹矽线榴石片麻岩、黑云斜长片麻岩,局部夹大理岩。

集宁岩群为一套层状明显的浅色岩系,其原岩组合为含碳富铝半黏土质岩、泥质、凝灰质砂岩、中基性火山岩及碳酸盐岩,以赋存稳定石墨层和不含铁矿层为标志。经高温中压区域变质作用,变质相达麻粒岩相。混合岩化强烈,并以花岗岩为特征,形成分带不明显的混合花岗岩田。

遥感影像特征:集宁混合岩化群($Ar_2 Lgn$)和乌拉山岩群($Ar_2 W.$)均以浅粉色系影像为特征,层理不明显,两地层界线不明显,但它们以断裂线接触,断层发育(图 2-24)。早期断裂北东向,被晚期的北东东向断裂错断。

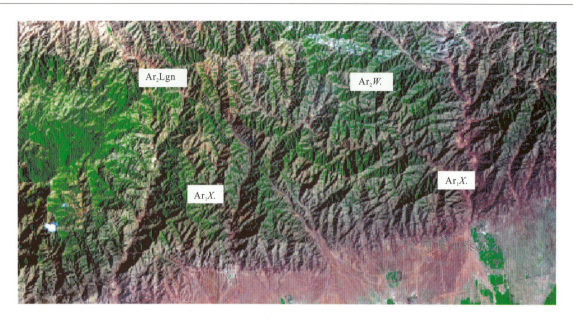

图 2-23 兴和岩群（$Ar_1X.$）影像特征图

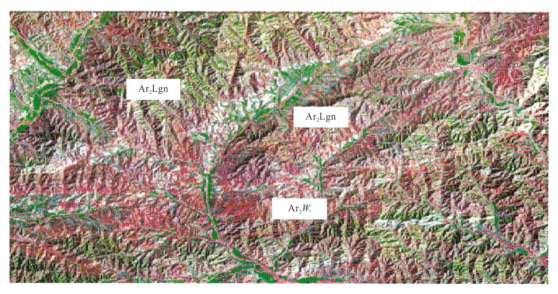

图 2-24 集宁岩群（Ar_2^1）和乌拉山岩群（$Ar_2W.$）影像特征图

乌拉山岩群（$Ar_2W.$）：主要分布于乌拉山、大青山区，在西部阿拉善地区、东部赤峰地区也有相应岩系出露。在包头以北地区，乌拉山岩群分为 4 个岩组，总厚度为 4158m。下部第一岩组以条带状混合质黑云角闪斜长片麻岩为主，夹含石榴黑云斜长片麻岩、斜长角闪岩、角闪斜长变粒岩、透辉石岩和磁铁石英岩。第二岩组以条带状混合质斜长角闪岩为主，夹斜长角闪片麻岩、斜长角闪岩、透辉角闪斜长变粒岩。第三岩组下部为石墨片麻岩、变粒岩夹透辉透闪大理岩、斜长角闪岩，上部为含石墨橄榄透辉大理岩夹矽线石英岩、片麻岩。第四岩组为厚层状长石石英岩、变粒岩、浅粒岩夹大理岩、片岩、片麻岩。

乌拉山岩群以角闪质岩石为主，变质相为高角闪岩相，混合岩发育。乌拉山岩群及与其相当的岩系，赋有铁、石墨、金、大理岩及石棉等矿产。铁产于中下部磁铁石英岩中，中部地区以大青山、乌拉山中众多铁矿床（点）为代表，如赛忽洞铁矿、小壕赖沟铁矿等；东部地区建平群中以敖汉旗兰杖子、王家营子及前石头梁铁矿为代表；西部地区千里山群中以阿拉坦图沟铁矿、查干郭勒铁矿为代表；阿拉善群中以迭布斯格铁矿为代表。原生金的主要矿源层为下部属绿岩建造的斜长角闪岩类岩石（原岩为海底喷发的基性火山岩），尤其是在蚀变破碎带往往赋有原生金矿床，如乌拉山金矿及敖汉旗金厂沟梁、赤峰红花沟金矿等。

色尔腾山群（Ar_3S）：分布于大青山、乌拉山以北地区。在东五分子一带分为 5 个岩组，总厚度 5119m。下部第一、二、三岩组主要为黑云斜长角闪（糜棱）片岩、二云石英（糜棱）片岩夹阳起绿帘绿泥（糜棱）片岩。变粒岩、磁铁石英岩（铁矿层）为典型的绿岩建造。第四岩组为混合质斜长二云石英片岩、石英岩。第五岩组为厚达 900m 的大理岩。其原岩总体为中基性火山岩（第一、二、三岩组）-碎屑岩（第四岩组）-碳酸盐岩（第五岩组）建造，构成一巨型沉积旋回。

色尔腾山群相当于山西省的五台群，河北省的双山子群。在色尔腾山群中产出沉积变质型铁矿，主要有书记沟铁矿、东五分子铁矿、三合明铁矿、公益明铁矿、黑敖包铁矿、高腰海铁矿等。本群属绿岩建造，中基性火山岩及其碎屑岩是金的矿源层，局部形成原生金矿床，如十八顷壕金矿，故在色尔腾山群中，尤其在破碎带、蚀变带及花岗岩体的外接触带，是寻找原生金矿的远景地带。

色尔腾山群遥感影像特征：在 ETM741 影像上（图 2-25），以偏红色调的亮色岩石，含暗色层理，水系不发育。构造断裂比较发育，有明显的断层三角面。

图 2-25　色尔腾山群（Ar_3S）影像特征图

2. 元古宇（Pt）

（1）古元古界分为二道洼群、宝音图群、北山群和兴华渡口群。

二道洼群（Pt_1E）：主要分布于呼和浩特以北的大青山区，下部为变质砾岩、变粒岩、黑云片岩、二长石英片岩和透闪透辉大理岩，原岩为陆源粗碎屑-镁质碳酸盐岩建造；中部为含十字蓝晶榴石黑云片岩、二云石英片岩和透闪透辉大理岩，原岩属砂泥质-镁质碳酸盐岩建造；上部为黑云阳起钠长片岩、角闪（绿帘）黑云石英片岩和透闪橄榄大理岩，原岩属钙碱性富钠火山岩-镁质碳酸盐岩建造，总厚 1711m。二道洼群是在太古宙古陆上发育的近东西向裂陷中的沉积物，古元古代晚期，由于裂陷的持续拉张，形成裂谷，火山活动强烈，经区域变质后，形成低角闪岩相-绿片岩相的变质建造。

二道洼群遥感影像特征：在 TM741 影像上（图 2-26），主要以含淡粉色调的影像，反映在地貌上沟谷较深的高山区，由于山体南侧有覆盖层，植被相对比较发育。

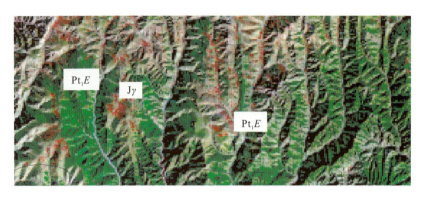

图 2-26 二道洼群(Pt_1E)影像特征图

宝音图群(Pt_1By):分布于华北地台北缘(白云鄂博裂陷带以北)。在宝音图出露较完整,其层序下部为绢云石英岩夹含铁石英岩;中部为石榴白云石英片岩夹十字石榴绢云片岩、白云(黑云)石英片岩、石榴阳起片岩、片麻岩、千枚岩、板岩、石英岩;上部为石英岩、大理岩夹石榴白云石英片岩、石英云母片岩、二长斜长片岩、石榴蓝晶二云片岩。宝音图群是太古宙古陆边缘地槽的沉积物,其原岩为砂质岩、泥质岩、硅质岩、碳酸盐岩、基性火山岩,总体为碎屑岩建造。变质相为绿片岩相-低角闪岩相。

宝音图群遥感影像特征:在图 2-27 中表现最明显,中间红色调呈眼状体,纹理清晰,右侧的褶皱构造证明其有过强烈活动。而图左侧的宝音图群影像特征就不太明显,色调较浅,沟谷发育,有过剥蚀作用。

图 2-27 宝音图群(Pt_1By)影像特征图

北山群(Pt_1B):分布于阿拉善盟北部地槽中,是组成北山地块的主体岩系。其层序下部为混合岩、角闪黑云斜长片麻岩、黑云石英片岩、角闪片岩、凝灰熔岩、变粒岩、石英岩、大理岩,总厚 5039m。原岩组合为基性、酸性火山岩-砂泥质建造。

北山群遥感影像特征:在 TM741 影像上(图 2-28),呈淡粉色系,地层层理明显,由于地层内部构造破坏小,整体影像完整,边界较清楚。

兴华渡口群(Pt_1X):分布于加格达奇和扎兰屯一带。其层序下部为混合岩化角闪斜长片麻岩、混合岩、变粒岩、斜长角闪岩、片岩、大理岩和磁铁石英岩;上部为角闪斜长变粒岩、浅粒岩、片岩、变质砂岩、大理岩,总厚 7000~8000m。其原岩组合总体为基性、中酸性火山岩-碎屑岩建造。

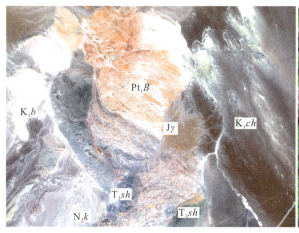 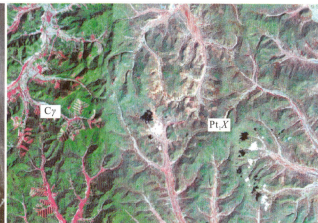

图 2-28 北山群(Pt₁B)影像特征图　　　　　　　图 2-29 兴华渡口群(Pt₁X)影像特征图

兴华渡口群遥感影像特征：由于植被覆盖，影像特征不明显。在图 2-29 中右侧浅色系为兴华渡口群，山体较高，沟谷、河流发育，根据其影纹特征，断裂构造也十分发育。

(2)中、新元古界(Pt_2、Pt_3、Pt_{2-3})：内蒙古中、新元古界沉积类型有台型和槽型两种。台型沉积主要为陆源碎屑-碳酸盐岩建造，岩石变质程度较浅，并含有丰富的叠层石和重要矿产。中、新元古界分为长城系、青白口系和震旦系。

长城系—青白口系白云鄂博群：分布于乌拉特中旗，白云鄂博至化德一带，有 6 个岩组，总厚 7234m，向东增厚至 15 000m。在白云鄂博一带，层序自下而上为：都拉哈拉组(Chd)，含砾长石石英砂岩、石英岩，与哈拉霍疙特组为不整合接触(图 2-30)；尖山组(Chj)，碳质板岩、暗色板岩、长石石英砂岩，夹细晶灰岩；哈拉霍疙特组(Jxh)，灰岩、白云岩、石英砂岩夹板岩，偶有变基性火山岩，平行不整合或角度不整合于尖山组之上；比鲁特组(Jxb)，碳质板岩、砂质板岩、粉砂岩夹砂岩，局部夹灰岩、角砾岩；白音宝拉格组(Qbby)，石英岩、石英砂岩、粉砂岩夹板岩，平行不整合于比鲁特组之上；呼吉尔图组(Qbhj)，石英砂岩、板岩、灰岩，灰岩中含叠层石。

白云鄂博群变质轻微，只达到低绿片岩相。原岩建造为陆源长英质碎屑及砂泥质岩-碳酸盐岩建造，局部见火山岩，属台缘裂陷带冒地槽沉积物，系华北地台上的似盖层沉积。该群中矿产丰富，尖山组板岩局部含磷，形成大型布龙图磷矿床。哈拉霍疙特组白云岩中赋存大型铁及稀土、稀有矿床并伴生萤石矿。

遥感影像特征：在 ETM742 影像上，尖山组(Chj)影纹色调红中带灰，地层纹理清晰，与侵入岩界线

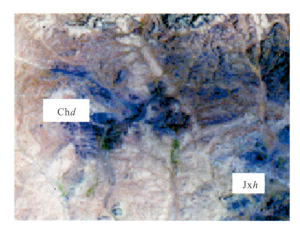 

图 2-30 都拉哈拉组(Chd)影像特征图　　　　　　图 2-31 尖山组(Chj)影像特征图

清楚(图2-31)。哈拉霍疙特组(Jxh)表现为两种截然不同的色调及纹理特点(图2-32),由浅蓝和深蓝相间的紧密平行延伸稳定的色调及纹理构造,只是由于构造运动,地层发生褶皱,变形非常强烈,变质作用也很明显;而在图2-33中Jxh地层色调变为红中带有蓝色色调,纹理变得散乱了很多,是一环形构造特征,并平行不整合于比鲁特组之上,与比鲁特组地层界线明显,反映出明显的韧性剪切带特征。白音宝拉格组(Qbby)和呼吉尔图组(Qbhj)在遥感影像上是以浅蓝色不规则、斑点状影纹特征反映出来的(图2-34、图2-35)。

图2-32 哈拉霍疙特组(Jxh)和比鲁特组(Jxb)影像特征图

图2-33 哈拉霍疙特组(Jxh)影像特征图

图2-34 白音宝拉格组(Qbby)影像特征图

图2-35 呼吉尔图组(Qbhj)影像特征图

长城系—青白口系渣尔泰山群:分布于狼山、渣尔泰山和武川一带。渣尔泰山群与白云鄂博群属同期异相产物,主要在沉积环境及建造、岩浆活动、成矿作用等方面有差异,其层序自下而上为书记沟组、增隆昌组、阿古鲁沟组和刘鸿湾组。渣尔泰山群原岩为陆源长英质碎屑-碳酸盐岩建造,属华北地台陆内裂陷带内的沉积物。

震旦系什那干群(ZSh)遥感影像特征:在ETM742影像上表现为浅褐色与蓝色相混斑点状影纹特征(图2-36),层理较清晰,山体较低,地貌较平坦,反映出其岩性为燧石条带硅质白云岩、白云质灰岩;与上覆寒武系为平行不整合接触,并不整合于乌拉山岩群及中元古代早期钾长花岗岩体之上,该岩体侵入渣尔泰山群,因此推测什那干群也应不整合于渣尔泰山群之上。

震旦系镇目关组(Zzh)遥感影像特征:在ETM742影像上表现为暗绿色影纹特征(图2-37),山体高,沟谷切割深,水系发育,相应植被也较发育。地层下部为冰碛砾岩,上部为砂质板岩,含微古生物,为冰水-潟湖相沉积。

3. 古生界

1) 寒武系($\in$)

西双鹰山组(Zx)遥感影像特征:在ETM741影像上是以蓝绿黄相间、色彩鲜亮、地层纹理清晰为特征,呈北东走向延伸,岩性为长石砂岩、粉砂岩、硅质岩和灰岩。与下伏震旦系为平行不整合接触,局部有铀、磷矿化(图2-38)。

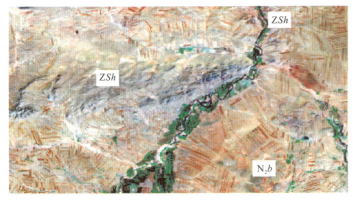

图 2-36 什那干群(ZSh)影像特征图

图 2-37 镇目关组(Zzh)影像特征图

图 2-38 西双鹰山组(Zx)影像特征图

温都尔庙群(Ch-JxW)：主要分布于温都尔庙和二道井一带，沿锡林浩特地块南、北两侧出露。下部为基性枕状熔岩，原岩为大洋拉斑玄武岩，年龄为509Ma；上部为绿泥(绢云)石英片岩夹凝灰岩、石英岩、大理岩、硅质岩及铁矿层，原岩为含三叶虫硅铁质岩建造；底部为含超基性岩的辉长-辉绿岩，年龄为632Ma、626Ma、536Ma、523Ma，与温都尔庙群一起形成"三位一体"的蛇绿岩套。在ETM753影像上(图2-39)，色调淡，呈浅红色系，基岩裸露，山体低缓，水系不发育等特点。

馒头组、张夏组并层($\epsilon_{1-2}m-zh$)遥感影像特征：在TM742影像上，色调较亮，沟谷及水系发育，反映其岩性为灰岩特点。在清水河一带为紫红色粉砂岩、深灰色细砂岩、鲕状灰岩，厚146m(图2-40)。在卓资山一带为灰绿色页岩、鲕状、竹叶状灰岩、泥质砂岩，厚565m。在贺兰山一带为绿色页岩、白云岩、灰岩，厚1024～2517m。在阴山分区为灰岩、砂岩互层，厚91～272m。

香山群(ϵ_2X)遥感影像特征：在ETM741影像上以淡蓝色为主，地层纹理清晰，沟谷不发育，高山、构造运动遗迹明显为特征，其岩性为灰绿色板岩、砂岩、灰岩及其角砾岩，厚逾4000m(图2-41)。香山

图 2-39 温都尔庙群(ChJxW)影像特征图

图 2-40 馒头组+张夏组($\epsilon_{1-2}m-zh$)影像特征图

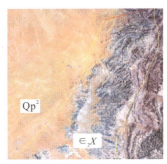

图 2-41 香山群(ϵ_2X)影像特征图

群在内蒙古地区出露不全,属祁连地槽与华北地台过渡带的沉积物。

长山组(ϵ_3ch)遥感影像特征:在TM742影像上色调呈粉红色,水系发育,沟谷切割较深,反映地层岩性松软。在清水河为紫灰色灰岩、泥质灰岩、白云质灰岩夹鲕状、竹叶状灰岩;在乌海地区白云质灰岩增多,富含三叶虫化石(图2-42)。

锦山组(ϵ_3j)遥感影像特征:分布于赤峰以南、锦山镇附近,主要岩性为板岩、千枚岩、变质砂岩、石英岩及灰岩,为内蒙古中部地槽在华北地台北缘的冒地槽沉积物(图2-43)。

图2-42　长山组(ϵ_3ch)影像特征图　　　　图2-43　锦山组(ϵ_3j)影像特征图

寒武系中的矿产主要为槽区温都尔庙群中的火山沉积型铁矿床,其他群组含矿性不佳。台区下寒武统含磷矿层不具工业价值,锦山组灰岩为电石灰岩、水泥灰岩。鄂尔多斯盆地的中寒武统为生油气岩。

2)奥陶系(O)

马家沟组($O_{1-2}m$)遥感影像特征:在ETM741影像上以红色夹深绿色为主,山高,沟谷发育(图2-44)。该地层分布于内蒙古中部鄂尔多斯、阴山和清水河小区,主要为灰岩、白云质灰岩、白云岩夹页岩、砂岩等。马家沟组灰岩质纯,可作为化工原料及建筑石材。

米钵山组($O_{1-2}mb$)遥感影像特征:在ETM741影像上呈灰白色调,地势较平坦,水系不发育(图2-45),反映地层岩性为灰岩、板岩、砂岩、砾岩,总厚1696m。米钵山组在鄂尔多斯地区沉积厚度大,多碎屑成分,属华北地台与祁连地槽过渡带的沉积物及贺兰裂堑中的垮塌堆积物。

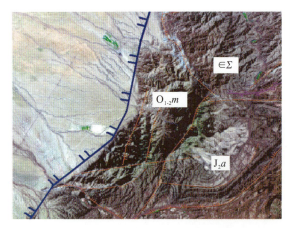 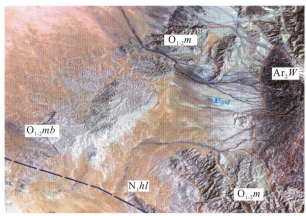

图2-44　马家沟组($O_{1-2}m$)影像特征图　　　　图2-45　米钵山组($O_{1-2}mb$)影像特征图

包尔汉图群($O_{1-2}B$)遥感影像特征:地层分布于白云鄂博以北槽区,索伦山以西巴彦查干地区及东部黄岗梁一带(图2-46)。下部为斑点板岩、硬砂质砂岩、变质粉砂岩,变泥岩;上部为安山质、英安质凝灰岩夹蚀变安山岩、玄武岩、霏细岩及灰岩,总厚1131m。下限不清,推测不整合于温都尔庙群之上。

上限被志留系巴特敖包组不整合覆盖。近华北地台北缘出露的包尔汉图群,其中的火山岩是在岛弧构造背景下喷发的,变质后形成绿片岩。在东部西拉木伦河以北出露的包尔汉图群为细碧岩、玄武岩、硅质岩,含有孔虫、放射虫,系深海沉积物。

图 2-46　包尔汉图群($O_{1-2}B$)影像特征图

罗亚楚山组($O_{1-2}l$)遥感影像特征:在 ETM743 影像上,是以红中带蓝、绿,色彩丰富,纹理清晰,变化多,反映在岩相上沉积物组成复杂,多期构造的地质特点。上部为黄绿色中细粒长石质硬砂岩夹硅质岩及钙泥质粉砂岩,发育正粒序层理;中部深灰色薄层状粉泥质板岩、含砂绢云绿泥板岩夹长石质硬砂岩、硅泥质板岩;局部相变为绢云石英板岩与深灰色块状安山岩互层及安山质凝灰熔岩、凝

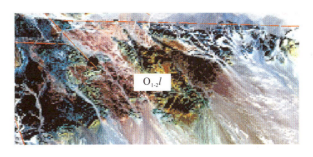

图 2-47　罗亚楚山组($O_{1-2}l$)影像特征图

灰岩、角砾熔岩夹粉砂岩、硅质岩、绢云千枚岩;下部为深灰色、灰黑色、灰紫色中厚层状泥质板岩夹浅灰色中—薄层状硅质岩及流纹岩、灰岩透镜体。是一套海相细碎屑岩和泥质岩,岩石普遍发生区域变质作用并强烈劈理化(图 2-47)。

咸水湖组(O_2x)遥感影像特征:本组地层以火山岩为主,岩性变化大,在同一岩性层内物质成分、结构构造也有变化,导致在遥感影像上以紫色、灰色、褐色等交织复杂色色调,不规则纹理等特征,影像部分是咸水湖组地层的典型影像特征,该组整合于下覆罗亚楚山组之上,未见顶,被石炭纪花岗闪长岩侵位(图 2-48)。咸水湖组岩性组合为安山岩、安山玄武岩、安山质角砾岩、凝灰岩夹砂砾岩、板岩、灰岩,厚 1331m。这套中基性火山岩建造与其中的超基性岩、辉长岩、辉绿岩一起,形成石板井(即白云山-洗肠井)蛇绿岩套。

乌宾敖包群(O_2Wb)遥感影像特征:在 ETM742 影像上,以地势开阔,水系发育,颜色呈灰绿色,分布于东乌珠穆沁旗及牙克石一带,下部为绢云母板岩、灰岩;上部为长石砂岩、硬砂岩夹板岩、安山岩及灰岩,总厚 4957m。自二连浩特向东变薄,下部火山岩减少,上部泥岩、凝灰岩成分增多。下限不清(图 2-49)。

白云山组(O_3b)遥感影像特征:在 ETM743 影像上以浅红色、深红色由杂乱冲沟切割形成不规则纹理影像为特征,反映其岩性为砾岩、粉砂岩夹安山岩、凝灰岩、碧玉岩等。在索伦山以西一带也有白云山组地层分布,主要为变质砂砾岩、长石石英砂岩、粉砂岩夹片岩、千枚岩、大理岩,厚 717m,与上覆志留系呈断层接触(图 2-50)。

图 2-48 咸水湖组(O_2x)影像特征图

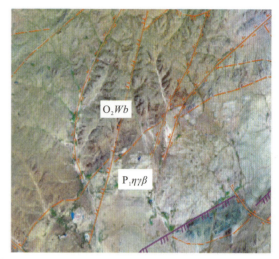

图 2-49 乌宾敖包群(O_2Wb)影像特征图

图 2-50 白云山组(O_3b)影像特征图

在台区奥陶纪灰岩质纯,多为水泥灰岩和溶剂灰岩,如乌海市、鄂托克旗、准格尔旗、清水河及察右后旗一带的石灰岩矿床。马家沟组为生油气岩,我国最大的靖边气田已延入内蒙古境内。天然气储存于本系有关的接触交代型金属矿床,主要为槽区汉乌拉组灰岩与海西中期花岗岩接触形成的梨子山铁铜矿床、八十公里铁铅矿床、巴林镇铜锌矿床。

3) 志留系(S)

内蒙古志留系只分布于北部槽区,华北地台整体抬升,缺失沉积。

圆包山组(S_1y)遥感影像特征:在 ETM742 影像上,以粉色调为特征,水系不发育,岩性单

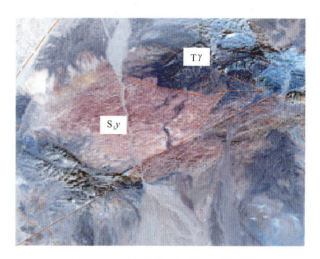

图 2-51 圆包山组(S_1y)影像特征图

一,为长石石英砂岩、粉砂岩和灰岩,厚 1573m,与下伏奥陶系呈断层接触,只分布于额济纳旗,后期被印支期侵入岩侵位(图 2-51)。

晒乌苏组(S_2sh)遥感影像特征：该组分布于白乃庙及翁牛特旗一带。岩性为绢云石英片岩、变质砂岩、板岩夹千枚岩、结晶灰岩。在 ETM741 影像上表现为以粉红色调为主，沟谷发育，地势较开阔，低丘陵地貌，水系发育(图 2-52)。

公婆泉组($S_{2-3}g$)遥感影像特征：分布于额济纳旗，在 ETM743 影像上反映为由纹理简单的灰白色和红褐色构成的低缓丘陵影像，内部河流冲沟不发育，是一套老碎屑岩地层经历长期风化侵蚀殆尽的影像特征。该组地层断层发育，说明受强烈张扭构造运动影响。在图 2-53 中公婆泉组地层被石炭纪花岗岩侵入，其岩性主体为一套中酸性—酸性火山岩建造，偶见薄层灰色粉砂岩。下部角砾熔岩、流纹斑岩夹安山玢岩、凝灰岩及灰岩；上部为中基性凝灰熔岩夹灰岩。

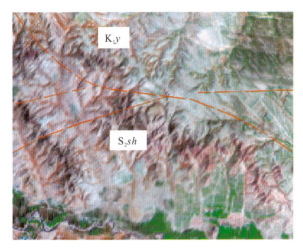
图 2-52　晒乌苏组(S_2sh)影像特征图

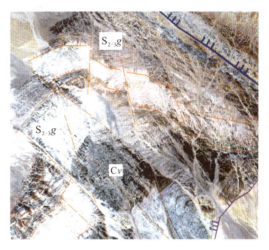
图 2-53　公婆泉组($S_{2-3}g$)影像特征图

碎石山组(S_3s)遥感影像特征：不同部位表现不同的遥感影像特征，在额济纳旗碎石山一带，遥感影像表现为纹理简单的灰绿色调和灰褐色调的低缓丘陵影像，影像内部河流冲沟不发育，表现为老碎屑岩沉积地层经历长期风化侵蚀殆尽的影像特征。在其偏东北的呼鲁赤古特的呼都根准特敖包的碎石山组则表现为支离破碎的影像特征，色调也由红褐色变为深蓝色，可能受强烈张扭构造运动影响和岩石后期蚀变显著差异的特征(图 2-54)。

西别河组(S_3x)遥感影像特征：主要分布于温都尔庙—赤峰一带。在 ETM743 影像上表现为浅褐色与灰蓝色相混网格状影纹特征，层理较清晰，低缓丘陵地貌，反映出岩性单一，以长石石英砂岩、长石砂岩、粉砂岩为主的简单地层，厚 516m。与下伏巴特敖包组连续沉积，并超覆不整合于晒乌苏组、包尔汉图群及加里东中期闪长岩体之上(图 2-55)。

图 2-54　碎石山组(S_3s)影像特征图

图 2-55　西别河组(S_3x)影像特征图

志留系含矿性不佳,与地层有关的接触交代型金属矿床主要为巴润德勒组灰岩、大理岩与燕山期华岗闪长岩接触形成的苏呼河三号沟铁铅锌矿床。

4) 泥盆系(D)

泥盆系主要为槽型沉积、海相、陆相、海陆交互相均有不同程度的发育。泥盆系分布于额济纳旗的中南部,是一套浅海相碎屑岩及中基性—中酸性火山岩建造,划分为清河沟组、红尖山组和圆锥山组,统归为雀儿山群(DQ),与上覆石炭系绿条山组(Cl)呈平行不整合接触(图2-56)。

清河沟组($D_{1-2}q$)遥感影像特征显示为红褐色调,低缓丘陵地貌,构造破碎较弱,地层完整;表现为一套以碎屑岩为主形成的地貌起伏小、岩性变化不大、构造影响小的特征,与志留系公婆泉组($S_{2-3}g$)共同组成一个背斜构造,背斜核心的公婆泉组影像色调变为灰褐色,地貌形态变粗,反映岩石中火山岩成分增多的特征。该组岩性为粉砂岩、英安质凝灰熔岩夹灰岩及砾岩透镜体,横向上相变为长石石英砂岩夹安山玄武岩、安山质凝灰岩、粉砂岩及灰岩透镜体,富含化石,是一套碎屑岩夹碳酸盐岩建造,并伴有间隙性的中酸性—中基性火山岩喷发。

红尖山组($D_{1-2}h$)遥感影像特征:在ETM741影像上表现出纹理较粗、色调变化大,呈北西向带状分布,以及纹理较细、色调变化平缓的影像特征。由此分析红尖山组岩性组合具有火山岩和碎屑岩两种组合特征(图2-57)。

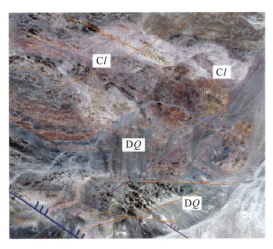
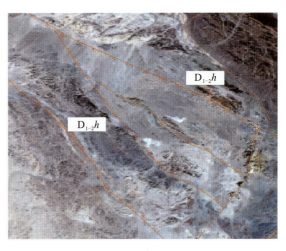

图2-56 雀儿山群(DQ)和绿条山组(Cl)影像特征图　　　图2-57 红尖山组($D_{1-2}h$)影像特征图

大民山组($D_{2-3}d$)遥感影像特征:在ETM743影像上表现为灰绿色调,纹理呈网格状,有植被覆盖的地貌形态,水系发育(图2-58)。反映岩性为中基性火山岩、凝灰岩夹硅质岩、砂岩及灰岩,厚181m,含弓石燕、菲力普星珊瑚、枝孔珊瑚、尖楞菊石等化石。

塔尔巴格特组($D_{2-3}t$)遥感影像特征:在ETM742影像上表现为紫红色调,低缓开阔地貌,河流沟谷发育(图2-59)。该组地层多分布于东乌珠穆沁旗一带,硅质、泥质粉砂岩、板岩变泥岩夹凝灰岩及灰岩成分,地层相对较稳定。

安格尔音乌拉组(D_3a)遥感影像特征:分布于东乌珠穆沁旗零星地段,泥盆纪末期海退环境下局部地区的陆相沉积,主要为石英粉砂岩、泥质粉砂岩,与下伏大民山组整合接触。其遥感影像特征相对稳定,低山丘陵地势,河流沟谷均不发育(图2-60)。

色日巴彦敖包组(D_3C_1s)遥感影像特征(图2-61):分布于苏尼特左旗一带,为海陆交互相沉积。下部为砾岩、砂岩夹灰岩;中部为火山岩夹粉砂岩、灰岩;上部为石英砂岩、粉砂岩、灰岩;总厚818m。含弓石燕、贵州珊瑚等植物化石。不整合于温都尔庙群之上,与上覆海相下石炭统呈连续沉积。

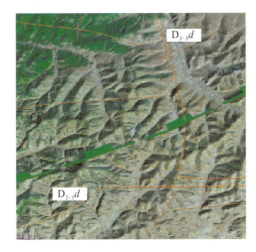
图 2-58 大民山组($D_{2-3}d$)影像特征图

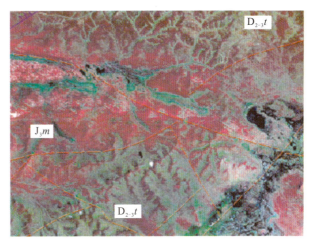
图 2-59 塔尔巴格特组($D_{2-3}t$)影像特征图

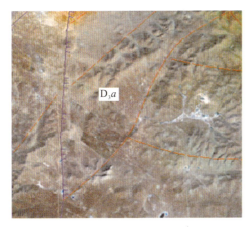
图 2-60 安格尔音乌拉组(D_3a)影像特征图

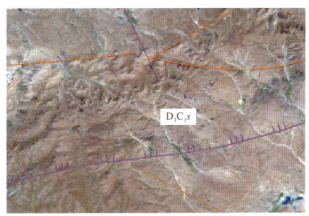
图 2-61 色日巴彦敖包组(D_3C_1s)影像特征图

5)石炭系(C)

绿条山组(Cl)遥感影像特征:在ETM743影像上表现为地层沿走向具有较稳定的延伸形成的条带纹理及由岩性规律性变化形成的带状色调差异,由于地层内部构造破坏小,整体影像完整边界较清楚。岩性下部为硬砂质长石砂岩、长石砂岩夹砾岩、灰岩或大理岩;上部为千枚状板岩、硅质板岩。总厚1924m,局部厚5341m。

白山组(C_1b)遥感影像特征:分布于北山地块北部。在ETM742影像上以墨绿色和灰白色间杂斑块色调、杂乱水系纹理为特征(图2-62),反映在岩性上主要是下部英安岩、英安质熔凝灰岩,上部流纹岩、流纹质熔凝灰岩夹英安岩、硅质岩及灰岩,局部夹铁矿层。

红柳园组(C_1hl)遥感影像特征:分布于北山地块南部。在ETM742影像上色调稳定或偏红或偏黄,纹理不清,平缓低山(图2-63)。岩性为细砂岩、板岩、灰岩等。与上覆二叠系呈断层接触。

朝吐沟组(C_1ch)遥感影像特征:在ETM741影像上河流冲沟发育,地势高(图2-64)。该组地层分布于赤峰一带,是以中基性火山岩、凝灰岩为主页,夹绢云片岩、石英岩,厚2262m。

臭牛沟组(C_1c)遥感影像特征:在图2-65中纹理清晰,色调呈灰绿色向灰褐色渐变。该组地层分布于北祁连分区,下部为灰色粉砂质页岩夹粉砂岩,底部细砾岩、石英粗砂岩,含植物化石,是典型的海陆交互相沉积。

莫尔根河组(C_1m)遥感影像特征:分布于牙克石一带,火山岩性为安山岩夹英安岩、玄武质凝灰熔

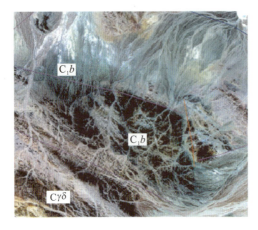 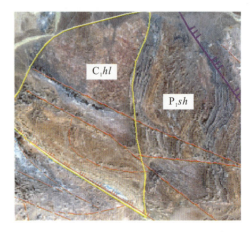

图2-62 白山组(C_1b)影像特征图　　　　图2-63 红柳园组(C_1hl)影像特征图

图2-64 朝吐沟组(C_1ch)影像特征图　　　　图2-65 臭牛沟组(C_1c)影像特征图

岩,底部火山角砾灰岩,局部夹硅质岩、细碧岩及铁、锌互层(图2-66)。

芨芨台子组(C_2j)遥感影像特征:分布于北山地块南部。单一灰岩岩性,但在ETM741影像上表现色彩丰富,纹理散乱。野外实际工作及文献资料证实,该地层变形强烈,变质作用明显,岩性为变质石英粉砂岩、角闪石微粒石英岩、片理化变质安山岩、层纹状大理岩等强烈变形变质岩类。后发现芨芨台子组北界正处于一条长达142km以上的韧性剪切带上(图2-67)。

 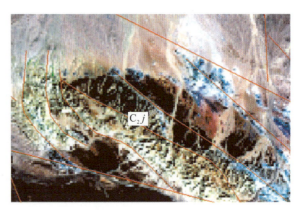

图2-66 莫尔根河组(C_1m)影像特征图　　　　图2-67 芨芨台子组(C_2j)影像特征图

本巴图组(C_2bb)遥感影像特征:分布于苏尼特右旗、西乌珠穆沁旗—二连一带。共分 5 个岩段,下部一岩段以长英质砂岩及灰岩为主;二岩段以板岩为主,夹长石砂岩;三岩段以灰岩为主,底部夹砾岩;四岩段以安山岩、玄武岩、安山质凝灰岩为主;五岩段以硬砂岩为主,夹灰岩。总厚 1962～3091m。在索伦山为蛇绿岩建造中基性火山岩发育,并有超基性岩侵位,在超基性岩中赋存铬铁矿床(图 2-68)。

酒局子组(C_2jj)遥感影像特征:在 ETM742 影像上表现为典型火山地貌,河流沟谷发育,植被丰富(图 2-69)。该组地层分布于温都尔庙—赤峰一带,以黑色板岩与砂岩互层,局部夹煤层为主。

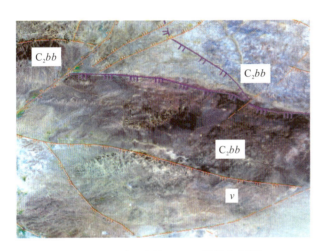

图 2-68 本巴图组(C_2bb)影像特征图

图 2-69 酒局子组(C_2jj)影像特征图

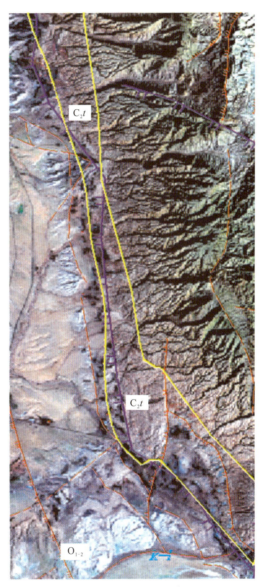

图 2-70 太原组(C_2t)影像特征图

太原组(C_2t)遥感影像特征:该地层分布于鄂尔多斯、乌海及清水河一带,深灰色砂质板岩、砂岩夹灰岩、铝土层及煤层(图 2-70)。石炭系矿产较丰富,在槽区的莫尔根河组、白山组中赋存火山沉积型铁矿床,如呼盟谢尔塔拉铁锌矿床、阿盟黑鹰山、碧玉山铁矿等;谢尔塔拉组、本巴图组灰岩质纯,已探明日当山、巴音胡硕石灰岩矿床。在台区本溪组、太原组、靖远组、羊虎沟组等均赋存煤层,已探明准格尔煤田、清水河煤田及阴山地区诸煤田。在煤田顶部还赋存软、硬质黏土矿,已探明准格尔窑沟及乌海市老石旦等耐火黏土矿床。在鄂尔多斯盆地本溪组、太原组的煤层与生油气层,为煤成气的气源层。

6) 二叠系（P）

内蒙古二叠系的槽型沉积主要指北山北部槽区的下二叠统（早期为优地槽型沉积，晚期为冒地槽型沉积），分布于华北地台的上二叠统均为陆相沉积。

双堡塘组（P_1sh）遥感影像特征：在 ETM743 影像上，色调以红褐色与灰蓝色相间，纹理以相似的水系表现出带状延伸特点，岩性为蚀变安山岩、安山质火山角砾岩、变质中粒岩屑砂岩等（图 2-71）。本组岩石遭受浅变质作用，泥质岩多形成板岩，碎屑岩胶结物多重结晶，变成绢云母、绿泥石。

金塔组（P_1j）遥感影像特征：在图 2-71 中，色调以褐红色与紫色平缓变化的纹理为特征，岩性主要由拉斑玄武岩、杏仁状玄武岩、碳酸盐化伊丁玄武岩等基性喷出岩组成。金塔组富含玛瑙和碧玉，为一套基性、中基性火山岩建造。

格根敖包组（C_2P_1g）遥感影像特征：分布于二连浩特一带，盐池北山地区下部为安山玢岩夹火山角砾；上部为凝灰岩、凝灰质细砂岩、灰岩、砂砾岩夹安山岩（图 2-72）。上述地区以北下部还有一套砾岩、硬砂岩、岩屑晶屑凝灰岩、霏细凝灰岩。与下伏泥盆系呈断层接触，与上覆西乌珠穆沁组为推测不整合接触。格根敖包组共分 5 个岩段，总厚达 8000m。

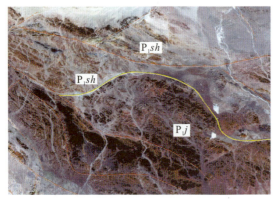

图 2-71 双堡塘组（P_1sh）和金塔组（P_1j）影像特征图

图 2-72 格根敖包组（C_2P_1g）影像特征图

大石寨组（P_1ds）遥感影像特征：分布于锡林浩特及二连浩特一带，在 ETM741 影像上表现为蓝白相间、纹理清晰等特征，由于构造运动，将其挤压成褶皱形态（图 2-73）。岩性为安山岩夹玄武岩、凝灰岩、凝灰质角砾岩、凝灰质板岩、凝灰质砂岩，底部夹有流纹岩。

哲斯组（P_2zs）遥感影像特征：哲斯组影像比大石寨组影像色调偏暗，反映出由火山成分多转变为浅变质成分，岩性多为长石砂岩、粉砂岩、板岩、灰岩，与大石寨组呈断层接触（图 2-73）；与包特格组整合接触，局部不整合于西里庙组之上，并被上侏罗统不整合覆盖。

山西组、石盒子组并层（P_1sx-sh）遥感影像特征：分布于准格尔旗、达拉特旗一带，为湖

图 2-73 大石寨组（P_1ds）和哲斯组（P_2zs）影像特征图

相沉积的粉砂岩、细砂岩、页岩及黏土岩、长石石英砂岩、含砾粗砂岩。在卓资山、贺兰山东麓为山间盆地沉积和山麓堆积，发育砂砾岩、砾岩，局部夹煤层（图 2-74）。

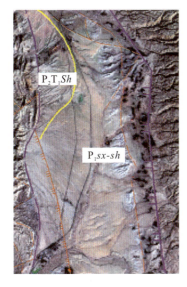

图 2-74 山西组+石盒子组(P_1sx-sh)影像特征图　　图 2-75 林西组(P_2l)影像特征图

林西组(P_2l)遥感影像特征：分布于林西、乌兰浩特一带，内陆湖相沉积。在 ETM753 影像图上呈褐色红色调，低缓丘陵地带，河流发育，常年有水(图 2-75)。在林西地区岩性为砂质板岩、泥质页岩夹硬砂岩、粉砂岩、泥灰岩，厚 3171m。在二连浩特、扎兰屯一带，下部为孙家坟组，上部为老龙头组，二者层位与林西组相当。为粉砂岩、砂泥质板岩，局部夹中酸性火山岩，厚 2798m。

石千峰组(P_2T_1sh)遥感影像特征：分布于准格尔旗及卓资山东麓，为粉砂质泥岩及细粒长石石英砂岩、砾质砂岩，厚 67m。与下伏石盒子组整合接触。

二叠系矿产丰富。在台区杂怀沟组、山西组均赋存煤矿，与石炭系含煤岩系共同组成石炭系—二叠系煤田。在煤系地层中还赋存耐火黏土、高岭土等矿产。煤层及暗色泥岩为生油气岩，与石炭系生油气岩一起共同组成鄂尔多斯盆地煤成气的气源层。与地层有关的接触交代型金属矿床主要是大石寨组、黄岗梁组灰岩与燕山期花岗岩类接触形成的神山铁多金属矿床、黄岗梁铁锡矿床、白音诺尔铅锌矿床。西里庙组赋存沉积型锰矿及萤石矿。

4. 中生界

内蒙古中生代的构造格局是：东部的火山岩浆带呈中低山系近北北东向分布于呼伦贝尔盟东部至赤峰市东部一线；而中西部的广大地区分别存在一些大小不一的凹陷盆地和断陷盆地，它们各自发育了独特的地层系统。

1) 三叠系(T)

中亚-蒙古地槽于古生代末期返回以后，形成古亚洲大陆。三叠纪时全区处于剥蚀环境，只在鄂尔多斯盆地有湖相沉积，北部有小型山间盆地型沉积。

三叠系含矿不佳，局部地区碎屑岩中夹薄煤层及油页岩。鄂尔多斯盆地延长组为生油岩系。

2) 侏罗系(J)

内蒙古东部地区中生代大兴安岭火山岩浆带早中侏罗世为小型断陷盆地或山间盆地沉积环境，万宝组和新民组为同时异相产物，其上发育一套河流相紫色、灰紫色杂砂质砾岩、杂砂岩夹细砂岩组合，称土城子组，其上被晚侏罗世满克头鄂博组酸性火山岩不整合覆盖。

晚侏罗世火山活动强烈，按火山喷发产物的岩石特征及喷发作用和沉积作用规律，早中晚三分明显，早期岩浆来源较浅，来自硅铝层，火山喷出物以酸性火山熔岩、酸性火山碎屑岩为主，在火山活动间歇期或火山活动晚期，一些山间盆地形成湖相或河流相碎屑岩，其中含热河动物群早期组合分子及植物，称满克头鄂博组，包括原南台子组、呼日格组、查干诺尔组和上库力组下部酸性火山岩夹沉积岩。中期岩浆来源较深,火山喷出物以中性或偏碱性火山熔岩、火山碎屑岩为主,在火山活动间歇期或活动晚期形成湖相或河流相碎屑岩,称玛尼吐组,包括原龙山组、傅家洼子组、兴仁组、道特诺尔组、上库力组中部中性偏碱性火山岩。晚期岩浆来源变浅,火山活动范围及强度减弱,火山喷出物以酸性火山碎屑岩、酸性火山熔岩为特点,大部分地区形成湖相或河流相碎屑岩。

早中侏罗世为含煤岩系,主要有鄂尔多斯盆地延安组中的东胜煤田,并赋存油页岩矿床;阴山地区石拐群中的石拐、营盘湾、昂根等煤矿(田);锡林浩特地区阿拉坦合力群中的锡林浩特、阿巴嘎旗、西乌旗等煤矿(田);大兴安岭地区红旗组、万宝组、太平川组中的牤牛海、扎鲁特旗及林西等地区诸煤田及阿拉善地区青土井群、哈格尔汉群中的煤矿等。晚侏罗世火山岩中赋存珍珠岩、膨润土、浮石等矿产。

3) 白垩系(K)

白垩系均为陆相沉积,广泛分布于由燕山运动形成的构造盆地中,其中赋存主要能源。海拉尔盆地大磨拐河组、伊敏组中赋存煤,有扎赉诺尔、伊敏、大雁等煤田;二连盆地巴彦花组赋存煤,有霍林河、巴彦花、胜利等煤田;赤峰地区九佛堂组、阜新组赋存煤,有元宝山、平庄等煤田;阴山地区李三沟组、固阳组赋存煤,有固阳-武川煤田。巴彦花组及与其相当的岩系也为生油岩系,在二连盆地已探明阿尔善油田、其他盆地也见油流及油气显示。在阿拉善北部及二连地区赋存沉积铀矿层。局部发育火山岩,白女羊盘组赋存珍珠岩、浮石、膨润土矿床,苏红图组玄武岩气孔中充有玛瑙,砂砾岩中赋砂金。

5. 新生界

二连盆地乌兰戈楚组含锰、天青石和石膏。鄂尔多斯盆地乌兰布拉格组赋存石膏,已探明苏级、罗拜召、拿个等石膏矿床。赤峰—集宁地区的渐新统、中新统含褐煤,如翁牛特旗宋家营子煤矿、克什克腾旗广兴煤矿、集宁马莲滩煤矿、武川流通号煤矿等。

第四纪地层在全区广泛分布。沉积种类繁多,主要有湖积层、洪积层、冲积层、残坡积层、风积层及其混合类型沉积。风成砂分布于内蒙古的西部和南部,形成著名的巴丹吉林沙漠、腾格里沙漠、乌兰布和沙漠、库布齐沙漠和毛乌素沙漠。

湖积层中赋存盐、碱、硝等矿产。冲积层中富含砂金及砂铂矿。在科左后旗、河套及鄂尔多斯南部赋存泥炭层。砂砾、黏土为建筑碎石及制砖的主要原料。

(二)岩浆岩的分布特征

内蒙古侵入岩和火山岩具有类型多、分布广、多期次活动等特点。

(1)太古宙—元古宙老的侵入岩主要分布于阴山和阿拉善盟地区。以酸性岩为主,基性岩和中性岩次之。各类岩体均侵入于前寒武纪地层中,规模一般较小。

(2)加里东期侵入岩主要分布于额尔古纳河流域、苏尼特左旗与右旗、西拉木伦河、阴山、阿拉善盟地区。岩石类型有超基性岩、基性岩、中性岩和酸性岩等。

(3)海西期侵入岩分布最广,遍布全区,侵入活动频繁而剧烈。

在海西早期侵入岩中,超基性岩、基性岩具有重要的构造意义。按其分布规律大致可分为两个带:伊列克得-阿里河岩带、二连-贺兰山岩带。据前人研究,它们均属洋壳残片,是蛇绿岩套的重要组成部分。本期中酸性岩一般规模较小,多呈岩株状产出。

海西中晚期侵入岩,岩体规模大,分布广,遍布全区,活动十分强烈。超基性岩、基性岩主要分布于索伦山一带,属蛇绿岩建造的重要组成部分。中酸性岩以花岗岩类最发育,按产出部位和分布规律,可划分为5条构造岩浆岩带:查干敖包庙-东乌珠穆沁旗花岗岩体分布带、艾里格庙-锡林浩特花岗岩体分布带、阿拉善右旗-乌拉特中旗-翁牛特旗花岗岩体分布带、石板井-额济纳旗花岗岩体分布带、兴安里-五岔沟花岗岩体分布带。

(4)印支期、燕山期侵入岩。印支期侵入岩主要分布于阿拉善盟、阴山和大兴安岭地区,均为酸性岩类。燕山期侵入岩主要分布于东部区,向中、西部逐渐减少,以中酸性岩类为主。

根据岩浆岩显示的遥感环形影像特征,内蒙古共圈定岩浆岩(包括酸性、中酸性、基性、超基性)374个。

(三)变质岩的分布特征

内蒙古太古宙老变质岩地层主要分布于华北地台北缘的阴山、阿拉善南部、锡盟南部、赤峰南部地区,元古宇主要分布于阴山、中部草原地区,东部呼伦贝尔、西部北山地区则零星分布。

内蒙古最老的变质岩地层,古太古界兴和岩群、中太古界集宁岩群分布于呼和浩特市—集宁—兴和一带;中太古界乌拉山岩群分布于阿拉善右旗南部—桌子山—狼山—乌拉山—大青山—集宁—兴和—锡盟南部—赤峰南部即内蒙古华北地台北缘一线;新太古界色尔腾山群分布于内蒙古中部地区阴山一带。

古元古界分布于阴山、阿拉斯南部、北山、桌子山、乌拉特后旗北部、呼伦贝尔市一带。中新元古界浅变质岩地层发育在太古宙基底地层之上,分布较广泛,主要分布于狼山—阴山一带,在额济纳旗、阿拉善右旗、白乃庙-苏尼特左旗、左子山、呼伦贝尔市也有分布。

原分布在阿拉善地区相当兴和岩群的变质杂岩迭布斯格群,归并为兴和岩群。原桌子山地区的贺兰山群以片麻岩为主,夹透辉麻粒岩和变粒岩,其岩石组合与变质程度近似于集宁岩群,归并为集宁岩群。阿拉善地区的阿拉善群、桌子山地区的千里山群、赤峰地区的建平群,与乌拉山岩群相当的变质岩地层均归并为乌拉山岩群。

变质岩地层层序由老至新如下。

(1)内蒙古中部阴山地区变质岩地层:①古太古界兴和岩群为麻粒岩、紫苏片麻岩、二辉片麻岩夹磁铁石英岩;②中太古界集宁岩群为矽线石榴钾长(二长)片麻岩、黑云斜长片麻岩、石墨片麻岩、大理岩、浅粒岩;乌拉山岩群为角闪(黑云)斜长片麻岩、矽线石榴片麻岩、斜长角闪岩、石墨片麻岩、磁铁石英岩、大理岩、变粒岩;③新太古界色尔腾山群为糜棱岩化片岩、斜长角闪片岩、斜长角闪岩、磁铁石英岩、大理岩、变粒岩;④古元古界二道洼群为各类片岩、大理岩、变粒岩,底部变质砾岩;⑤中新元古界长城系—青白口系渣尔泰山群:书记沟组为灰、灰绿色砾岩、石英砂岩、粉砂岩、泥岩;增隆昌组为灰色、灰白色砂岩、泥岩、结晶灰岩、白云质灰岩;阿古鲁沟组为暗色板岩、碳质粉砂质板岩、泥质结晶灰岩;刘洪湾组为灰色、灰绿色石英岩、长石石英砂岩夹白云质灰岩;⑥中新元古界长城系—青白口系白云鄂博群:都拉哈拉组为灰白色变质石英砂岩夹砾岩、石英岩;尖山组为黑色、灰黑色板岩、硅质板岩、变质砂岩、灰岩;哈拉霍疙特组为变质砾岩、变质砂岩、变质粉砂岩、灰岩;比鲁特组为灰黑色板岩、细粒石英砂岩;白音宝拉格组为灰绿、灰色石英岩、变质粉砂岩、板岩;呼吉尔图组为深灰色泥晶灰岩、绿帘石岩、变质砂岩。

(2)内蒙古呼伦贝尔地区:①古元古界兴华渡口群为黑云斜长片麻岩、斜长角闪岩、混合岩、变粒岩、磁铁石英岩、浅砾岩、片岩;②中新元古界佳疙瘩组为灰绿、深灰色绿泥片岩、石英片岩、浅粒岩。

(3)内蒙古中部草原区:①古元古界宝音图群为绿泥片岩、石英片岩、蓝晶二云片岩、石英岩、大理岩。②中新元古界长城系—蓟县系温都尔庙群为变质拉斑玄武岩、变质辉绿岩、石英片岩、含铁石英岩;③青白口系白乃庙组为绢云石英片岩、绿泥方解石片岩、变质砂岩、千枚岩夹结晶灰岩;④青白口系艾勒格庙组为灰白色大理岩、结晶灰岩、石英岩、变质粉砂岩、板岩。

(4)西部北山地区:①古元古界北山群为片岩、大理岩、石英岩;②中新元古界长城系古硐井群为变质石英砂岩、变质砂岩、粉砂岩、板岩、千枚岩;③蓟县系—青白口系圆藻山群为大理岩、结晶灰岩、白云质灰岩、白云岩。

(5)阿拉善南部:中新元古界长城系—蓟县系墩子沟群为变质砾岩、变质砂岩、千枚岩、结晶灰岩。

(6)贺兰山—桌子山地区:新元古界青白口系—震旦系西勒图组为棕红色、灰白色石英砂岩,石英岩,细砂岩,页岩。新元古界青白口系—震旦系王全口组为灰岩、白云质灰岩、白云岩。

第三章 遥感工作内容与工作方法

以往的遥感地质找矿解译研究,解译方式以传统的目视解译为主,信息提取主要以线环构造为主要内容进行地质构造解译,采用间接类比分析找矿信息,图像处理手段较简单。虽然也采用图像信息处理的方式提取矿化蚀变信息,但方法不系统,也不普遍。

针对以往遥感找矿信息处理的不足,本项目将着重采用数字图像处理方法,提取像元地面分辨率为30m×30m 的遥感羟基、遥感铁染异常信息,推断遥感异常的致矿性,确定遥感找矿靶区。

第一节 遥感资料收集

一、遥感数据分布及其投影位置

本次遥感工作使用的遥感影像主要为 ETM 数据,典型矿床采用了第二次全国土地调查的 RapidEye 数据,西部典型矿床异常蚀变提取使用了 ASTER 数据。

1. Landsat 卫星 ETM 遥感数据技术参数

美国陆地遥感卫星 Landsat 5、Landsat 7 是目前应用最广泛的卫星遥感数据源。Landsat 卫星 ETM 数据有 8 个波段(表 3-1),1~7 波段范围与 TM 一致,8 波段为可见光全色波段,几何分辨率为 15m。它具有单景数据覆盖面积大、光谱分辨率较高等特征,系列卫星已经获取了 20 多年的遥感数据。

表 3-1 TM/ETM 数据的主要技术参数及应用特点表

波段	波段范围(μm)	分辨率(m)	TM 图像应用特点
TM1	0.45~0.52	30	蓝绿光,对水有较大的穿透性
TM2	0.52~0.60	30	绿光,对应于植被反射峰
TM3	0.63~0.69	30	红光,对应于植被叶绿素吸收谷
TM4	0.76~0.90	30	反射近红外,大部分植被高反射区,地形信息十分丰富
TM5	1.55~1.75	30	反射近红外,为大部分造岩矿物波谱响应曲线高峰段
TM6	10.4~12.5	60	热红外波段,指示地物温度高低
TM7	2.08~2.35	30	反射近红外,可识别更多岩性,尤其是含黏土矿物的蚀变岩
TM8	全色波段	15	用于融合其他波段或合成图像,提高几何分辨率

2. Terra 卫星 ASTER 数据技术参数

Terra 卫星于 1999 年 12 月发射升空,原称上午星,轨道高度为 700～730km。它的 ASTER 高光谱数据已经在轨运行近 5 年的时间里,获取了全球大部分地区分辨率为 15～30m、可见光-近红外光谱达 14 个波段的多(高)光谱数据,为我们利用这些数据开展地表岩性识别和矿化蚀变信息提取,提供了重要的遥感数据源。因此,我们在卫星遥感重要岩性及矿化蚀变信息提取工作中,拟采用 ASTER 高光谱数据对内蒙古自治区范围内的重要矿床和成矿区带,进行与矿床关系密切的重要岩性与矿化蚀变信息开展遥感识别与提取调查与研究。具体参数如下。

(1) 在可见光范围(0.52～0.86μm)内,有 3 个波段外加 1 个后视波段,使其具有立体成像功能。其空间分辨率为 15m,侧视角度为 ±24°(横轨方向)。

(2) 在短波红外范围(1.60～2.43μm)有 6 个波段,空间分辨率为 30m,侧视角度为 ±8.55°(横轨方向)。

(3) 在长波热红外范围(8.125～11.65μm)有 5 个波段,空间分辨率为 90m,侧视角度为 ±8.55°(横轨方向)。

上述卫星遥感数据具有从可见光—近红外的 9 个波段、热红外 5 个波段的光谱分辨能力。在近红外波段,能够较好地分辨各种黏土类及含羟基类蚀变矿物的能力。这种卫星遥感数据单景覆盖面积达 3600km^2(60km×60km),对于区域面积上的各种蚀变信息具有整体上较高分辨率的信息反映。

3. RapidEye 数据技术参数

RapidEye 卫星星座为德国所有的商用卫星,2008 年 8 月 29 日,RapidEye 5 颗对地观测卫星已成功发射升空,目前运行状况良好(图 3-1)。

RapidEye 影像获取能力强,日覆盖范围达 400×10^{4}km^2 以上,能够在 15 天内覆盖整个中国。RapidEye 主要性能优势:大范围覆盖、高重访率、高分辨率、多光谱获取数据方式。这些优点整合在一起,让 RapidEye 拥有了空前的优势,每天都可以对地球上任一点成像,空间分辨率为 5m。光谱波段参数值为:蓝 440～510nm、绿 520～590nm、红 630～685nm、红外 690～730nm、近红外 760～850nm,地面采样间隔为 6.5m,像素大小(正射影像)为 5m,幅宽为 77km。

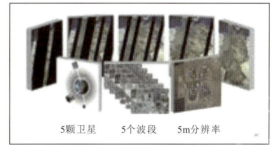

图 3-1 RapidEye 卫星星座(德国)

内蒙古自治区共使用 ETM 数据 102 景,其分布和轨道号见图 3-2。其中 ETM 数据有两个主要来源:一是全国项目办下发的覆盖内蒙古自治区所有 ETM 数据和使用 ETM 数据制作的 1:25 万分幅遥感影像;二是历年内蒙古自治区地质调查院完成的各种遥感项目的存档 TM 数据。

我们使用的单景 ETM 数据均经过了正射投影,像素比例为 1:100 万分幅影像 13 幅,其投影椭球体参数为 WGS-84,投影坐标系为高斯-克吕格。

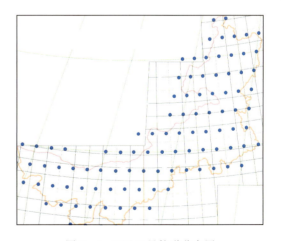

图 3-2 TM 卫星轨道分布图

二、遥感数据质量评述

我们获得的 ETM 数据已经过了正射投影,该工作可能为 NASA(美国国家航空航天局)完成,我们把该数据与 ETM 原始数据经采集地形图控制点进行几何校正的数据进行过比较,结果是含投影的正射投影数据比我们采集控制点几何校正的数据精度要高。另外经过一些实地的手持 GPS 检查,其他相关部门的实地使用经验认为,该数据的几何误差应该在两个像元之内,满足本次资源潜力评价 1∶25 万工作的几何精度要求,对于 1∶5 万工作则稍显不足,但就目前的财力来说,可能没有更好的解决方案。

我们对比了该影像与全国项目办下发的 1∶25 万影像的套和关系,绝大多数套和得很好,有一些湖泊、河流、道路套和得有些问题,多数是因为这些地面目标发生变化引起。

所用数据为 ETM - Mosaic 数据,分辨率为 30m,数据格式为 TIFF,投影类型为 UTM,选取波段为 7 波段、4 波段和 1 波段;ETM 数据,分辨率为 30m,数据格式为 FST,投影类型为 Transverse Mercator,选取波段为 7 波段、4 波段和 1 波段;WV - RapidEye 数据和 Spot 数据,分辨率为 5m 或 2.5m。

由于部分 TM 数据的资料不直接来自数据分发单位,有的缺少数据的头文件。由于提取蚀变要求进行准归一化处理,本次选用的数据都有头文件。

第二节　遥感影像制图与遥感图像处理

一、遥感影像图的制作方法

遥感项目组编制了 1 幅 1∶50 万内蒙古自治区遥感影像图、136 幅 1∶25 万国际标准分幅遥感影像图、177 幅预测工作区遥感影像图(比例尺为 1∶25 万、1∶10 万、1∶5 万)、71 幅典型矿床遥感影像图(比例尺为 1∶5 万、1∶2.5 万、1∶1 万、1∶5000、1∶2000)。遥感影像图制作流程见图 3-3。

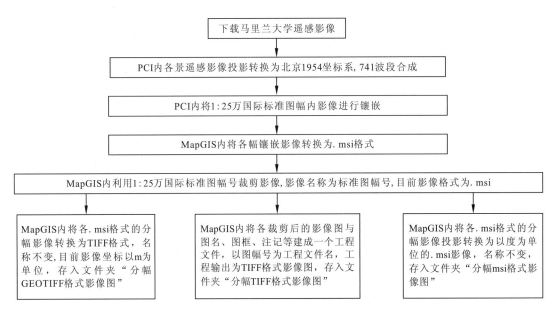

图 3-3　遥感影像图制作流程图

1. 1∶50万内蒙古自治区遥感影像图编制

1∶50万内蒙古自治区遥感影像图编制，采用 ETM – Mosaic 数据，分辨率为30m，数据格式为 TIFF，投影类型为 UTM，选取波段为7波段、4波段和1波段，共使用13块 ETM – Mosaic 数据覆盖全区。

首先应用 ERDAS 软件，逐景将 TIFF 格式影像转化为 IMG 格式影像，然后用1∶10万的地形图逐景对影像数据进行几何校正，校正后逐一将 UTM 投影转为兰伯特等角圆锥投影，最后进行全省镶嵌。由于不同景影像的成像时间不同，光照条件和地面景观的变化可能引起影像间存在较大的色调差异，因此需要采用色彩匹配、亮度匹配等一系列技术措施进行尝试来保证镶嵌质量。全省镶嵌完成后，用省界将大区影像裁剪，转入 Photoshop 调整色彩、添加注记并转入 MapGIS 中进行图面整饰并出图。

2. 1∶25万国际标准分幅遥感影像图编制

1∶25万国际标准分幅遥感影像图编制，采用 ETM 数据，分辨率为30m，数据格式为 FST，投影类型为 Transverse Mercator，选取波段为7波段、4波段和1波段。

将分景 ETM 数据投影到对应分带的高斯-克吕格坐标系下，椭球体参数为北京1954，使用地形图对影像的几何精度进行校正，将覆盖一个1∶25万国际标准分幅的 ETM 数据进行镶嵌，然后用1∶25万标准图框裁剪为标准分幅图幅，将标准分幅影像转入 MapGIS，并在 MapGIS 中制作地理信息辅助图层，最后进行图面整饰并出图。

3. 1∶25万、1∶10万、1∶5万预测工作区遥感影像图编制

(1)1∶25万预测工作区遥感影像图编制。采用 ETM 数据，分辨率为30m，数据格式为 FST，投影类型为 Transverse Mercator，选取波段为7波段、4波段和2波段（部分预测区选取波段为7波段、5波段和4波段）。将分景 ETM 数据投影到对应分带的高斯-克吕格坐标系下，椭球体参数为北京1954，使用地形图对影像的几何精度进行校正，将覆盖一个1∶25万预测工作区的 ETM 数据进行镶嵌，然后用预测工作区图框裁剪为预测区影像，将该影像转入 MapGIS，并在 MapGIS 中制作地理信息辅助图层，最后进行图面整饰并出图。

(2)1∶10万预测工作区遥感影像图编制。采用 ETM 数据，分辨率为30m，数据格式为 FST，投影类型为 Transverse Mercator，选取波段为7波段、4波段和1波段（部分预测区选取波段为7波段、5波段和4波段）。用 ERDAS 软件，将覆盖预测工作区的 ETM 数据的所需波段与本景数据的8波段进行融合，融合后数据分辨率为15m。将融合后的 ETM 数据投影到对应分带的高斯-克吕格坐标系下，椭球体参数为北京54，使用地形图对影像的几何精度进行校正，将覆盖预测工作区的 ETM 数据进行镶嵌，然后用预测工作区图框裁剪为预测区影像，将该影像转入 MapGIS，并在 MapGIS 中制作地理信息辅助图层，最后进行图面整饰并出图。

(3)1∶5万预测工作区遥感影像图编制。1∶5万预测工作区遥感影像图直接裁剪全国第二次土地调查的 WV – RapidEye 数据和 Spot 数据，分辨率为5m 或2.5m，将其西安1980坐标系转换为北京1954坐标系，与1∶5万地形图进行几何校正，然后用预测工作区图框裁剪为预测区影像，将该影像转入 MapGIS，并在 MapGIS 中制作地理信息辅助图层，最后进行图面整饰并出图。

4. 典型矿床1∶5万、1∶2.5万、1∶1万遥感影像图编制

典型矿床影像图直接裁剪全国第二次土地调查的 WV – RapidEye 数据和 Spot 数据，分辨率为5m 或2.5m，将其西安1980坐标系转换为北京1954坐标系，与1∶5万地形图进行几何校正，然后用预测工作区图框裁剪为预测区影像。

部分典型矿床影像色彩较单一，不能满足解译要求，因此利用 ERDAS 软件将采用地形图校正后

ETM 数据的 7 波段、4 波段和 1 波段与 WV-RapidEye 数据或 Spot 数据进行融合,使高分辨率数据具有更加丰富的色彩。将典型矿床影像转入 MapGIS,并在 MapGIS 中制作地理信息辅助图层,最后进行图面整饰并出图。

二、遥感影像图的精度与质量

1. 遥感影像图的精度

遥感影像图采用 1:10 万和 1:5 万地形图进行校正,小于 1:10 万(含 1:10 万)比例尺的遥感影像图采用 1:10 万地形图进行校正,大于 1:5 万(含 1:5 万)比例尺的遥感影像图采用 1:5 万地形图进行校正。

在 MapGIS 软件中打开影像图并叠加地形图进行验证,分别检查等高线、地形线、道路及线状地物的吻合程度,结果表明影像图与地形图吻合程度很好,图面误差小于 0.5mm,影像纠正精度合格,能满足遥感解译、编图要求。

2. 遥感影像图的质量

各比例尺的影像图选取对应分辨率的遥感影像数据制作,清晰度满足要求。在影像的波段选择上和镶嵌、调色的过程中,力求所做影像的层次突出、纹理清晰、反差适中、色彩协调。影像接边色彩过渡自然,无明显接边痕迹,个别影像有云但覆盖小于 5%,地理信息辅助图层均按照技术规范的要求制作,符合技术要求。

第三节 遥感地质解译与编图

一、遥感地质解译基本原则与要求

遥感解译的基本原则是以影像数据源为基础勾画地质现象,对于影像中没有观察到的地质现象(其他地质手段可能分辨出的地质现象)不勉强表示,对于影像中明确的地质现象不管其他地质手段是否能分辨都以影像中的现象为准。当然也存在一些影像中似像非像的影像现象,这种情况下也参考其他地质手段获取的地质现象。

遥感地质解译编图要求如下。

1. 技术标准

《全国矿产资源潜力评价数据模型　遥感分册》
《全国矿产资源潜力评价数据模型　统一图例规定分册》
《全国矿产资源潜力评价数据模型　统一图式规定分册》

2. 编图要求

编制 4 类图件:1:25 万国际标准分幅遥感矿产地质特征解译图、1:25 万预测工作区遥感解译图、1:5 万遥感矿产地质特征及近矿找矿标志解译图、1:50 万遥感构造解译图,编图内容及要求见表 3-2。

表 3-2 遥感地质编图要求

图式	国际标准分幅遥感矿产地质特征解译图	预测工作区遥感解译图	遥感构造解译图	遥感矿产地质特征及近矿找矿标志解译图
比例尺	1:25 万	1:25 万	1:50 万	1:5 万
图式	1:25 万国际标准分幅	自由分幅	自由分幅(区界)	自由分幅(预测区)
编图内容	线、环、色、带、块	线、环、色、带、块	线、环遥感要素	线、环、色、带、块遥感及近矿找矿标志
图层设置	遥感带状要素 遥感色要素 遥感断层要素 遥感脆韧性变形构造带要素 遥感逆冲推覆滑脱构造要素 遥感环状要素 遥感块状要素	遥感带状要素 遥感色要素 遥感断层要素 遥感脆韧性变形构造带要素 遥感逆冲推覆滑脱构造要素 遥感环状要素 遥感块状要素	遥感断层要素 遥感脆韧性变形构造带要素 遥感逆冲推覆滑脱构造要素 遥感环状要素	遥感带状要素 遥感色要素 遥感断层要素 遥感脆韧性变形构造带要素 遥感逆冲推覆滑脱构造要素 遥感环状要素 遥感块状要素 近矿找矿标志
底图	简编地理底图			

二、遥感地质解译基本内容与解译方法

(一)遥感解译与编图方法

1. 遥感地质目视解译方法

(1)直译法。利用解译标志,通过肉眼从影像图中直接提取岩石地层、岩体、构造、地质要素和地质现象信息。这种方法主要用于圈定地质体的边界等,效果较明显。

(2)追索法。根据地层、岩体、地质构造的展布或延伸规律在图像上显示出的不甚清晰的形迹,进行跟踪追索,圈定或勾画地质界线。这种方法主要用于圈定地质体边界、褶皱转折端和大型断裂,效果较显著。

(3)类比法。利用已知地质体或地质现象的影像特征为参照,推断相邻地区具有相似影像特征的地质体或地质现象的属性。通过不同地学资料的对比,确定具有某种遥感隐蔽信息特征的地质体或地质现象的属性。

2. 计算机机助地质解译

(1)图像增强、比值处理、主成分分析等图像处理。
(2)变换比例尺解译。
(3)双屏幕局部与整体配合解译。
(4)计算机自动成图与专家解译。
(5)不同种类、不同时相遥感数据的交差使用与匹配使用方法等。

3. 转绘与成图方法

(1)分别采用纸介质平台,目视解译徒手转绘。
(2)计算机平台 Photoshop 解译与成图、MapGIS 解译与成图等方法。

(二)遥感找矿五要素与近矿找矿标志

利用遥感找矿五要素进行金属矿产资源预测,是近年来在遥感应用领域普遍采用的一种常规解译方法,也是地质矿产领域认同的一种先进的和有成效的找矿方法之一。本次矿产资源调查将其作为主要工作方法加以利用。

1. 遥感找矿五要素

遥感找矿五要素(线、带、环、色、块)的地质内涵如下。

"线"是指与导矿、控矿、成矿和容矿作用相关的断裂构造信息。例如,破碎角砾岩带组成的负地形、宽阔断裂谷地形等;受断裂控制蚀变地质体、硅化带、绢云母化带等;前两者的组合,其中伴有浅色调脉状地质体石英脉、方解石脉、花岗岩脉出现的部位,成矿更有利。

"带"是指与赋矿岩层、矿源层相关的地层、岩性信息。

"环"是指与中酸性岩体、火山机构等相关的环形信息。如岩层中的中生代二长花岗岩侵入体、岩株等都属于环形遥感信息。

"色"是指与各种围岩蚀变相关的色调异常、色带、色块、色晕等。如在常规假彩色合成图像上代表黄铁矿化蚀变类型的褐铁矿、铁帽组成的黄或黄绿色色调异常;碳酸盐化、青磐岩化、角岩化、岩体内外混杂带、矽卡岩化等组成的花斑状影像异常等都属于色调、色彩异常信息,起到指示矿化或蚀变存在的作用。

"块"主要是指几组断裂互相切割、复合、归并等造成的断块构造块体,块体的边角部位即是断裂构造的交会部位。

2. 遥感找矿五要素组合意义

赋予地质内涵的遥感找矿五要素在某一局部地段的发育程度及其组合关系,即代表该地段地质构造环境、成矿控矿条件和可能引发的矿床生成结果。因此,通过五要素的解译和研究,反演成矿过程,推断矿化蚀变特性,预测矿产地是遥感找矿的重要途径。例如,单要素的找矿意义表明该区具有一种找矿线索;双要素则表示两种线索同时存在,如线-环组合表示岩浆构造条件有利、色-环组合表示岩体具有蚀变(或矿化)现象等;三要素组合表示三种线索同时存在,如带-环-色组合表明赋矿岩层、中酸性侵入体、火山机构与蚀变同时发育在局部地区;四要素共有4种组合类型,表明找矿线索已经很集中;五要素为线-带-环-色-块组合,无论从遥感找矿角度,还是从传统地质找矿角度,五要素同时出现在某一局部地段,都标志着该部位构造、岩浆岩、矿源层、矿化蚀变和成矿有利部位同处最佳组合状态下,是寻找铅锌银多金属矿床最理想的地段或靶区所在地。

3. 遥感找矿五要素的"一票肯定权"

五要素同时集中于一地,成矿条件最理想,找矿效果最好。然而,一个矿床的形成并非成矿条件面面俱到即可成矿,或缺少某项条件就不能成矿,成矿作用始终遵循着矛盾的普遍性与矛盾特殊性的对立统一规律。在国内众多遥感找矿研究中发现,具有大型—超大型找矿远景的铜、金、铅、锌、银多金属成矿有利地段往往只受五要素中一两项要素的控制,就可形成大型矿床。如额济纳旗黑鹰山地区铁矿床中的中生代花岗斑岩小岩株;赤峰地区的杨家杖子矽卡岩型钼矿床中的矽卡岩等,只要某项关键要素存在,就可以找到大型相关矿床。这就是遥感找矿中的"一票肯定权"找矿方法。若将五要素组合看作成矿背景,单项要素行使的"一票肯定权"就成为存在于矛盾普遍性中的矛盾特殊性。因此,遥感五要素找矿也好,遥感多数据拟合找矿也好,技术的关键在于正确识别具有"一票肯定权"的要素,并在此基础上建立解译标志,指导全区的找矿工作。

4. 遥感近矿找矿标志与找矿线索

在近矿找矿标志研究中,遥感方法与常规方法存在较大差异,地表工作侧重对矿化实体的详细观察与研究,有时甚至安排大量的工程项目予以支持,因此得出的结果具有权威性。而遥感则不同,在远距离、非接触和借用地物光谱反射率研究的工作方法的前提下,结论也是推断性的。另外,研究区地表的第四纪松散堆积物和草地植被的覆盖程度等都可能影响着遥感解译的效果。

第四节　遥感异常提取

遥感异常提取流程见图3-4。

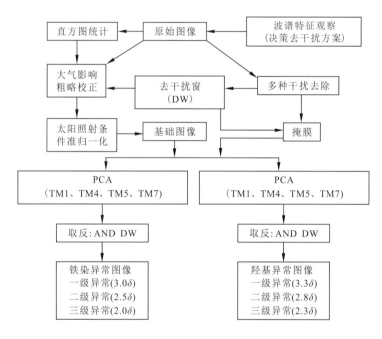

图3-4　遥感异常提取流程图

一、ETM数据遥感异常提取

根据TM各波段的应用特点和地物波谱特征分析,我们选用TM5、TM4、TM3(R、G、B)组合方案,因为第5波段为大部分造岩矿物波谱响应曲线高峰段;第4波段为近红外波段,为植被的高反射区,对植物的种类和长势都有较好的反映;第3波段红光波段,为可见光3个波段中波长最长的波段,抗大气干扰的能力相对于第1、2波段强,参与合成时效果较好。

(一)遥感异常信息形成机理

1. 蚀变异常提取的波谱前提

近30年来有一批学者进行了岩石和矿物波谱特性的大量研究工作,这些研究涉及到晶体场理论的矿物学、固体物理学、量子力学、遥感岩石学等众多领域及应用。最引人注意的是Hunt和他的实验室在20世纪70年代系统地发表了关于矿物岩石波谱测试结果的文章。Hunt(1977)利用近300个粒状矿物的测定结果成功地制成一张"光谱特征标记图(Spectral Signature Diagram)",可以较简便地解释和理解 TM 遥感数据中常遇到的光谱特征。Hunt(1978)以上述实验研究为基础,归纳出对遥感图像数据解释的重要结论:

(1)主要造岩矿物的主要成分,即硅、铝、镁和氧,其振动基频在中红外和远红外区,波长位于 $10\mu m$ 附近或更长区域,第一倍频也在 $5\mu m$ 附近或更长区域,高倍频谱带强度太弱,所以在可见—近红外(VNIR)区不产生具有诊断性的谱带。

(2)岩石中的次要成分,如铁杂质或蚀变矿物,可形成岩石谱带中的优势地位,即在可见—近红外区中,天然矿物和岩石最常见的光谱特征是由这样或那样形式存在的铁产生的,或者是由水、OH^- 基团或 CO_3^{2-} 基团产生的。关于它们的波谱以下将较细致地讨论。

(3)热液蚀变矿物在短波近红外波段具有诊断性强吸收特征,它们是纯矿物本身固有的特征。不同矿物混合在一起组成岩石并不能改变矿物的波谱特征,因此岩石的波谱是组成岩石的纯矿物波谱的线性组合,但某种矿物吸收特征的强弱不但取决于其含量,还取决于辐射能量的可接近程度。例如某一矿物被透明矿物所包围时,其吸收特征就较强,反之亦然。吸收特征的尖锐程度取决于矿物的结晶程度,结晶程度越好,吸收特征越明显。

(4)绝对反射率和谱带的光谱对比度,对矿物颗粒大小非常敏感。对于透明物质,一般的规律是,粒级越小,总反射率越高,但光谱对比度降低;对不透明物质,粒级越小,反射率越低。

对于以太阳作为遥感光源的 TM 信息,在大气吸收带内(如 $1.4\mu m$ 和 $1.9\mu m$ 附近),有些蚀变矿物虽也有诊断性的吸收特征谱,却不可能被利用。为了便于讨论,我们给出了太阳光谱辐射照度分布曲线图,还标出了 TM1、TM2、TM3、TM4、TM5、TM7 波段的波长位置。

矿物岩石的各种光谱特征均起因于电子过程或振动过程。Hunt 之所以能够将不同种类性质各异的 200 多种矿物的光谱特征在同一张图上表示出来,就是因为大多数矿物的主要成分在 VNIR 区不产生吸收谱带,VNIR 区所获信息来自为数不多的几种结构离子和置换离子的电子过程,以及数目有限的阴离子基团的振动过程。电子过程中 Fe^{2+}、Fe^{3+} 占主要地位,在矿物(包括岩石和土壤)的 VNIR 光谱中,最常遇到的电子过程特征是以某种形式存在的铁产生的。振动过程中占主要地位的有水和羟基(OH^-),此外还有碳酸根(CO_3^{2-})。

2. 电子过程

VNIR 区所覆盖的能量范围相当宽,足以包括电子过程所产生的不同效应:晶体场效应、电荷转移、色心、导带跃迁。

二价铁离子(Fe^{2+})产生的特征光谱分布在 $1.1\sim2.4\mu m$ 范围内,其波长因矿物不同而异,数据主要与铁离子所在位置的性质有关。

三价铁离子(Fe^{3+})在 $0.76\sim0.90\mu m$(TM4)波段有较强的吸收(图 3-5)。图中赤铁矿、黄钾铁矾矿、针铁矿的 Fe^{3+} 特征吸收波段中心波长分别在 $0.85\mu m$、$0.90\mu m$ 和 $0.94\mu m$;在中心波长 $0.45\mu m$、$0.55\mu m$ 等波段亦有吸收,对应的 TM 波段为 TM1($0.45\sim0.52\mu m$)和 TM2($0.52\sim0.60\mu m$)。这就是遥感铁染异常提取的波谱前提。

3. 振动过程

振动过程产生的谱带比电子过程产生的谱带要尖锐得多,而且典型的振动特征以多重谱带的形式出现。

任何一个振动系统的表观无规则运动,是由数目有限的简单运动(称为简正模式或基本模式)构成的。一个由 N 个基团粒子组成的系统有 $3N-6$ 个简正振动。每一种基本振动有其基频 v_i。如水分子 H_2O 只有 3 种($N=3, 3\times3-6=3$)基本振动:对称的 OH 伸缩振动,记为(v_1);HOH 弯曲振动(v_2);非对称的 OH 伸缩振动(v_3)。

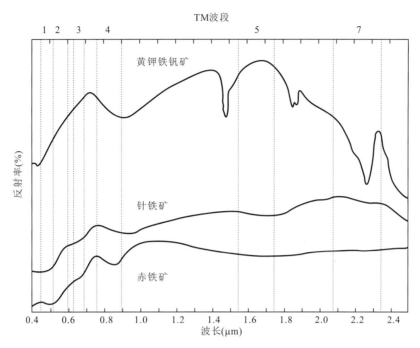

图 3-5 含 Fe^{3+} 矿物的反射波谱曲线
(据 Lee 和 Raines,1984)

当一个基本模式被两个或两个以上的能量子(Quantum of Energy)所激发,就会产生倍频,其谱带位于基频的整数倍(即 $2v_i$、$3v_i$、$4v_i$ 等)处附近。当两个或两个以上不同基频或倍频振动发生时,就出现合频谱带,位于基频与倍频加和之处或附近。

在近红外(NIR)区所观察到的是具有很高基频基团的合频及倍频谱带,且具有如此高频率的基团相当少,最重要的是 OH^- 基团。因为许多蚀变矿物都含 OH^- 基团,而且只要有水存在,羟基特征就出现,所以在地球物质的光谱中,OH^- 基团信息比其他基团的多得多,这就是羟基蚀变遥感异常提取的波谱前提。

羟基(OH^-)只有一个基本伸缩振动模式,在 $2.75\mu m$ 附近。在 NIR 区中观察到的是 OH 伸缩振动的第一倍频谱带 $1.4\mu m$。OH 基本伸缩振动与 X—OH(X 通常为 Al 或 Mg)基本弯曲振动的合频谱带通常成对地出现,即其合频谱带通常有一个伴随谱带。较强的合频带一般在 $2.2\mu m$(若为 Al—OH)或 $2.3\mu m$(若为 Mg—OH)附近,而伴随谱带相应位于 $2.3\mu m$ 或 $2.4\mu m$ 附近。由于在 $2.2\sim2.3\mu m$ 附近的较强吸收谱带,使得含羟基的岩石和矿物(如高岭石、蒙脱石、明矾石、绿帘石、绿泥石等)在 TM7($2.08\sim2.35\mu m$)波段产生低值,而使得 TM5($1.55\sim1.75\mu m$)波段有相对高值(图 3-6)。

液态水具有上面所述的 3 种基本振动模式:v_1 在 $3.106\mu m$,v_2 在 $6.08\mu m$,v_3 在 $2.903\mu m$。在 NIR 区中可出现的倍频与合频谱带是:(v_2+v_3) 在 $1.875\mu m$ 附近;$(2v_2+v_3)$ 在 $1.454\mu m$ 附近;(v_1v_3) 在 $1.38\mu m$ 附近;$(v_1v_2+v_3)$ 在 $1.135\mu m$ 附近;$(2v_1v_3)$ 在 $0.942\mu m$ 附近。在矿物和岩石的光谱中,只要有水存在,总会出现两个特征谱带:$1.4\mu m$ 和 $1.9\mu m$ 附近。这两个吸收带从左、右两侧影响到 TM5 波段,可使其有所降低,故水与羟基在 TM5 与 TM7 是有区别的。碳酸根离子 CO_3^{2-} 内振动的倍频或合频在 NIR 光谱 $1.6\sim2.5\mu m$ 区间出现 5 个非常特征的谱带:较强的在 $2.55\mu m$ 附近和 $2.35\mu m$ 附近,其他位于 $2.16\mu m$ 附近、$2.00\mu m$ 附近及 $1.9\mu m$ 附近的 3 个相对较弱。因此碳酸盐岩同样会在 TM7 波段产生低值,无疑蚀变带中的碳酸盐岩化起到增强填图的作用,而无矿化的大理岩、石灰岩则可能产生干扰异常。

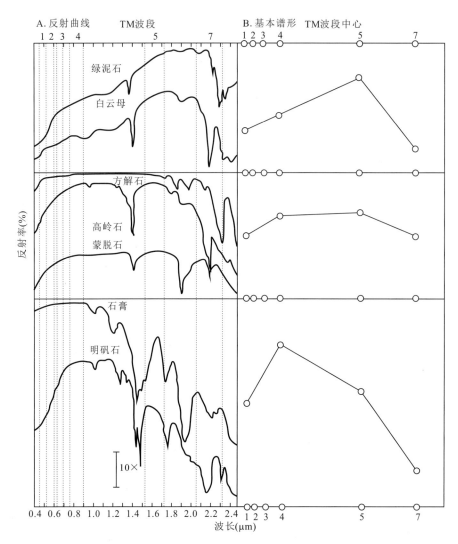

图 3-6　A.热液蚀变岩石中常见矿物的反射波谱曲线,纵坐标经零点偏移
B.由左侧矿物反射波谱曲线组合而成

(据 Knepper,1989)

(二)遥感异常提取方法

1. 比值法

比值法,也叫比值增强分析,是用于增强不同岩石之间波谱差别的最简便、最常用的方法。一种岩石或地物在两个波段上存在的波谱辐射量差别,被称为波谱曲线的坡度,不同的地物在同一波段曲线上坡度有大有小,有正有负,比值法在增强不同地物或岩性之间坡度的微小差别的同时,还会消除或减弱地形信息和亮度(反照率)的差别。在植被分布较少的基岩裸露地区,比值分析技术可增强蚀变矿物的光谱响应,圈定可能与围岩蚀变矿物相关的遥感异常信息。

2. 主分量分析

从模式识别(或模式分类)的角度,主分量分析是统计决策法的一种。统计决策法是用统计的方法推得识别标准,并根据它来判别类别的方法。

主分量分析的原理,遥感信息各波段相互之间存在着一定相关性,甚至对某些岩性的相关性还很强,为了减少各参数间存在的相关性对分类的影响,常使用主分量分析法,将两个波段(参数)的数据绘成二维图(即变量散布图),由于两参数的强相关性,形成一个长椭圆形图,越靠近对角线,相关性越高,相关性差的数据背离对角线。主分量分析法的本质是追求改善数据的分布,使数据之间的变异最大限度地显现出来,同时还在本征向量选取和去相关处理等方面具有优势。

3. 光谱角法

光谱角法是把每一个多维空间点以其空间向量来表示,对比空间向量角的相似性。它是一种监督分类,要求对每一类别有一个已知参考谱。此参考谱可以是地面测得存入参考谱库,也可以从已知条件的图面单元做感兴趣区统计,存入参考谱库。

4. 去干扰异常主分量门限化技术

它包括遥感数据预处理、信息提取和后处理三部分内容。

(三)羟基、铁染两类异常分级

遥感异常分级采用 n 倍标准差对 PC4(或 PC3)分量高端切割,从高到低分为一、二、三级。

遥感综合解译图异常表示。在 6 幅联测解译图上,为了更清楚地表达一个异常的分布和出露特点,我们将 4 级异常统统归并为一个异常图斑,借以表达它存在的部位,或许作为类似化探异常在找矿中的利用。当然 3 级分类的数据保留在数据资料中,供勘探研究者使用。

遥感异常的多解性。遥感异常是一种光谱信息,由于自然界异质同谱现象普遍存在,在异常提取过程中凡具有羟基(泥化)和铁染(铁化)等光谱特征类似的地物均被当作遥感异常提取出来,其中除去与某些岩体、火山岩、变质岩和沉积岩相关的区域性异常外,还会有一些实质上是假的遥感异常。例如测区存在的云、水体及湿地、新生代黄土及地形阴影等均是形成假遥感异常的因素。

(四)遥感异常找矿的地质依据

金属矿床周围往往发育有较强烈的围岩蚀变现象,它作为一种近矿找矿标志已广为运用。在规模上、强度上和分布面积上,围岩蚀变发育的程度和规模都远远胜于矿床本身,甚至在无矿区域也可发现岩石蚀变现象的存在。在遥感图像上发现与岩石蚀变相关的信息较发现某一矿床容易得多。所以,利用岩石蚀变信息寻找金属矿床是可行的,至少可以做到缩小找矿目标。在矿床学研究中,与铅锌银(金)多金属硫化物矿床及其附近地区最常见的岩石蚀变或围岩蚀变硅化、绢云母化、绿泥石化、云英岩化、矽卡岩化、白云岩化、重晶石化和锰铁碳酸盐化等;最常见的矿化现象有两组,一组为原生矿化蚀变,包括黄铁矿化、白铁矿化、黄铜矿化、方铅矿化、闪锌矿化、硫磺化,另一组为次生矿化蚀变,包括褐铁矿化、赭石化、孔雀石化、蓝铜矿化、镜铁矿化等,这些次生蚀变矿物矿化成分中,非金属成分、CO_3^{2-}、HCO^-、OH^-、H_2O 普遍存在;而金属矿物中 Fe^{3+} 离子的成分明显增高,这些就是遥感异常 TM5/TM7 计算机岩石蚀变信息提取技术的理论依据。

蚀变异常信息提取的波谱依据。自从 20 世纪 70 年代在 Hunt 的实验室系统地测试了 300 多种矿物的特征光谱以来,遥感数据在解释地物目标的矿物属性方面有了理论依据。同时 Hunt 测制的光谱特征标记图也成为研制和开发多光谱及细分高光谱波段的经典参数。最近,中国国土资源航空物探遥感中心张玉君教授利用 Hunt 数据归纳出解释岩石蚀变现象的光谱依据。

二、ASTER 数据遥感异常提取

(一)资料与来源

本次编图使用 ASTER 数据异常提取只选择在内蒙古自治区阿拉善地区,数据轨道号为 AST00133PRDAT014,数据时间为 2007 年 7 月 4 日,数据格式 DAT。该景 ASTER 数据图像清晰,符合使用要求,数据详细信息见表 3-3。

在图件的编制过程中,收集了部分该区域以前的工作成果,包括该区域的遥感异常成果、该区 1:10 万区域地质调查资料、与本项目相关的典型矿床资料、与本项目有关的各类专题研究及专著、该区 1:5 万地形底图。

表 3-3 ASTER 数据波段及分辨率信息对应表

波段	编号	波段范围(μm)	分辨率(m)
VNIR	1	0.52~0.60	15
	2	0.63~0.69	
	3N	0.78~0.86	
	3B	0.78~0.86	
SWIR	4	1.60~1.70	30
	5	2.145~2.185	
	6	2.185~2.225	
	7	2.235~2.285	
	8	2.295~2.365	
	9	2.360~2.430	
TIR	10	8.125~8.475	90
	11	8.475~8.825	
	12	8.925~9.275	
	13	10.25~10.95	
	14	10.95~11.65	

(二)ASTER 数据异常提取原则

遥感探测中被动遥感的辐射源主要来自与人类密切相关的两个星球,即太阳和地球。在可见光—近红外波段($0.3\sim2.5\mu m$),地表物体自生的辐射几乎为零,地物发出的波谱主要以反射太阳辐射为主;而地表各类地物均有各自独特的光谱特征,矿化蚀变作为矿床和矿化带存在的指示标志,其本身也具有独特的光谱特征,这也是利用遥感技术提取各种矿化蚀变信息的主要依据。

ASTER 数据对于其他遥感数据是一种有力的补充,ASTER 数据有 14 个波段,光谱范围覆盖更宽,从 $0.52\sim11.6\mu m$,辐射分辨率更高,可以提供 15m(可见光—近红外)、30m(短波红外)以及 90m(热红外)3 种分辨率数据(表 3-4),并且产生在同一轨道上的第三波段的立体像对,ASTER 数据的扫幅为 60km,图幅的覆盖面积较适中。

ASTER 数据因其细分的短波红外波段(由 ETM 数据的 2 个增加至 6 个)和热红外波段(由 ETM 数据的 1 个增加至 5 个),使其具有分辨某些矿物和矿床的能力(图 3-7)。

为了简化研究目标,找出占主导地位的蚀变矿物,参照美国地质调查局 2003 年发布的矿物反射波谱库,并主要参照张玉君在论文中编制的利用 ASTER 数据提取蚀变信息的波谱依据表,及 ASTER 数据提取遥感异常信息时 5~9 波段吸收谷的情况,蚀变矿物大致可分为 3 组:第一组是在 5 波段和 6 波段有强吸收,如高岭石、伊利石、绢云母等;第二组是在 7 波段和 8 波段有强吸收,如蛇纹石、斜绿泥石、方解石等;第三组在 9 波段有强吸收,如滑石等。

表 3-4 ASTER 数据与 ETM 数据波段设置对比表

ASTER 数据		ETM 数据	
波段	波段范围(μm)	波段	波段范围(μm)
		1	0.45~0.52
VNIR1	0.52~0.60	2	0.52~0.60
VNIR2	0.63~0.69	3	0.63~0.69
VNIR3	0.76~0.86	4	0.76~0.86
VNIR 立体后视	0.76~0.86		
SWIR4	1.600~1.700	5	1.55~1.75
SWIR5	2.145~2.185		
SWIR6	2.185~2.225	7	2.08~2.35
SWIR7	2.235~2.285		
SWIR8	2.295~2.365		
SWIR9	2.360~2.430		
TIR10	8.125~8.475		
TIR11	8.475~8.825		
TIR12	8.925~9.275		
TIR13	10.25~10.95		
TIR14	10.95~11.65	6	10.4~12.5

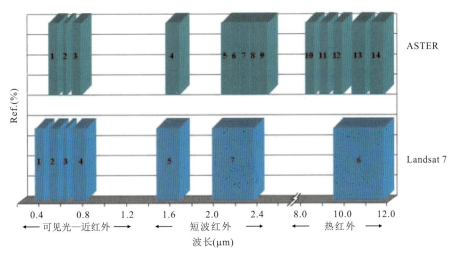

图 3-7 ASTER 数据与 ETM 数据波段设置对比图

通过研究本典型矿床所含矿物类型的波谱曲线,参照 ETM 的处理经验,将针对不同类型矿床主分量分析 ASTER 数据的最佳波段选择结果进行筛选分析,研究确定本典型矿床的光谱特征应为上述第二组,在 7 波段和 8 波段有强吸收,属于含 Mg—OH 基团矿物光谱特征,故蚀变羟基异常提取方法如表 3-5。

表 3-5 ASTER 数据提取羟基异常方法

波段	波段编号	波段范围(μm)	主分量分析波段选择	可识别矿物集合及矿床类型
短波红外	SWIR7	2.235～2.285	PCA(1、3、4、7) PCA(1、3、4、8)	含 Mg—OH 基团矿物：绿泥石、绿帘石、角闪石、蛇纹石 碳酸盐类：方解石白云石
	SWIR8	2.295～2.365	PCA(1、3、4、(8+9)/2) 可以用 2 代替 1	矽卡岩型铅锌矿 镁铁质岩型铜镍矿

(三)ASTER 数据异常提取方法

1. 软件环境

典型矿床遥感异常信息提取，以 Microsoft Windows XP SP2 操作系统，用 ENVI 为信息提取平台，应用"去干扰异常主分量门限化技术"进行特征主成分分析(Principal Components Analysis，PCA)，再进行异常分级，并利用 MapGIS 6.7 进行文件类型、比例尺的相互转换，最后用 GeoMAG 进行属性规范。

2. 数据处理

使用遥感影像数据进行异常提取的理论基础为不同地物存在不同的波谱反射率曲线，在该曲线中可以找到所需矿物类型的光谱吸收或者反射特征。ASTER 原始数据的像元点是以 DN 值为计算单位，所形成的光谱曲线与标准光谱曲线有差异，因此需在 ENVI 中进行辐射能转换。

ASTER 数据 1～3 波段是可见光近红外波段，分辨率为 15m；4～9 波段为短波红外波段，分辨率为 30m。本次典型矿床研究区所用数据主要集中在 1～9 波段，为匹配不同分辨率波段，故将 4～9 波段进行分辨率直接扩充，由于异常提取需要在原始影像中进行，故扩充方法不可使用分辨率融合技术。制作剔除干扰地物的掩膜时，选择对异常提取有干扰的地物，如水体、云层等，同时将不参与主成分分析的黑边也扩进掩膜内。

3. 异常提取

根据 ASTER 与 ETM 波段的对应关系及矿物波谱反射曲线，本典型矿床选取 3 组波段组合进行主成分分析：第一组为波段 1、3、4、6；第二组为波段 1、3、4、7；第三组为波段 1、3、4、8。然后分别对 3 组波段主成分分析后的结果进行分析，结合主成分分析时生成的统计文件，选取特征向量矩阵中后两个波段差值较大的波段为特征主分量所在的波段，最后确定主成分分析后的第四波段为特征主分量。对以上 3 组波段组合提取的异常进行分析之后，确定第二组波段组合即波段 1、3、4、7 提取的羟基异常适合本典型矿床。对经过数据拉伸的特征主分量文件进行分级操作，确定遥感异常值由高到低范围内的 2 倍标准离差为遥感羟基异常，即取值 192～255 为异常区，将异常区分级后保存为分类文件。

利用 ENVI 的类转矢量功能将提取的异常分类文件转换为矢量文件(Shape file 格式 *.shp)，然后运用 MapGIS6.7 的文件转换功能将异常 Shape file 文件转换为 MapGIS 通用的 *.wp 格式。将异常信息文件运用 MapGIS 进行拓扑分析，使所得三级异常合并以后具有正确完整的拓扑关系。

运用 MapGIS 的投影变换和裁剪等功能，将所获得的异常信息进行投影变换，根据本工作区范围，裁切出工作区 1∶2000 标准图幅异常图，图框依然使用 MapGIS 的投影变换功能自动生成。本图采用的矢量库、字库，是项目组提供的 GeoMAG 软件所带的 Slib 矢量库和 Clib 字库。

使用项目组统一配发的 GeoMAG 软件对裁剪后的分幅异常进行属性挂接，同时添加标准结构的辅助要素，最终建库成图。

第五节 遥感专题解译数据库建立

数据库建库流程如图 3-8 所示。

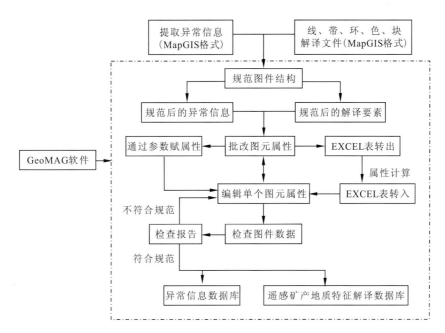

图 3-8 遥感专题解译数据库建库流程图

一、遥感数据库概述

1. 原则

依照《全国矿产资源潜力评价数据模型规范》，矿产资源潜力评价遥感专题解译调查编制的各类影像图件、基础图件、综合图件等，按照一图一库原则分别建立遥感专题数据库。采用全国矿产资源潜力评价综合信息集成组提供的 GeoMAG V3.10 为本项目的专用软件，进行内蒙古自治区矿产资源潜力评价遥感专题解译数据库的建设。

2. 数据模型与属性

针对本专业不同层面、不同比例尺度的成果进行建库模型《全国矿产资源潜力评价数据模型 遥感分册》，包括专业谱系特征分类代码、图件及图层命名清单、库及属性表清单等内容。

3. 软件系统

本项目的软件平台为 MapGIS 地理信息系统软件和其平台上二次开发的 GeoMAG 模型使用软件。

二、原始遥感资料数据库

原始遥感资料是由全国项目办提供的和内蒙古自治区地质调查院历年存档的 Landsat 7 - TM 影像数据，102 景数据，数据格式为 FST。原始数据已进行数据编码，符合入库要求。

三、遥感成果数据库

1. 遥感影像图数据库

（1）内蒙古自治区遥感影像图数据库，包含＊.Geotiff、＊.msi 和＊.tiff 三种格式的遥感图像。

（2）内蒙古自治区1∶25万国际标准分幅遥感影像图数据库。对内蒙古自治区136幅1∶25万国际标准分幅遥感影像图分别建库，每幅影像图数据库均包含＊.Geotiff、＊.msi 和＊.tiff 三种格式的本幅遥感图像。

（3）20个单矿种预测工作区遥感影像图数据库。对内蒙古自治区20个单矿种预测工作区分别建立遥感影像数据库，各预测工作区遥感影像图数据库均包含＊.Geotiff、＊.msi 和＊.tiff 三种格式的本预测工作区遥感图像。

2. 遥感解译图数据库

（1）内蒙古自治区1∶50万遥感构造解译图数据库。除地理信息外，遥感解译内容包括遥感解译的断层、脆韧性变形构造带、遥感解译的环形构造3项内容。对此3项内容按表3-6～表3-8创建属性结构并挂接属性后，完成该图遥感数据库建设。

表3-6　内蒙古自治区遥感断层要素数据表

序号	数据项名称	数据项代码	数据类型	存储长度	小数位数	约束条件
1	特征代码	FEATUREID	C	26		NOT NULL
2	图元编号	CHFCAC	C	6		NOT NULL
3	断层名称	GZEAB	C	80		
4	断层长度	GZEEI	F	8	2	NOT NULL
5	断层走向	GZEEJ	C	8		NOT NULL
6	遥感断层要素位移	GZEGD	C	10		NOT NULL
7	平面形态	MDLMA	C	10		NOT NULL
8	遥感断层要素规模	GZEDRA	C	10		NOT NULL
9	遥感断层要素性质	GZEEBM	C	12		NOT NULL
10	断层描述	GZEAD	C	254		
11	解译依据	YGGBDG	C	50		
12	备注	MDLZZ	C	100		

（2）内蒙古自治区1∶25万国际标准分幅遥感矿产地质特征解译图数据库。除地理信息外，遥感解译内容包括遥感解译的断层、脆韧性变形构造带、遥感解译的环形构造、遥感解译块状要素、遥感解译色要素、遥感解译带要素6项内容，前3项属性结构与内蒙古自治区1∶50万遥感构造解译图3项遥感解译内容属性结构一致，后3项按表3-9～表3-11创建属性结构并挂接属性后，完成内蒙古自治区133幅1∶25万遥感矿产地质特征解译图遥感数据库建设。

表 3-7　内蒙古自治区遥感脆韧性变形构造带要素数据表

序号	数据项名称	数据项代码	数据类型	存储长度	小数位数	约束条件
1	特征代码	FEATUREID	C	26		NOT NULL
2	图元编号	CHFCAC	C	6		NOT NULL
3	构造带长度	KCDDCF	F	8	2	NOT NULL
4	构造带走向	KCDDCO	C	3		NOT NULL
5	构造带成因	KCDDCQ	C	40		NOT NULL
6	构造运动强度	DDABJ	C	10		NOT NULL
7	构造带分类	KCDDCB	C	20		NOT NULL
8	构造两侧描述	KCDDCJ	C	254		
9	解译依据	YGGBDG	C	100		
10	备注	MDLZZ	C	100		

表 3-8　内蒙古自治区遥感环形构造要素数据表

序号	数据项名称	数据项代码	数据类型	存储长度	小数位数	约束条件
1	特征代码	FEATUREID	C	26		NOT NULL
2	图元编号	CHFCAC	C	6		NOT NULL
3	环要素名称	YGFBO	C	30		
4	环状要素成因	YGFBL	C	50		
5	环分类	YGFBJ	C	10		NOT NULL
6	环规模	YGFBK	C	10		NOT NULL
7	与其余环构造的关系	YGGAFL	C	10		NOT NULL
8	环要素性质描述	YGFBN	C	100		
9	解译依据	YGGBDG	C	100		
10	备注	MDLZZ	C	100		

(3)内蒙古自治区单矿种预测工作区遥感矿产地质特征与近矿找矿标志解译图数据库。除地理信息部分外,遥感解译内容包括遥感解译的断层、脆韧性变形构造带、遥感解译的环形构造、遥感解译块状要素、遥感解译色要素、遥感解译带要素、遥感近矿找矿信息 7 项内容,因内蒙古东部地区植被覆盖度高,无法辨别遥感近矿找矿信息,其余 6 项内容与 1∶25 万遥感矿产地质特征解译图数据库建设相同。

表 3-9 内蒙古自治区遥感块状要素数据表

序号	数据项名称	数据项代码	数据类型	存储长度	小数位数	约束条件
1	特征代码	FEATUREID	C	26		NOT NULL
2	图元编号	CHFCAC	C	6		NOT NULL
3	块要素名称	YGFDB	C	30		
4	成因形态类型	YGFDC	C	20		
5	长轴方向	CHEDBA	C	8		NOT NULL
6	产出构造部位	YGFDE	C	40		
7	块状要素规模	YGFDK	C	6		NOT NULL
8	外部应力性质	YGFDD	C	20		
9	与围岩关系	QDHOE	C	10		
10	是否有矿化蚀变现象	KCDGBO	C	10		
11	解译标志	YGGCAB	C	50		
12	备注	MDLZZ	C	100		

表 3-10 内蒙古自治区遥感色要素数据表

序号	数据项名称	数据项代码	数据类型	存储长度	小数位数	约束条件
1	特征代码	FEATUREID	C	26		NOT NULL
2	图元编号	CHFCAC	C	6		NOT NULL
3	遥感色要素类型	YGGBI	C	40		
4	遥感色要素面积	YGGBJ	F	12	2	NOT NULL
5	相关地质构造背景	GZAME	C	12		
6	示矿性	YGGBK	C	12		
7	解译依据	YGGBDG	C	100		
8	备注	MDLZZ	C	100		

表 3-11 内蒙古自治区遥感带要素数据表

序号	数据项名称	数据项代码	数据类型	存储长度	小数位数	约束条件
1	特征代码	FEATUREID	C	26		NOT NULL
2	图元编号	CHFCAC	C	6		NOT NULL
3	地层年代	DSBI	C	30		NOT NULL
4	地层名称	DSBF	C	100		NOT NULL
5	岩性组合	GCJFLA	C	200		NOT NULL
6	与成矿关系	HTAIF	C	200		NOT NULL
7	带状要素面积	SWNCAA	F	12	2	NOT NULL
8	所处构造部位	MDACJ	C	100		
9	带状要素类型	YGFEA	C	8		NOT NULL
10	解译依据	YGGBDG	C	100		
11	备注	MDLZZ	C	100		

3. 遥感信息异常图数据库

(1) 内蒙古自治区遥感异常组合图数据库。除地理信息部分外,遥感信息只有遥感异常组合一个图层,对该图层按表3-12创建属性结构并挂接属性后,完成该图遥感数据库建设。

表3-12 内蒙古自治区遥感异常组合要素数据表

序号	数据项名称	数据项代码	数据类型	存储长度	小数位数	约束条件
1	特征代码	FEATUREID	C	26		NOT NULL
2	图元编号	CHFCAC	C	6		NOT NULL
3	遥感异常组合名称	YGGIB	C	30		
4	异常面积	WTCEBA	F	12	2	NOT NULL
5	所处的成矿带背景	YGGIK	C	20		
6	异常组合性质	YGGII	C	20		
7	异常组合类型	YGGIF	C	20		
8	备注	MDLZZ	C	100		

(2) 内蒙古自治区1:25万国际标准分幅遥感羟基异常分布图数据库。除地理信息外,所有图幅均为遥感羟基异常一个遥感信息图层,对136幅1:25万遥感羟基异常图层全部按表3-13创建属性结构并挂接属性后,完成136幅内蒙古自治区1:25万遥感羟基异常遥感数据库建设。

表3-13 内蒙古自治区1:25万遥感羟基异常要素数据表

序号	数据项名称	数据项代码	数据类型	存储长度	小数位数	约束条件
1	特征代码	FEATUREID	C	26		NOT NULL
2	图元编号	CHFCAC	C	6		NOT NULL
3	遥感异常名称	YGGIA	C	30		
4	遥感异常面积	YGGIJ	F	12	0	NOT NULL
5	所处的地质构造环境	YGGIC	C	100		
6	羟基异常性质	YGGID	C	20		
7	羟基异常强度	YGGIE	C	10		
8	备注	MDLZZ	C	100		

(3) 内蒙古自治区1:25万国际标准分幅遥感铁染异常分布图数据库。除地理信息外,所有图幅均为遥感铁染异常一个遥感信息图层,对136幅1:25万遥感铁染异常图层全部按表3-14创建属性结构并挂接属性后,完成136幅内蒙古自治区1:25万遥感铁染异常遥感数据库建设。

表 3-14 内蒙古自治区 1:25 万遥感铁染异常要素数据表

序号	数据项名称	数据项代码	数据类型	存储长度	小数位数	约束条件
1	特征代码	FEATUREID	C	26		NOT NULL
2	图元编号	CHFCAC	C	6		NOT NULL
3	遥感异常名称	YGGIA	C	30		
4	遥感异常面积	YGGIJ	F	12	0	NOT NULL
5	所处的地质构造环境	YGGIC	C	100		
6	铁染异常性质	YGGID	C	20		
7	异常强度	YGGIE	C	10		
8	备注	MDLZZ	C	100		

(4)内蒙古自治区 20 个矿种预测工作区遥感羟基(铁染)异常分布图数据库。其属性项内容与内蒙古自治区 1:25 万遥感羟基(铁染)异常分布图相同,以此方法实现属性挂接后,完成内蒙古自治区 20 个矿种预测工作区遥感羟基异常分布图和遥感铁染异常分布图属性库建设。

第四章　遥感地质构造研究

内蒙古自治区大地构造格局可划分为华北地台、天山-内蒙古-兴安地槽褶皱区、昆仑-秦岭地槽褶皱区3个一级构造单元及滨太平洋中生代岩浆岩带。进一步可划分为华北地台、内蒙古中部地槽褶皱系、兴安地槽褶皱系、北山地槽褶皱系、祁连加里东地槽褶皱系和大兴安岭中生代岩浆岩区6个亚级大地构造单元。从一级构造单元的角度分析，自治区总体格局为一台、二槽。其中，内蒙古中部地槽褶皱系和祁连加里东地槽褶皱系归属华北板块，兴安地槽褶皱系归属西伯利亚板块，北山地槽褶皱系归属哈萨克斯坦板块。

第一节　地质构造遥感解译及认识

内蒙古自治区断裂系统与区域构造线一致，共有4个断裂区系，即天山地槽断裂区北山断裂系、华北地台断裂区、兴安-内蒙古中部地槽断裂区、秦昆地槽断裂区北祁连断裂系。通过1∶25万和1∶50万遥感资料的综合研究，台区断裂呈东西向，槽区断裂西部呈北西向、东部呈北东向。结合地质资料，综观构成一向南突出的弧形构造格架（图4-1）。根据遥感影像、物探和地质资料，将内蒙古断裂构造分为深大断裂、大断裂及一般断裂3级。

一、线性构造

（一）深断裂

按切割深度不同，深断裂可分为超岩石圈断裂（本书称巨型断裂）、岩石圈断裂（大型断裂）及壳断裂（中型断裂）。深断裂控矿是通过它所控制的沉积建造和不同性质的岩体及地下热流而起控矿作用。深断裂由于切割深度大、波及范围广，不仅能够控制特殊的含矿建造，而常成为超基性岩、基性岩、花岗质岩浆上涌和地下热流上升的通道，即不同深度的成矿物质进入地壳上部或地表部分的重要通道，进而为成矿提供必不可少的物源、热源、水源及矿床就位的场所。因此，深断裂对于内生矿床具有重要的控矿意义。

1. 巨型断裂（超岩石圈断裂）

深断裂切穿岩石圈，深入软流层，规模大，地球物理场反映明显，有发育良好的蛇绿岩套，具有长期发展和多次活动的特点，并能控制两侧地史发展和演化，构成Ⅰ、Ⅱ级构造单元分界线、不同板块的分界线，形成一些与超基性岩、基性岩、中酸性岩有关的深源内生矿产。例如，二连-贺根山、索伦山超岩石圈断裂带上，形成了贺根山铬铁矿床、乌珠尔铬铁矿床等，局部地区形成与基性岩体有关的铜矿床（点），如小坝梁等处；索伦山西部的乌兰套海超岩石圈断裂带和查干敖包-阿荣旗超岩石圈断裂带上，局部地区

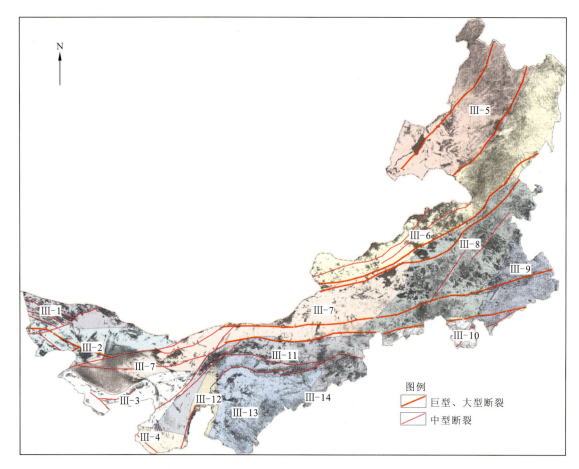

图 4-1 内蒙古自治区遥感解译构造格架及成矿区带划分图

出露有超基性岩和基性岩体,虽未形成矿床,但仍不失为今后寻找此类矿床的找矿远景区域。

2. 大型断裂(岩石圈断裂)

深断裂切穿岩石圈或切入上地幔顶部,但不进入软流层;规模较大,对岩浆岩带和沉积建造有明显的控制作用。沿断裂带有超基性岩体分布,但未形成良好的蛇绿岩套。如大兴安岭主脊-林西深断裂、乌奴耳-鄂伦春旗深断裂、临河-武川深断裂、石崩深断裂、走廊过渡带北缘深断裂、北山地块南缘、北缘深断裂等岩石圈断裂。

3. 中型断裂(壳断裂)

深断裂按切割壳层深度可分为两类:切穿硅铝层而不进入硅镁层者称硅铝层深断裂,沿断裂带有酸性岩浆活动,形成花岗岩带,如东升庙-大佘太、贺兰山西缘、桌子山东缘、磴口-乌达等深断裂皆为此列;切穿整个地壳,不进入上地幔的深断裂称为硅镁层深断裂,沿断裂带有玄武岩流喷溢,如和林格尔-黄旗海、巴彦钱达门-吉兰泰、宝音图隆起西缘、阿巴嘎旗等深断裂皆属硅镁层深断裂。

除上述深断裂外,内蒙古的台区和槽区均分布有较多的大断裂,如二连-达茂旗、二连-苏尼特右旗、额尔古纳河、海拉尔河、根河、洮儿河、伊敏河等大断裂,长几十至几百千米,切割深度小于深断裂,一般不切穿硅铝层。同时具有长期发展和多次继承性活动特点,对两侧地史的发展演化具有一定的控制作用,构成Ⅲ级以下构造单元界线,常控制矿化集中区。

4. 一般断裂

一般断裂,尤其是张性和张剪性断裂往往构成区域低压条件,是含矿岩体侵入和含矿热液运移或沉淀的重要通道和空间,与成矿的关系极为密切,内蒙古几乎所有热液脉型矿床多与此类构造有关(表4-1)。

表4-1 一般断裂及其有关矿床

断裂组（方向）	主要分布区域	规模	性质	形成时间	活动性	有关矿床实例
东西向断裂组	主要分布于内蒙古中部地区,华北地台北缘阴山地区	几十至百余千米	以逆断层居多	形成时间较早,常被北东向、北西向断层切割	中生代复活,继承性活动强烈。局部地段形成推覆构造	霍各乞、炭窑口、东升庙（同生断裂）白乃庙（东西向片理化带）、毛登（二连-贺根山深断裂与西里庙-达青牧场挤压带间构造脆弱带）、小坎梁、孟恩陶勒盖（冲断带）、库里吐（东西向断裂及北东向裂隙构造）
北东向断裂组	多分布于中部、东部槽区	几至百余千米	以压剪性为主	被北西向断裂所切,多形成于古生代	中生代有继承性活动	东升庙、炭窑口（同生断裂）、别鲁乌图、西沙德盖（北东向与北西向断裂复合部位）、白音诺尔（北东向、北北东向）、浩布高（北东向层间断裂与北西向断裂交会部位控制火山机构）、朝不楞（北东向、北北东向）敖瑙达坝（以北东向为主,北北东向次之）莫古土、黄岗梁
北北东向断裂组	主要分布于大兴安岭中生代火山岩区	几至几十千米	以左行剪切断层和正断层为主	中生代	中生代活动性强烈,常构成全堑构造	莲花山、布敦花
北西向断裂组	主要分布于北山槽区	30～50km	以高角度逆冲断层居多,多与深断裂平行排列,在中东部地区多为张性、张剪性	切割东西向和北东向断裂	中生代有活动,控制中生代岩体	乌努格吐山（北东向与北西向复合部位）甲乌拉、大井子、东升庙、炭窑口（同生断裂）、白音皋、流沙山
南北向断裂组	主要分布于卓子山、贺兰山一带	规模小,几至几十千米	多为压性断层并有压性冲断层和推覆构造	切割东西向与北东向断裂,又被北西向断层切割	中生代有活动	莲花山、布敦花

断裂构造复合或分支、转折部位,切割较深,空间较大,往往形成中生代火山机构,是火山喷发的火山管道,又是超浅成、浅成、深成岩的侵入通道,并形成与之有关的矿产,如乌努格吐铜钼矿床和浩布高铁锌矿床等大兴安岭地区与火山机构有关的矿床均属此类。

除断裂构造外,线性构造中尚有节理裂隙等,对控矿也有具体意义,对网脉状钨、锡、钼等矿床尤其有控矿意义,如毛登锡矿床,西沙德盖、流沙山等钼矿床,石白头注、毫义哈达等钨矿床。

综上所述,内蒙古不同构造单元有着不同的深部地质构造特征,即不同的壳幔分界（莫霍面）深度特征、不同的壳层结构特征、不同级别深断裂发育特征及控制含矿建造（沉积建造、岩浆岩建造）特征、不同单元稳定程度特征等,这些深部构造特征决定了各构造单元成矿作用的总体差异,进而导致所形成的矿种、成因类型、规模及伴生组分等方面的不同,造成了台区、槽区、火山岩区成矿和成矿作用各有特色,又具有内在联系。

(二)大型线性变形构造

1. 推覆构造带

推覆构造主要分布于鄂尔多斯古陆北缘、阿拉善古陆北缘、额济纳-北山弧盆系中,其中以鄂尔多斯古陆北缘推覆构造最具代表性。

(1)鄂尔多斯古陆北缘推覆构造。主要发生在固阳-兴和陆核内部,分布在东起察哈尔右翼中旗,向西经武川蘑菇窑子、金銮殿、下湿壕、营盘湾、大佘太一带。根据推覆构造的不同特征可以分为6段:即察哈尔右翼中旗-哈乐推覆构造、大碱滩-黄芪窑推覆构造、武川-蘑菇窑子-平顶山-金銮殿推覆构造、东大塔-下湿壕推覆构造、公山湾-石拐推覆构造、营盘弯-大佘太推覆构造。推覆构造由东到西,东西长约300km,宽约10km。

上述推覆构造总体特点是:原地系统为侏罗系,包括中、下侏罗统石拐群含煤岩系和上侏罗统大青山组砾岩;外来系统多数为中太古界乌拉山岩群大理岩、片麻岩和中新元古界渣尔泰山群大理岩、什那干群叠层石灰岩。推覆构造主要是由南向北推覆运移,或者形成南北对冲之势。

(2)阿拉善古陆北缘推覆构造。分布在阿拉善古陆块以北,推覆构造上盘诺尔公群和巴音西别群以低角度向北推覆于下阿拉善群之上,推覆界面南倾,呈舒缓波状,倾角$5°\sim10°$。在巴音西别一带,巴音西别群向北推覆于乌兰哈夏群之上,形成飞来峰构造,推覆面倾向南,倾角$3°\sim10°$。断层面上擦痕极发育,糜棱岩、压碎岩普遍存在。

推覆构造还发生在太古宇下阿拉善群与花岗岩体之间,多处可见花岗岩体向北以近水平逆冲断裂或低角度逆掩断层推覆于下阿拉善群斜长角闪岩或片麻岩之上,或者形成飞来峰。另外,花岗岩体内部也存在推覆构造,推覆界面沿着花岗岩体内部近水平节理发生,花岗岩呈"薄层状"向北推覆于花岗闪长岩之上。

(3)额济纳-北山弧盆系推覆构造。推覆构造位于文各山北,呈北西西向展布,长约20km,推覆界面倾向南南西,倾角$30°$,中元古界平头山群白云质大理岩向北东推覆于下二叠统菊石滩组之上,并形成飞来峰。

2. 韧性剪切带

韧性剪切带在造山系中和陆块区内均较发育,规模大小不等,其中规模较大者可达上百千米。就目前掌握的资料大致有:三合明-石崩韧性剪切带、武川-大滩韧性剪切带、土城子-酒馆韧性剪切带、红壕-书记沟韧性剪切带、乌兰敖包-图林凯韧性剪切带等。

3. 构造混杂岩带

(1)伊列克得-阿里河蛇绿构造混杂岩带。位于大兴安岭弧盆系、海拉尔-呼玛弧后盆地的头道桥、伊列克得、吉峰、环宇、新林一带,往东可延伸至黑龙江省呼玛县。基性—超基性堆积混杂岩体由角闪橄榄岩-辉长岩、角闪辉石岩-辉长岩等岩块组成。蛇绿岩套上部的基性熔岩和硅质岩见于头道桥、白景山等地,岩石组合为辉绿岩、变玄武岩、含放射虫硅质岩,时代为晚泥盆世至早石炭世。与蛇绿岩块共同构成混杂岩带的还有奥陶系、泥盆系和下石炭统地块。它们无规则地呈构造接触堆积在一起。

(2)二连浩特-贺根山蛇绿构造混杂岩带。分布于二连浩特—贺根山一带,向东可能延至黑河。这是一条重要的构造带,是西伯利亚板块和华北板块的缝合线。在二连浩特本巴图一带的蛇绿岩块,以孤立的超基性岩、辉长岩、基性熔岩等岩块构造侵位于石炭纪海相复理石沉积之中。在贺根山一带,蛇绿岩块的层序比较完整,下部为变质橄榄岩,中部为堆晶岩,上部为基性熔岩,玄武岩中夹深海沉积硅泥质岩,其中含放射虫。经研究确定其时代为早泥盆世。与蛇绿岩相伴出现的还有低温高压变质岩-钠长角闪片岩，片岩中含有钠铝闪石族中的碱镁闪石，系低温高压变质矿物。上述蛇绿岩块构造侵位于石炭纪和二叠纪地层中。

(3) 二道井-锡林浩特蛇绿构造混杂带。分布于苏尼特左旗南二道井、交齐尔、陶高特等地，本区蛇绿岩块以密集成群的数百个超基性岩块构成，主要有辉石橄榄岩、纯橄榄岩、蚀变辉长岩，具强烈蚀变，大部分已蛇纹石化或成为蛇纹岩。岩块均构造侵位于温都尔庙群绿泥片岩和绢云石英片岩中。

(4) 索伦山-西拉木伦蛇绿构造混杂岩带。分布于索伦山、苏尼特右旗东北至克什克腾、西拉木伦河一带，索伦山蛇绿岩由超基性岩、基性岩和基性熔岩组成，主要岩石类型为斜辉橄榄岩和纯橄榄岩。西拉木伦河以北林西一带，蛇绿岩下部为镁铁质、超镁铁质堆积杂岩，中部为辉绿岩席状岩墙群，上部为细碧岩、拉斑玄武岩和硅质岩。蛇绿岩块均构造侵位于奥陶纪、石炭纪和二叠纪地层中，构成较典型的构造混杂带。

(5) 温都尔庙-杏树洼蛇绿构造混杂带。温都尔庙地区的蛇绿岩套组合可分上、下两部分：下部由蛇纹石化纯橄榄岩、斜辉辉橄岩和斜长岩组成；上部组合由辉长-辉绿岩、枕状熔岩、席状岩墙和硅泥质岩组成。杏树洼一带蛇绿岩块由纯橄榄岩、斜辉辉橄岩组成。蛇绿岩块构造侵位于温都尔庙群或更老的地层古元古界宝音图群。其形成时代应在早古生代寒武纪—奥陶纪。

(6) 红石山蛇绿构造混杂带。该带位于红石山—居延海一带，向西进入甘肃省红石山，该带在碧玉山及百合山出露镁铁质、超镁铁质的辉长岩、角闪辉长岩、纯橄榄岩、辉石橄榄岩，与下石炭统硅质岩、碧玉岩共生，构成洋壳残片的蛇绿岩套组合。有人认为这是塔里木板块与西伯利亚板块的缝合线位置，可以与二连-贺根山构造混杂带相提并论。

(7) 红柳河-洗肠井蛇绿构造混杂带。该带由奥陶纪、志留纪拉张时期形成的超基性岩、基性岩、基性熔岩及其上部深海硅泥质岩石组合，即蛇绿岩套，在洋盆收缩消减过程中构造侵入于古元古界北山群片岩、片麻岩和中新元古界白湖群、平头山群、大豁落山群地层之中，形成具有结合带性质的构造混杂岩带。

二、环形构造

(一) 褶皱构造形迹引起的环形构造

内蒙古与褶皱构造有关的矿床其控矿条件有两条：一是为内生金属矿床提供就位场所即低压空间；二是通过褶皱过程使先成矿体加厚变富(图4-2)。

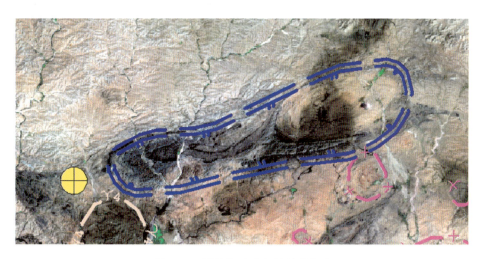

图 4-2 褶皱构造引起的环形构造

区域性复背斜带、隆起带或坳陷中地坳中隆带之所以能够控制成矿带、矿化集中区或矿田，是由于这些构造带的边缘部位（隆坳拐点连线）和中脊部位往往形成构造脆弱带，是其同期或晚期地下深部携矿岩体容易上涌侵位的部位，能够形成在成因上与之有一定联系的成矿带或矿化集中区，如额尔古纳复背斜及其边缘断裂（得耳布尔断裂和额尔古纳河断裂）共同控制了得耳布尔多金属Ⅰ级成矿带及其中的3个成矿亚带（Ⅲ级）；多伦复背斜（加里东褶皱带的次一级构造）的西段控制白乃庙地区海西期斑岩型铜钼金铜钼及热液型铜铅锌成矿区；东段在燕山期的多种构造-岩浆岩条件下控制了东西向少郎河铅锌多金属成矿区及克旗南部钼铀成矿区的形成；中段地区矿化不及东西两端，燕山期形成了白石头洼、毫义哈达、三胜村等中小型钨矿床和大比力克、达盖滩等一些小型萤石矿床。再如东乌珠穆沁旗复背斜带（海西早期）控制与海西中晚期侵入岩有关的梨子山、塔尔期等中小型铁钼、铁矿床，巴林镇西南、八十公里、汉乌拉巴嘎等小型多金属矿床；最有典型意义的是黄岗梁-甘珠尔庙复背斜北西翼控制了黄岗梁-白音诺尔-甘珠尔庙成矿等。

中小型褶皱、穹隆、圈闭控矿原理也为含矿热液的充填交代和矽卡岩化反应提供了就位场所，在与裂隙（断裂）构造一样的控矿条件中，它与携矿岩体条件相比是居第二位的必需条件。

内蒙古热液型矿床除多数在不同级别的裂隙构造中就位外，有相当一部分矿床与褶皱构造有关，如流沙山矿床位于背斜倾没端，七一山钨锡钼矿床受控于北东东向背斜构造，白音皋锡矿床位于穹隆构造的顶部等；矽卡岩型矿床与褶皱构造有密切关系的如白音诺尔铅锌矿床位于小井子背斜的北西翼，小营子铅锌矿床位于向斜构造的层间断裂中，黄岗梁铁锡矿床位于黄岗梁复背斜的北西翼，索索井铁多金属矿床位于红柳大泉复向斜东部转折端等。

甲生盘铅锌硫矿区的褶皱构造是成矿后的褶皱构造，在变质和褶皱过程中，由于热能和热液对矿体的叠加和改造，使矿体变厚和变富。

（二）基性岩、超基性岩类引起的环形构造

本次工作在1∶25万遥感解译图中解译出基性岩类引起的环形构造85个，多数为中小型，分布于内蒙古各地，一般形态较圆，环内的色调一般较环外的色调深。

1. 超基性岩

1）与超基性岩有关的矿产

内蒙古超基性岩出露面积近$600km^2$，占岩浆岩分布总面积的0.3%。超基性岩体共1743个，其中地槽区1360个，组成136个岩体群；地台区有383个，组成60个岩体群。赋存大、中、小型矿床和矿点的岩体计有36个，成矿率为2%（表4-2）。

内蒙古与超基性岩有关的矿产，以铬铁矿为主，有中型铬铁矿床1处，小型6处，矿点、矿化点58处。铬铁矿床成因均为岩浆晚期分异矿床，铬铁矿体中多数伴生镍、钴、铂族元素等。矿床均产于岩体内。成矿特征符合超基性岩成矿专属性的一般规律。此外，有大型蛭石矿床1处、小型磷矿床2处、小型稀土矿床1处、小型镍矿床1处、小型化肥用蛇纹岩矿床1处。

2）超基性岩体控矿地质特征

超基性岩体有的成矿，有的不成矿。内蒙古有矿化岩体群89个，含有矿点以上的岩体38个，含有小型以上矿床的岩体有9个，形成各种小型以上矿床12个。本书将含有矿点、矿床的岩体称为成矿岩体。从某种意义上分析，成矿岩体的地质特征就是超基性岩体成矿地质特征。

（1）侵入期与成矿的关系。内蒙古超基性岩侵入期主要有中元古代、加里东期和海西期。

中元古代侵入的超基性岩体主要分布于华北地台北缘，岩石类型主要有纯橄岩-辉石岩-橄榄岩型、蛭石透辉岩-磷灰石透辉岩型两种，前者以含铬、铜、镍、钴、铂族元素矿化点、矿点为主，未能形成小型以上矿床；后者以赋存大中型金云母、蛭石、稀土及中小型磷矿床为特色。

表 4-2　内蒙古自治区与超基性岩有关的矿产

侵入期	岩带名称	岩体(群)名称	岩体产状	岩石类型	有关矿产
中元古代	阿右旗-四子王旗岩带	金滩	脉状	辉橄岩-辉石岩-橄榄岩	镍矿化,一般含镍为0.2%,最高可达1%
		可可它它	岩墙	辉橄岩-橄榄岩-橄长岩	铜、镍黄铁矿化,镍个别可达0.3%~0.4%
		深沟	岩株	辉橄岩-橄榄岩-橄长岩	含少量铬铁矿、黄铜矿、孔雀石,镍为0.1%~0.2%
		铁板井	岩墙	纯橄岩-辉橄岩-橄榄岩-辉石岩	岩体中部纯橄岩中有星点状铬矿化
		苏海它它	透镜状	纯橄岩-辉橄岩-橄榄岩-辉石岩	在纯橄岩中有星点状铬铁矿化
		卡休他他	脉状	纯橄岩-辉橄岩-橄榄岩-辉石岩	在岩体中部纯橄岩内有17处浸染状矿化,橄榄岩中有5处矿化
		文圪气	岩盘、岩株	透辉岩、蛭石透辉岩、磷灰石透辉岩	蛭石矿为大型矿床,赋存于中部蛭石-透辉岩(矿带)。磷灰石赋存于岩体边缘相磷灰石透辉岩中,其规模可属大型(未上表)
		龙头山	扁豆状、似透镜状	似金伯利岩	
		克布	岩盆	橄榄岩-辉石岩-辉长岩	有小型镍矿1处,6个矿体,矿体赋存于橄榄岩带中。品位较低
		热水南山	脉状	滑石金云母蛇纹岩	岩体中见孔雀石方铅矿、自然金、辉钼矿,化学分析:Pt 0.1×10^{-6},Pd 0.1×10^{-6},Ni 0.2%
		香山庙	脉状、透镜状	滑石透闪石蛇纹石化辉橄岩	岩体中部有磁铁矿细脉充填,TFe59.64%,规模小,为矿点,岩体普遍有微量的铂矿化
		石碴子	弧形脉状	辉橄岩-辉石岩-辉长岩	铬、镍矿化,镍含量0.26%
		东井子	不规则状	辉橄岩-橄辉岩	铬铁矿点7处,赋存于岩体膨大部位的蛇纹岩中
		三道沟		透辉岩、磷灰石透辉岩	小型磷矿床1处(22.5×10^4t)
		旗杆梁		透辉岩、磷灰石透辉岩	小型稀土矿床1处(1.15×10^4t),小型磷矿床1处(77.6×10^4t)
		青井子	脉状	辉石岩-橄辉岩-滑石化透闪石岩	局部具黄铁矿化、黄铜矿化、石棉矿化
加里东期	温都尔庙-翁牛特旗岩带	图林凯	长条状平行岩体	纯橄岩-斜辉橄榄岩-辉石岩	小型铬铁矿床1处(5.22×10^4t),产于蛇纹石化的纯橄榄岩中部或近下盘,矿体呈巢状,伴生镍、钛等
		德阳旗庙	近东西走向,北侧南侵南侧、北侵	纯橄岩-辉橄岩	铬矿化点1处,矿体产于纯橄榄岩异离体中
		武艺台	脉状透镜体	纯橄岩-斜辉辉橄岩-辉石岩	铬铁矿(化)体14处,产于纯橄岩上、下组处,伴生镍、铂、钯
		阿日敖包	脉状透镜体	纯橄岩(单一)	局部见浸染状铬铁矿条带和斑杂状铬铁矿化
		宝日汗图	顺层侵入的单斜岩体	纯橄岩(单一)	局部见扁豆状铬铁矿化1处
		哈拉哈达	条带状扁豆体	纯橄岩、斜辉辉橄岩,偶见单辉辉橄岩	纯橄岩中局部见致密-浸染状矿化体,呈扁豆状

续表 4-2

侵入期	岩带名称	岩体（群）名称	岩体产状	岩石类型	有关矿产
加里东期	温都尔庙-翁牛特旗岩带	阿勿怪		辉橄岩及少量纯橄岩	1处岩体中在纯橄岩内见浸染状矿化
		柯单山	单斜状侵向南东缓倾斜，平面呈蝌蚪状	纯橄岩-辉橄岩-橄榄岩-辉长岩	含矿带位于岩体中部纯橄榄岩中，由19个矿体组成，其中3个大矿体赋存于上盘含矿带中，矿体呈脉状、似脉状、透镜状、扁豆状
		杏树洼	单斜脉状	纯橄岩、斜辉辉橄岩	铬矿点20处，主要分布于岩体中部膨大部位纯橄岩异离体中或与斜辉辉橄岩接触带上
		九井子（白音布统）	平行脉状	纯橄岩、纯橄岩-斜辉辉橄岩、纯橄岩-斜辉辉橄岩、蛇纹岩	在纯橄岩中见浸染状、斑点状铬铁矿化，蛇纹石石棉矿化
		桃苏沟	透镜状	角闪石岩	角闪石石棉矿化
	雅布赖山-狼山-渣尔泰山岩带	千里山查干郭勒	脉状扁豆状	角闪辉橄岩，角闪橄榄岩	地表岩体中发现铜矿化
		小松山	岩墙	单辉辉橄岩-辉石岩-辉长岩	低品位铬铁矿点1处，赋存于岩体单辉辉橄岩中部或底部，特别是底部。铜-镍矿化于辉长岩体中，Ni为0.3%～0.4%，个别达0.75%～1.02%，Ni:Cu=1:1.18
	苏尼特左旗-锡林浩特岩带	奥高日林准岗	脉状	超基性岩风化壳（硅质）	局部见铬矿化
		沟胡都格	脉状	硅质碳酸盐化超基性岩风化壳	局部见铜矿化
		红格尔庙	脉状	纯橄岩-斜辉辉橄岩	铬铁矿小型矿床2处，赋存于纯橄岩异离体中
		交其尔	不规则扁豆状、疙瘩状	蛇纹岩、纯橄岩-斜辉辉橄岩	共发现5处铬矿点，赋存于纯橄岩边部，矿体呈细脉状
		巴彦敖包	单斜，北东走向，北西倾向，倾角40°～50°	以斜辉辉橄岩为主，含纯橄岩、单辉辉橄岩、二辉橄岩、橄榄岩异离体	铬矿化点多处，赋存于岩体中段轴部纯橄岩分布区
		哈拉敖包	脉状、不规则状	硅化碳酸盐化蛇纹岩	规模较小的铬矿化1处
		查干拜兴	脉状、透镜状	含纯橄岩-斜辉辉橄岩-单辉辉橄岩风化壳	铬矿化与纯橄岩中
	石板井岩带	洗肠井西	脉状	纯橄岩-单辉辉石岩-单辉橄榄岩-单辉橄榄岩	铬铁矿化2处，赋存于岩体纯橄岩中
		小尖包	单斜南侵	纯橄岩-斜辉辉橄岩-橄榄岩	铬矿化点共103处，赋存于岩体中部纯橄岩相带中
		小黄山西		纯橄岩	铬矿化1处
		早山南		斜辉辉橄岩	铬矿化1处
		白云山南西		纯橄岩-辉石岩-辉长岩	铬矿化1处
海西期（超基性岩）岩带	二连-贺根山	乌兰吐	单斜、北西倾	纯橄岩-斜辉辉橄岩-斜辉辉橄岩	在Ⅰ、Ⅱ号岩体中各见铬矿化点1处，矿化体赋存于斜辉辉橄岩相纯橄岩异离体中
		马场	脉状、扁豆状	斜辉辉橄岩-斜辉辉橄岩	仅见铬铁矿化转石
		乃林（那林扎拉）	单斜、北西倾	滑石岩-蛇纹岩-透闪石岩-橄榄岩	在橄榄岩中见浸染状铬铁矿点1处
		芒和屯（西山）	北东走向	辉橄岩-蛇纹石化橄榄岩-蛇纹岩	铬矿点1处
		呼和哈达	似脉状	纯橄岩-斜辉辉橄岩-斜辉辉橄岩	小型铬铁矿床1处（储量为1×10^4t），赋存于Ⅱ号岩体中部纯橄榄岩中，斜辉辉橄岩中也有少量分布。蛇纹岩矿点1处

续表 4-2

侵入期	岩带名称	岩体(群)名称	岩体产状	岩石类型	有关矿产
海西期	二连-贺根山(超基性岩)岩带	哈拉黑	单斜南倾	纯橄岩-斜辉辉橄岩	纯橄岩中见稀疏浸染状铬铁矿化点1处,含镍普遍0.2%～0.3%,最高0.45%,钴在断裂带附近0.06%～0.11%,铂族<0.1×10^{-6}
		升屯	单斜	透闪岩-蛇纹岩	铬矿化点1处,铬尖晶石1%～2%,局部达5%
		牤牛海	似脉状、不规则状	纯橄岩-斜辉辉橄岩-斜辉橄榄岩	I₁岩体膨大部位,矿体赋存于纯橄岩及斜辉辉橄岩或二者交界处,矿点者1处。I₂岩体的纯橄岩中(岩体膨缩处)有铬尖晶石矿化1处
		沙日格台	北东走向	蛇纹岩(滑石化)	主岩体膨大部位见几处与岩体走向一致的铬铁矿体,属矿点1处
		东芒哈	透镜状、脉状	斜辉辉橄岩-斜辉橄榄岩	在岩体中部碳酸盐化蛇纹岩中见铬铁矿化点1处,岩体中镍0.10%～0.25%,钴0.005%～0.009%
	二连-贺根山岩带	喔明吐(古特拉)	陡倾斜脉状	纯橄岩、斜辉辉橄岩、斜辉橄榄岩	在硅蛇纹岩中铬矿床1处,斜辉辉橄岩和蛇纹岩残积层中见铬矿床2处
		塔布隆纳特	脉状	含辉橄长岩-纯橄岩-单辉辉橄岩	在岩体中部纯橄榄岩中见2处细脉状铬铁矿
		乌斯尼黑	不规则状	纯橄岩-斜辉辉橄岩-单辉辉橄岩	在纯橄岩中构成矿化带,长85m,铬铁矿体呈矿床或透镜状产出(矿点1处,矿化点3处),硅酸镍矿化产于顶部风化壳中
		小坝梁	单斜南东坝	斜辉辉橄岩-二辉辉橄岩-纯橄岩-含辉纯橄岩	铬铁矿化点6处,赋存于岩体中部纯橄岩或含纯橄岩中;超基性风化壳底部有菱镁矿点,含菱镁矿90%
		崇根山	不规则状	单辉辉橄岩-二辉辉橄岩-橄榄岩	铬铁矿点2处,赋存于二辉辉橄岩-斜辉辉橄岩相带内或纯橄岩异离体中
		白音山	隐伏岩体	单辉辉橄岩-二辉辉橄岩-含辉纯橄岩	铬铁矿点2处,产于单辉辉橄岩相的纯橄岩中或单辉辉橄岩内。铜、镍矿化点1处
		贺白	单斜、西北倾	纯橄岩-斜辉辉橄岩-橄长岩-辉长岩	有小型沟通矿床1处,还有4个矿点,产于斜辉辉橄岩杂岩相、纯橄岩异离体内
		贺根山	单斜、南东倾	纯橄岩-斜辉辉橄岩-橄长岩-纯橄岩	有大型铬铁矿床1处(储量123×10⁴t),赋存于斜辉辉橄岩中部纯橄岩异离体内;小型矿床1处(储量6.6×10⁴t),赋存于悬垂体边缘杂岩相中;矿点3处,矿化点6处。以上矿床、矿点、矿化点的直接围岩均为纯橄岩
		朝根山	大岩体为椭圆状岩基,小岩体为脉状、岩枝状	单辉辉橄岩-含辉纯橄岩-斜辉辉橄岩	铬铁矿化点15处,均赋存于含辉纯橄岩和单辉辉橄岩中;钛磁铁矿点1处,赋存于单辉辉橄岩两侧,产于石榴石辉石岩中;铜1处,赋存于蚀变辉长岩中
		巴拉契乌拉	不规则状	超基性岩风化壳	属铬矿异常区,自然重砂见矿率为90%,人工重砂含铬矿3770×10^{-6}
		阿亥艾日格	单斜、北西倾	超基性岩风化壳	有铬铁矿自然重砂异常
		满莱庙	长条楔形,走向北东东	纯橄岩-斜辉辉橄岩-二辉辉橄岩	铬铁矿点9处均位于岩体南侧,组成两个矿化带,矿体赋存于斜辉辉橄岩相带片状蛇纹岩中,硅酸镍矿化,赋存于面型风化壳的含镍绿高岭石带中
		巴仁萨拉	长椭圆状	碳酸盐化蛇纹岩,蛇纹石化辉橄岩	在贝勒庙东南的脉状岩体中见不规则状小铬铁矿巢

续表 4-2

侵入期	岩带名称	岩体（群）名称	岩体产状	岩石类型	有关矿产
海西期	二连-贺根山岩带	阿尔登格勒庙	单斜北倾	斜辉辉橄岩-二辉辉橄岩	在岩体中部纯橄榄岩中有 40cm×60cm 的小铬铁矿巢，北带岩体中见铬尖晶石团块，东带见铬铁矿浸染状条带
		莎达格庙	脉状、分枝状	纯橄岩、单辉辉橄岩、斜辉辉橄岩	岩体中见几处疙瘩状矿化，附近见较富的铬铁矿转石
	南翁河-免渡河-苏呼河岩带	伊尔施	脉状	汉城公园的斜辉辉橄岩、蛇纹岩	纯橄岩异离体中见铬铁矿化和菱镁矿化
		朱奴乌得	脉状	含纯橄岩的辉橄岩-辉石岩-透闪石岩	纯橄岩中含铬尖晶石达 3%，重砂中铬尖晶石 5.5~7.8g/m³
	索伦山岩带	孙都伦	脉状、似脉状	超基性岩风化壳，局部斜辉辉橄岩	铬铁矿点 1 处，长 40m，宽 0.4m，赋存于岩体中部纯橄岩异离体中
		供达赖	透镜状	超基性岩风化壳	局部有铬矿化点
		呼和敖包	似脉状、不规则状	超基性岩风化壳，局部为蛇纹岩	局部有铬矿化点
		格勒图	似脉状、透镜状、不规则状	地表为大面积的超基性岩风化壳，局部为纯橄岩-斜辉辉橄岩	在 3 个岩体中发现 6 处铬铁矿化点和铬铁矿转石 1 处，矿化体为不规则状，均赋存于岩体膨缩处纯橄岩中；风化壳赭石赭土层中镍 0.1%~0.2%，钴万分之几至十分之几，TFe 6%，该层厚达 25m，淋滤蛇纹岩中碳酸岩细脉和蛋白石细脉发育
		查干诺尔	单斜脉状、不规则状	含辉纯橄岩-斜辉辉橄岩	在 I 号岩体中发现长 27m，厚 0.61~1.3m 之铬铁矿点 1 处，矿化点多处（长 1m 左右）赋存于纯橄岩内
		乌珠尔	椭圆状、尖圆状、东宽西窄	纯橄岩-斜辉辉橄岩-二辉辉橄岩	铬铁矿小型矿床 1 处（储量 8.3×10⁴t），矿化点 17 处，矿床化点绝大多数分布于纯橄榄岩相中，少数分布于辉橄岩中，乌珠尔矿床赋存于北部膨大纯橄岩岩相中。还有菱镁矿（够小型）、蛇纹岩，伴生铂等
		阿布格	长椭圆形岩体、脊状	纯橄岩-斜辉辉橄岩-二辉辉橄岩	铬铁矿点 5 处均赋存于岩体两侧膨大的纯橄岩体内
		哈也	不规则脉状	纯橄岩-斜辉辉橄岩	有小的铬铁矿巢赋存于纯橄岩中
		索伦山	楔状，南侧北倾、北侧南倾	纯橄岩-斜辉辉橄岩-辉橄岩	小型铬铁矿床（储量 33.2×10⁴t），菱镁矿点 1 处，蛇纹岩大有潜力
		平顶山	不规则状、脉状	纯橄岩-辉长（闪长）岩超基性岩风化壳	在纯橄岩内，铬尖晶石局部富化
		哈林胡都克（东加干）		闪长岩内小超基性岩异离体	局部见铬尖晶石富集
		察汗阿莫拉	似脉状、透镜状	超基性岩风化壳	铬铁矿化点较多，呈不同透镜体，小矿条、小矿巢见铜、锌矿化
		哈登哈哨	似脉状	纯橄岩	局部见铬尖晶石矿化
		西加干	脉状		铬铁矿化点（面积 1m² 左右）130 处，呈巢状透镜状，产状与岩体产状一致，也有斜交者，矿化体多出现于蛇纹岩体膨大或转弯处

续表 4-2

侵入期	岩带名称	岩体（群）名称	岩体产状	岩石类型	有关矿产
海西期	索伦山岩带	白音察汗	不规则带状	纯橄岩、辉橄岩、蛇纹岩	有38处铬铁矿化点，产于辉橄岩中18处，占47%；产于纯橄岩中14处，占37%，产于纯橄岩异离体中仅为矿化。矿化体多产于岩体膨大及转弯处，蛇纹岩矿点1处
		巴格莫都		碳酸盐化蛇纹岩	局部见铬铁矿化
		格克乌苏	似脉状	纯橄岩-斜辉橄岩	在含镍纯橄岩中局部发现铬铁矿小矿巢
		查干楚鲁		斜辉辉橄岩、蛇纹岩、辉橄岩、橄榄辉石岩	斜辉辉橄岩和纯橄岩中发现铬铁矿点3处
	查干诺尔-巴音宝力格岩带	牤牛海（该岩带中尚有卡巴、毛登南岩体，属未见矿岩体）		纯橄岩-斜辉橄岩-斜辉橄榄岩	除Ⅲ、Ⅶ岩体外，其余岩体均有不同程度的铬铁矿化，Ⅰ号岩体中有2处铬铁矿点，赋存于纯橄岩相带中。岩体普遍镍、钴含量高，镍为0.5%～0.25%，主要是硅酸镍矿，钴含量一般为0.015%
	北山-红果尔山岩带	甜水井东（该带中尚有百合山南岩体，未见矿化）	不规则脉状、似脉状	纯橄榄岩-单辉辉橄岩	在纯橄岩相带中见32个不同形态（脉状、似脉状、扁豆状、浸染状）小铬铁矿体，最大者长10m，宽0.05～0.5m，辉橄岩亦见少数矿化

加里东期侵入的超基性岩体分布于北部地槽区，成矿条件最好，内蒙古几乎全部铬铁矿床均赋存于加里东期侵入的镁质超基性岩体中，以能够形成中、小型铬矿床为特征。

（2）岩体的规模、形态、产状与成矿的关系。超基性岩中主要矿产铬铁矿成矿与岩体规模具有密切的关系。成矿条件最好、赋存有中型铬铁矿床的贺根山超基性岩体，单个岩体（不包括被掩盖部分）出露面积为80km^2，赋存有3个小型铬铁矿床的索伦山超基性岩体，单个岩体面积为72km^2，贺白岩体面积为10km^2，乌珠尔岩体面积为9km^2。这说明岩体的规模越大，对成矿越有利。因为岩体规模大，所含有用元素总量多，热容量也大，冷凝速度慢，岩浆过程进行得充分，有较好的分异条件，有利于铬等成矿元素的富集。

超基性岩体的产状与成矿的关系也很密切。内蒙古主要成矿岩体，如贺根山岩体为近椭圆状的陡倾斜单斜岩体，索伦山岩体为南侧北倾、北侧南倾的楔状岩床；乌珠尔岩体为东宽西窄的尖圆状；贺白岩体、小坝梁岩体均为陡倾斜单斜岩体。由此可见，东部二连-贺根山海西早期超基性岩带中的成矿岩体以陡倾斜单斜岩体为佳，西部索伦山海西中期超基性岩带成矿岩体产状以不规则状复杂产状的岩体居多。

岩体的产状和形态对矿体的产状和形态以及产出部位有明显的控制作用。首先，多数成矿岩体中的矿体产状和形态与其成矿母岩体产状和形态具有一致性，即矿体的产状和形态受成矿岩体产状和形态的控制，如贺根山、贺白、索伦山、朝根山等岩体中铬铁矿体均属此类。其次，就是对矿体产出部位的控制作用，一般陡倾斜的单斜成矿岩体中的矿体分布于岩体中轴中心部位，如贺根山岩体、贺白岩体等；不规则形态复杂的成矿岩体中的矿体，多产出于岩体膨缩、转弯、拐折、分支等部位，如乌斯尼黑岩体、崇根山岩体、牤牛海岩体等；楔状或锥状及岩墙状成矿岩体中的矿体多产出于岩体中部或偏下部位。

岩体不同部位所赋存矿体的矿石类型亦有所不同。一般具块状、团块状矿石类型的矿体多分布于岩体边部和顶部，这种矿体的数量多，规模却小；以浸染状矿石所构成的矿体，一般产于岩体的内部和中部，这类矿体数量少，规模却大，如贺根山、索伦山等矿床。

（3）岩体类型和岩相带与成矿的关系。内蒙古超基性岩中的铬铁矿成矿与一定的岩体类型有关。含工业铬铁矿床的主要岩体类型有两种：一种为纯橄岩-斜辉辉橄岩-橄长岩-辉长岩型，如贺根山岩体的 3756 矿床、620 矿床、基东、41、820 等矿点；贺白岩体的 733 矿床、4514、864、473、472 等矿点；另一种为纯橄岩-斜辉辉橄岩-二辉辉橄岩型，如索伦山岩体中的察汗奴鲁矿床、土克木矿床、察汗胡勒矿床，阿布格岩体中的 209、207、210、201、205 等矿点，乌珠尔岩体的乌珠尔矿床等。

此外，纯橄岩-斜辉辉橄岩-斜辉橄榄岩型也可成矿，如呼哈达岩体中的矿床；单辉辉橄岩-辉石岩-辉长岩型中也可成矿，如小松山岩体等处，但其成矿规模、品位等远不如前面两种岩体类型。

铬铁矿体的形成与岩相带的关系密切，矿体受一定的岩相带控制。内蒙古超基性岩中有工业价值的铬铁矿大多数产于纯橄岩-斜辉辉橄岩杂岩相带里，并且矿体均赋存于该杂岩相的纯橄岩异离体中。若此种岩相带规模宽大，与其他相带界线清楚，则纯橄岩异离体规模也大，矿床规模较大，且矿石类型以浸染状为主；反之，矿床规模较小，矿石类型较复杂。

2. 基性岩

1) 基性岩体引起的环形构造

内蒙古从东到西、自南部地台区到北部地槽区均有基性侵入岩体出露（图 4-3），但数量很少，规模又小，这是侵入岩浆岩的一个特点，它们多位于构造单元接合部位和深断裂带上。各类侵入岩 35 个岩带中有 11 个岩带出露有基性岩体（群），其岩体总面积仅占侵入岩总面积的 1% 左右。

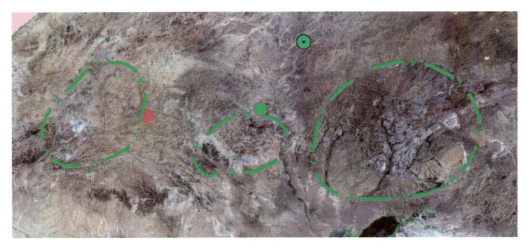

图 4-3　基性岩类引起的环形构造

基性岩体可划分为 24 个岩体（群），其侵入时代有太古宙（中）、元古代（早、中）、加里东期（早、中）和海西期（早、中、晚）4 个侵入期。形成岩体的主要岩性为辉长岩类，其次为角闪石岩类和苏长岩类等。与金属矿产有密切成因关系的主要是辉长岩类，其侵入时代（成矿时代）主要是海西期。基性岩体的成矿率是较低的，24 个岩体（群）中只有十几个单个岩体与成矿有关，且规模较小，仅形成小型矿床和矿点，如小南山、黄花滩、克布、新安村、莫霍洛等小型铜、镍矿床、矿点等。

内蒙古与基性侵入岩有关的金属矿产有铜、钴、镍、铂族元素等（表 4-3）。

2) 基性侵入岩体成矿地质特征

基性岩体中有 11 处岩体矿化。有 3 处形成小型铜、钴、镍矿床，8 处岩体只形成铜、钴、镍、铅、锌等矿点或矿化点。全区基性岩体的成矿率较低，规模小，品位也不高。这些岩体的矿化特征可代表基性岩体成矿地质特征。

（1）岩体所处大地构造位置与成矿的关系。基性侵入岩多分布于槽、台边界和各二级构造单元接合部位以及深断裂带上。成矿岩体几乎全部分布子台区北缘各深断裂带上，如黄花滩、小南山等含矿基性岩体分布于台区槽台边界深断裂南侧；克布、上岔沁、巴彦布拉格等岩体分布于华北地台石崩深断裂带上。

表 4-3 内蒙古自治区与基性岩有关的矿产

侵入期	岩带名称	岩体(群)名称	岩体产状	岩石类型	有关矿产
海西期	高家窑-土木尔台岩带	克布(吉牙图敖包)	上盘陡、下盘缓，"类岩盆"状岩体	橄榄岩、辉石岩、橄长岩、辉绿辉长岩、闪长岩	以镍为主的小型矿床1处，矿体主要赋存于橄榄岩相带中的斜长橄榄岩中，其次赋存于辉长岩相带中。矿床成因为岩浆熔离型
		小南山	陡倾斜，不规则脉状	蚀变辉绿辉长岩、次闪石片岩	小型铜、钴、镍矿床1处，矿体只要赋存于岩体的底盘辉长岩中，形成辉长岩型矿体，就又在岩体底盘外接触带附近形成泥灰岩型矿体，伴生铂族元素(铂、钯、锇、铱、铑、钌)，储量共1893kg，矿床成因为熔离-热液交代型
		黄花滩	岩床呈北西-南东向分布，倾向北，倾角60°~75°	辉长岩-闪长岩	小型铜、镍矿床1处。岩体位于台、槽边界断裂带上，沿北西向断裂贯入，矿体赋存于岩体膨大部位闪长岩内，呈似脉状、脉状、透镜状。伴生铂族元素铂129.21kg，钯70.91kg
		上岔沁	脉状	辉石岩-异剥岩	有铜矿化点1处，有17处矿体，长20~40m，宽1~4m，均赋存于辉长岩和异剥岩中
		巴彦布拉格		辉绿-辉长岩	辉长岩中具铜矿化
		新安村	脉状	辉绿-辉长岩	有铜、镍矿点1处，矿体赋存于辉绿辉长岩中，铜平均1.43%，最高6.72%，镍一般在0.1%以上，最高可达0.48%
		哈拉托洛海	不规则状	辉长岩	铜矿点1处。矿体赋存于辉长岩与上志留统西别河群大理岩接触带的矽卡岩中。矿化范围长200~260m，宽数米至数十米。矿体走向北西，倾向北东，呈似层状
		查干温吉勒	不规则状，总体北西走向	辉长岩	铜矿化点1处，矿体赋存于辉长岩与白云鄂博群尖山组结晶灰岩接触带的矽卡岩中
		格勒乌力吉		橄榄辉长岩	铜镍矿化点1处，矿体赋存于橄榄辉长岩与白云鄂博群尖山组大理岩、结晶灰岩接触带的矽卡岩中。白云鄂博群地层呈残留顶盖形式赋存于橄榄辉长岩内。矽卡岩带分5个岩带，除铜、镍外，还含有铅、锌等，品位较低
		莫霍洛	不规则状	辉长岩	铜矿化点1处，矿体赋存于辉长岩与白云鄂博群哈拉霍圪特组大理岩接触带的矽卡岩中，即透闪透辉石矽卡岩内，矿体长11.7m，宽0.1~0.2m，呈北西向分布
		宝勒温都尔	北西走向	辉长岩	铜、铅、锌矿化点1处，矿化产于辉长岩内的白云鄂博群砂岩、大理岩残留顶盖的矽卡岩中，矽卡岩沿接触带分布。矿体以铜为主，铅、锌为伴生元素
		卡休他他	椭圆形	辉长岩	中型铁(铜、镓、钴)矿床1处，铁矿体赋存于古元古界北山群千枚岩夹大理岩与辉长岩接触的南北矽卡岩带中，钴为共生矿体
		小南沟	脉状	辉绿岩	形成小型金矿床1处，含矿辉绿岩脉侵入太古宇乌拉山岩群云闪斜长片麻岩，金矿赋存于辉绿岩脉上、下盘及脉体间的含金蚀变岩内
	索伦山岩带	克克齐	脉状、岩盘状	闪长岩、辉绿岩	有小型铜、硫矿床1处，矿体赋存于辉绿岩下盘或岩体中
	二连-贺根山岩带	小坝梁	岩墙状、脉状	辉绿岩	形成小型铜、金矿床1处，矿体呈透镜状或似层状赋存于辉绿岩及晶屑凝灰岩中或二者接触带的角砾岩中

续表 4-3

侵入期	岩带名称	岩体（群）名称	岩体产状	岩石类型	有关矿产
加里东期	雅布赖山-狼山-渣尔泰山岩带	伊克田		辉长岩	钛矿点1处，16个矿体均赋存于辉长岩体中
燕山早期		哈日根台		花岗岩-辉长岩	钛铁矿化

（2）岩体侵入期与成矿的关系。有意义的矿化基性岩体全部形成于海西期，如小南山、黄花滩、克布、小坝梁及新安村岩体，形成小型铜、钴、镍、铂族元素等矿床和矿点。其成矿特征与基性岩成矿专属性有相同之处。

（3）成矿岩体特征。由于基性岩体初始岩浆的分异作用和后期蚀变作用的叠加，基性岩体的岩石种类较多，可达几十种。依据岩石组合，与成矿关系较密切的有以下3种岩体类型，即橄榄-辉长岩型、蚀变辉长岩型和辉长-闪长岩型。

橄榄-辉长岩型岩体基性程度较高，分异程度较好，可划分独立的岩相带，如克布岩体可清楚地划分出：橄榄岩相带、辉石岩相带、辉长岩相带和闪长岩相带。矿体呈似层状赋存于橄榄岩相带或过渡相带橄榄辉长岩、橄长岩中，矿体和围岩无明显界线，彼此为渐变关系。岩体总的矿化趋势是：岩石基性程度越高，矿化就越好。成矿类型有岩浆熔离型铜、钴、镍矿床、矿化点，如克布以镍为主的矿床、上岔沁成矿和矿化岩体；也可形成接触交代型铜镍矿化，如卡休他他矽卡岩型铁多金属矿床、格勒乌力吉橄榄辉长岩与白云鄂博尖山组大理岩接触带矽卡岩中的铜、镍、铅、锌矿体。

蚀变辉长岩型岩体分异程度中等，一般可划分出蚀变辉长岩相、辉长辉石岩相和次闪石岩等，矿体与蚀变辉长岩相关系密切，代表性岩体为小南山岩体。小南山岩体普遍遭受了不同程度的蚀变作用，轻者变为蚀变辉长岩，甚者变为次闪石岩。最常见的蚀变为次闪石化，其次为绿泥石化、钠黝帘石化、绢云母化、碳酸盐化，其中碳酸盐化对矿床的形成有一定的富集作用。该类岩体中的铜、钴、镍矿床有两种类型：一种是赋存于岩体内的矿体，即赋存于陡倾斜不规则蚀变的岩体底盘岩浆熔离型矿体，其形态和产状受岩体形态和产状控制；另一种是赋存于岩体之外的泥灰岩中，两者距离较近，是岩浆经历了熔离阶段后，直到热液阶段所形成交代型，即泥灰岩型铜、钴、镍矿床。

辉长-闪长岩型岩体基性程度较低，基本上属于基性—中性岩体，分异较好，可划分为辉长岩相带和闪长岩相带。矿体呈似脉状、脉状、透镜状赋存于闪长岩相带的膨大部位。代表性岩体为黄花滩岩体，形成小型铜、镍矿床。

（三）花岗岩引起的环形构造及其成矿规律

内蒙古花岗岩类侵入体十分发育，各个地质时期的花岗岩类侵入岩（带）受区域构造控制，其空间分布具有一定的规律性。与花岗岩类有关的内生金属成矿作用以燕山期最为重要，已探明的矿床占全区内生金属矿床总数的70%，且多集中分布于大兴安岭中生代火山岩区；其次为海西期，所形成的金属矿床占全区内生金属矿床总数的28%，分布较广，但矿床规模一般不大；加里东期、印支期及元古代花岗岩类与成矿的关系远不及前两期，成矿岩体主要散布在内蒙古中、西部局部地区。

与花岗岩有关的矿产有铅锌、锡、铜、钼、金银、铁、稀土等（表4-4～表4-6）。

表 4-4 内蒙古自治区与花岗岩(含中性岩)有关的矿产(元古代—古生代)

侵入期	岩带名称	岩体(群)名称	岩体产状	岩石类型	有关矿产
元古代	千里山-大青山岩带	乌拉山伟晶岩	脉状	含白云母伟晶岩	伟晶岩田有花岗伟晶岩脉数千条,赋存于太古宇乌拉山岩群裂隙之中。有大型白云母矿床1处,即乌拉山大型白云母矿床;矿点、矿化点多处,伴生铍、铌、钽、钒、水晶等
		土贵乌拉伟晶岩	脉状	含白云母伟晶岩	有大型白云母矿床1处,即贵乌拉大型白云母矿床,伴生铍、铌、钽等
加里东期	石板井岩带	湖西新村岩体		花岗岩	形成热液型钨矿点1处,即鹰嘴红山钨矿(点)。加里东期花岗岩侵入平头山群,含钨石英脉赋存于花岗岩内接触带上
海西期	北山-洪果尔岩带	黑条山岩体		花岗岩	小型热液型铁矿床1处,即甜水井铁矿床
		石板井东岩体		闪长玢岩	索索井接触交代型小型多金属矿床(钼、铋、钯、铁、铜),矿体赋存于海西晚期斑状花岗岩与大豁落山群白云质大理岩接触带矽卡岩中
					老硐沟热液型含金多金属矿床(小),矿体赋存于白湖群大理岩的构造破碎带及大理岩溶洞中
	华北地台北缘岩带	阿右旗西岩体	岩株岩基	花岗岩	扎布敖包矽卡岩型小型铁锰矿床,矿体呈层状,似层状赋存于新元古界韩母山群矽卡岩化的大理岩中
				黑云母角闪斜长花岗岩	碱泉子小型石英脉型金矿床,矿体赋存于岩体与龙首山群黑云角闪斜长片岩夹厚层大理岩接触带附近的裂隙之中
		巴彦诺尔公岩体	岩株岩基	花岗、石英闪长玢岩、花岗闪长斑岩	①沙拉西别小型矽卡岩型铁铜矿床,矿体呈似层状、扁豆状、透镜状赋存于石英闪长岩与中元古界巴音西别群大理岩接触带的矽卡岩中 ②克布勒小型矽卡岩型铁矿床,矿体赋存于蚀变石英闪长玢岩与沙拉西别大理岩接触带矽卡岩中 ③脑木洪小型矽卡岩型铜矿床,储量$9.9×10^4$t,接近中型规模,矿体赋存于花岗岩与大理岩接触带的矽卡岩中,伴生金$0.2×10^{-6}$～$1×10^{-6}$ ④盖沙图小型热液型铜矿床,矿体赋存于花岗闪长斑岩矿化带内,伴生金$0.26×10^{-6}$,银$15.8×10^{-6}$
		巴彦诺尔公岩体	岩株岩基	花岗、石英闪长玢岩、花岗闪长斑岩	伊肯布拉克矽卡岩型锰矿点,矿体赋存于花岗岩与中元古界诺尔公群板岩、结晶灰岩接触带矽卡岩中。岩体中或附近地层中(阿拉善群)赋存两个在成因上与之有关的热液型萤石矿床,即恩格勒中型萤石矿床和乃木毛道小型萤石矿床
		狼山岩体	岩株岩基	花岗岩、花岗闪长岩	巴彦高勒中型热液型萤石矿床
		角力格太岩体	岩脉岩株	花岗伟晶岩脉、花岗闪长岩、石英闪长岩	①有角力格太伟晶岩型水晶矿床1处,汗金头铍矿点1处,二者伴生铀钍、碧玺和海蓝宝石等,矿体赋存于花岗闪长岩内的花岗伟晶岩脉中 ②波罗图小型铍矿床,铍以绿柱石矿物形式赋存于花岗伟晶岩脉中 ③库伦敖包小型热液型萤石矿床,矿体呈脉状产于花岗闪长岩裂隙中
		白云鄂博北岩体(包括阿拉格敖包岩体)	岩株岩基	花岗闪长岩、花岗斑岩、石英斑岩	①黑沙图中型萤石矿床 ②阿贵小型热液型铁矿床(白云鄂博北),矿体呈不规则状、透镜状赋存于闪长花岗岩与白云鄂博群灰岩、板岩接触带的裂隙中 ③有中、小型金矿床3处,即白云鄂博北中型金矿床、达茂旗赛乌苏小型金矿床,二者均以含金石英脉的形式赋存于白云鄂博群尖山组地层裂隙中;阿拉格敖包小型金矿床,以石英脉(含金)的形式赋存于西别河群地层和花岗岩裂隙及破碎带中
		圪妥岩体	岩株岩盘	花岗岩、花岗闪长岩	百灵庙热液型小型铁矿床,矿体赋存于白云鄂博群尖山组白云岩裂隙中(脉状、扁豆状)

续表 4-4

侵入期	岩带名称	岩体(群)名称	岩体产状	岩石类型	有关矿产
海西期	华北地台北缘岩带	供济堂岩体	岩株岩基	花岗闪长岩	白彦敖包中型热液型萤石矿点,矿体呈脉状赋存于花岗岩体内外接触带裂隙中
		白家村-化德岩体	岩株岩基	花岗闪长岩、花岗岩	①正南房子小型热液型铜矿床,矿体呈似层状或透镜状赋存于花岗闪长岩与云英片岩、条带状混合岩的内外接触带 ②察汗沟小型伟晶岩型稀土矿床 ③杨家沟小型热液型萤石矿床,赋存于花岗岩裂隙中
	二连浩特-东乌珠穆沁旗-额尔古纳右旗加格达奇岩带	宝力格岩体	岩株	花岗岩	汉乌拉巴嘎小型矽卡岩型多金属矿床,矿体呈脉状赋存于岩体与泥盆系巴润特花组和石炭系宝力格庙组泥质火山碎屑岩、灰岩接触带的矽卡岩中
		塔尔其岩体	岩株	黑云母花岗岩	塔尔其小型矽卡岩型铁矿床,矿体赋存于黑云母花岗岩与震旦系额尔古纳河群大理岩接触带的矽卡岩中,分南、北两个矿体群
		梨子小岩体	岩株	花岗岩	梨子山中型矽卡岩型铁矿床,矿体赋存于岩体与奥陶系汉乌拉组灰岩接触带的矽卡岩中,矿床由两个矿体构成(有富铁矿石 $500×10^4$ t,伴生相)
		八十公里岩体	岩株	(白岗质)花岗岩	八十公里铁、铅锌矿床(小型矽卡岩型),矿体赋存于花岗岩与中酸性喷发岩、大理岩(O_2h)接触带的矽卡岩中
		巴林镇岩体	岩株	白岗岩、花岗闪长岩	巴林镇西南小型矽卡岩型铜锌矿床,奥陶系中统汉乌拉组浅变质碎屑岩及灰岩、泥灰岩呈捕房体存在于白岗岩或花岗岩中,矿体沿捕房体边缘矽卡岩带分布
	查干敖包-东乌珠穆沁旗-扎兰屯岩带	东方红岩体	岩株	花岗闪长岩、石英正长岩	东方红小型热液型萤石矿床,矿体赋存于岩体与中奥陶统汉乌拉组泥质板岩、变质碎屑岩接触带北北东向裂隙中
		神山岩体	岩株	花岗斑岩	神山小型矽卡岩型铁矿床,矿体赋存于岩体与大石寨组灰岩接触带的矽卡岩中
	红柳大泉-雅干岩带	野马泉岩体	岩株	花岗岩(边缘相为细粒黑云二长花岗岩,内部相为中粗粒黑云花岗岩)、花岗闪长岩等	岩体局部地段蚀变强烈,赋存有低温热液型铀矿。在云英岩化蚀变发育地段有黑钨矿、锡石自然重砂异常。与岩体有关的小型萤石矿床2处: ①哈珠热液型萤石矿床,矿体呈脉状充填于黑云母花岗闪长岩裂隙带中 ②上沟热液型萤石矿床,矿体呈脉状充填于斜长花岗岩内三条张性裂隙中
		红旗山岩体	岩株	花岗岩、花岗闪长岩	与岩体有关的小型热液型萤石矿床2处: ①玉石山萤石矿床,矿体呈脉状赋存于正长花岗岩与下二叠统菊石滩组碎屑岩夹灰岩外接触带或花岗岩裂隙带中 ②神螺山萤石矿床,矿体呈脉状充填于下二叠统菊石滩组碎屑岩、中酸性火山岩裂隙构造中
		雅干岩体	岩株	花岗岩	石灰山小型热液型稀土矿床,矿体赋存于碎裂花岗岩、糜棱岩化花岗岩及硅质岩、褐铁矿化大理岩夹层中

续表 4-4

侵入期	岩带名称	岩体（群）名称	岩体产状	岩石类型	有关矿产
海西期	苏尼特右旗-锡林浩特-科尔沁右翼中旗岩带	白乃庙岩体	岩株	花岗闪长岩等	①白乃庙中型斑岩型铜钼矿床，矿体赋存于新元古界白乃庙群绿片岩与海西晚期花岗闪长斑岩东西向片理化带内 ②谷那乌苏小型斑岩型铜钼矿床 ③别鲁乌图中型热液型铜多金属矿床
		锡林浩特南岩体	岩株	闪长岩等	跃进中型热液型萤石矿床，有 17 条大小不等的矿脉，赋存于下二叠统哲斯组碎屑岩夹灰岩地层裂隙中
		赤峰市-库伦旗岩体	岩株	花岗闪长岩、微斜花岗岩、黑云母花岗岩等	①长岭山小型热液型铅锌矿床，矿体呈脉状赋存于二叠系变质火山岩东西向、北北东向构造裂隙中，共有 17 条矿脉 ②汤家杖子小型热液型钨矿床 ③赵家湾子小型热液型钨矿床

表 4-5 内蒙古自治区与花岗岩（含中性岩）有关的矿产（中生代）

侵入期	岩带名称	构造位置	岩体（群）名称	岩体产状	岩石类型	有关矿产
印支期	伊尔施-汗乌拉岩带	海西晚期地槽褶皱带	白音德勒岩体	岩株	花岗伟晶岩	阿布吉敖包小型伟晶岩型水晶矿床，水晶矿赋存于花岗伟晶岩内。花岗伟晶岩是花岗岩派生产物，在 30km² 范围内有 98 条伟晶脉，其中 18 条含水晶，伴生有绿柱石、黄玉等。矿床中水晶有压电级，亦有熔炼级
	苏尼特左旗-察哈尔右翼中旗岩带	加里东期地槽褶皱带	香林香达岩体	岩株	黑云母花岗岩等	香林香达小型热液型铜矿床，矿体呈脉状赋存于石英闪长岩北西向裂隙带中，有 5 条小而富的含铜电气石化石英脉
	阿拉善右旗-白云鄂博岩带	华北地台北缘	阿尔滕敖包岩体	岩株	花岗斑岩	哈布达哈拉中型热液型萤石矿床，矿床受北东向破碎带及裂隙控制
		台隆（高重、高磁带）	大桦背岩体	岩株岩基	似斑状花岗岩、黑云母花岗岩等	乌拉山大桦背大型金矿床，矿区范围为梅力更沟—哈达门沟一带，约 200km²，共发现百余条含金石英脉，赋存于乌拉山岩群斜长角闪片麻岩、斜长角闪岩、石榴石黑云斜长片麻岩、磁铁石英岩中，受乌拉山岩群韧性-脆韧性剪切变形构造带的控制。矿脉成群出现，多呈近东西向分布，规模不等，一般长几十到数百米，厚几米；金矿物以自然金为主，其次有碲金矿，以裂隙金、晶系金及包裹金状态赋存于黄铁矿和石英矿物中
		西斗铺隆起	老羊壕岩体	岩株	花岗岩等	老羊壕小型热液型金矿床，以含金石英脉形式充填于色尔腾山群绿片岩韧性剪切带底板破碎蚀变岩中
			十八顷壕岩体	岩株	花岗岩等	十八顷壕中型热液型金矿床，受控于色尔腾山群绿片岩韧、脆性剪切带，赋存于蚀变的斜长片麻岩中，即含金蚀变带内
燕山期	大兴安岭-燕山岩带	槽、台边界深断裂南侧	黄花敖包与正镶白旗岩体	岩株	花岗岩、石英斑岩（花岗岩以黑云母花岗岩为主）	①豪义哈达小型热液型钨矿床，矿体呈脉状赋存于黑云母花岗岩北西向裂隙构造中，共有 23 条含黑钨矿石英脉（矿体） ②白石头洼中型热液型钨矿床，成矿与石英斑岩有关，矿体呈脉状赋存于白云鄂博群（石英片岩及大理岩）北东向构造裂隙中；Ⅰ、Ⅱ、Ⅲ号矿脉为主要矿体。矿石矿物主要为黑钨矿，其次有少量的白钨矿 ③与岩体有关的钨矿点有三胜村、灰热哈达、沙拉哈达、英图、山西拉特、秋林沟、卯都房子、羊房沟等处 ④小元山、臭水井、太仆寺旗东郊、大比力克、达盖滩、石匠山、大西沟等处小型热液型萤石矿床也与本岩体群有关

续表 4-5

侵入期	岩带名称	构造位置	岩体(群)名称	岩体产状	岩石类型	有关矿产
燕山期	大兴安岭-燕山岩带	槽、台边界深断裂南侧努鲁儿虎山断隆上	金厂沟梁岩体	岩株	花岗闪长杂岩等	金厂沟梁热液型大型金矿床,矿化与花岗闪长杂岩体有重要的成因关系。矿体以热液石英脉的形式赋存于建平群片麻岩、角闪片麻岩及混合岩化的岩石韧、脆性剪切带内。矿床由东、西两个矿区共71条矿脉组成,矿脉有单脉型、支脉型、复脉型3种类型;金以自然金和银金矿为主,赋存于金属硫化物中
		槽、台边界深断裂南侧喀喇沁断隆上	梅林窝棚岩体	岩株	花岗岩等	梅林窝棚热液型小型金矿床,矿体呈复杂的脉状、透镜状、树枝状赋存于建平群角闪片麻岩东西向或北东向裂隙中。共有大小矿脉14条,有工业价值的3条,长200~300m,厚0.3~25m;金以自然金和含金硫化物为主
			鸡冠子山岩体	岩株	斑状花岗岩等	安家营子中型热液型金矿床,矿体以含金石英脉或以破碎带的形式赋存于鸡冠子山斑状花岗岩。该岩体面积50km²,含有大量片麻岩捕虏体,矿体走向多呈南北向,长几百至千余米,厚几十厘米,以Ⅰ、Ⅱ、Ⅲ、Ⅶ、Ⅷ等矿脉为主要矿脉,伴生银矿
			棒槌山岩体	岩株	花岗岩等	热水小型热液型金矿床,含矿体呈脉状赋存于建平群大理岩夹二云母片岩、片麻岩北东、北西向构造裂隙中,共20余条矿脉,除含金石英脉外,还有浸染状矿体
		槽、台深断裂南侧云雾山断隆北东段	红花沟岩体	岩株	花岗斑岩等	红花沟中型热液型金矿床,矿床由70余条含金石英脉组成,为含金黄铁矿石英脉型。矿脉赋存于太古宇建平群片麻岩、角闪岩、混合花岗岩夹大理岩的北北西向为主、北东向矿化裂隙中。成矿与燕山早期小花岗斑岩岩株有关。金以自然金和银金矿及以金属硫化物为载体的形式出现
			莲花山岩体	岩株	花岗岩等	莲花山中型热液型金矿床,矿床由55条矿脉组成。矿体为含金黄铁矿型石英脉和含金磁铁矿型石英脉,矿体赋存于太古宇建平群片岩、片麻岩、混合花岗岩的北北西、北西、北东向矿化裂隙之中。金以自然金和含金金属硫化物状态赋存于矿体之中
			柴火拦子岩体	岩株	花岗岩等	柴火拦子小型热液型金矿床,矿体赋存于建平群绢云母片岩夹大理岩透镜体等北西向张性裂隙中。由1、2、3号脉和盲矿体组成
		多伦复背斜东部(翁牛特隆起)	大荷尔乌苏岩体群中岩株	岩株	安山玢岩	①小营子大型矽卡岩型铅锌矿床,隐状的安山玢岩为成矿母岩。矿体赋存于岩体外接触带及志留系晒乌苏组大理岩北西西向断裂中。矿化带呈北西向,长2km,宽400~800m ②大荷尔乌苏中型热液型铅锌矿床,矿体呈脉状赋存于二长花岗岩体于下二叠统青凤山组火山岩外接触带东西向裂隙构造中,有矿脉12条 ③余家窝棚中型热液型铅锌矿床,矿体呈脉状赋存于钾长花岗岩与古元古界宝音图群片麻岩、奥陶系宝尔汉群大理岩外接触带东西向与北东向两组裂隙复合部位,矿体围岩主要是由钾长花岗岩派生的石英斑岩和矽卡岩化的片麻岩 ④硐子中型热液型铅锌矿床,矿体呈脉状赋存于花岗岩、石英闪长岩与石炭二叠系砂岩、页岩、火山岩外接触带东西向裂隙构造中 ⑤天桥沟中型热液型铅锌矿床,矿脉状赋存于花岗岩与下二叠统青凤山组安山岩、砂岩、凝灰岩外接触带北东、北西向裂隙构造中 ⑥东水泉小型斑岩型铜锌矿床,成矿与闪长玢岩关系密切,岩体仅0.15km²。矿体呈脉状、不规则状赋存于闪长玢岩与斜长花岗岩接触部位
				岩株	二长花岗岩	
				岩株	石英斑岩	
				岩株	花岗岩、石英闪长岩	
				岩株	花岗岩	

续表 4-5

侵入期	岩带名称	构造位置	岩体（群）名称	岩体产状	岩石类型	有关矿产
燕山期	大兴安岭-燕山岩带	敖汉复向斜	白马石沟岩体	岩株	二长花岗岩	白马石沟热液充填型铜矿，呈南北向，赋存于岩体东侧与二叠纪地层接触带两侧，铜矿脉中有伴生钼，在外接触带有脉状铜铁矿脉产出。库里吐中型斑岩型钼矿，赋存于岩体南缘的近东西向构造带中，成矿与钠长石化、绢云母化岩体有关
		黄岗梁-乌兰浩特复背斜南东翼北段	簸箕山岩体	岩株	斜长花岗斑岩、闪长玢岩	莲花山中型热液型、斑岩型铜银矿床，矿床成因以热液型为主，斑岩型居次，前者与中性次火山岩关系密切，后者与"陈台斑岩"关系密切。脉状岩体主要分布于 6~7km² 的次火山岩侵入杂岩的构造裂隙中，呈北西向平行展布，共 30 余条；斑岩型侵染状、细脉状矿体分布于"陈台斑岩"杂岩体的斜长花岗斑岩体内接触带
			陈台南岩体	岩脉	闪长玢岩（脉）、斜长花岗斑岩	长春岭小型热液型铅锌矿床，成矿母岩为脉状闪长玢岩和脉状斜长花岗斑岩，前者充填于北西、北东和南北向容矿构造，后者充填于南北和北东向容矿构造，Ⅰ、Ⅲ号矿体为矿区主要矿体，伴生银、铜
			布敦花岩体	岩株	黑云母花岗闪长岩（次火山杂岩）	布敦花小型热液型铜矿床，矿化与布敦花次火山岩中斜长花岗岩、黑云母花岗闪长岩有关，矿体充填于岩体外接触带及下二叠统大石寨组构造裂隙中
			杜尔基复式岩体	岩基	花岗闪长岩、黑云二长花岗岩、碱长花岗岩	孟恩套力盖大型热液型铅锌矿床，杜尔基岩基状复式岩体花岗闪长岩、黑云二长花岗岩、碱长花岗岩为矿床控矿岩体，矿体呈脉状产于花岗杂岩体中央一系列大致平行分布的近东西向压扭性冲断带。矿化带长达 6km，宽 100~700m，分东西两个矿段，已查明 44 条矿体，可分为下、中、上三个矿脉群
			油篓山岩体	岩株	花岗岩等	油篓山小型矽卡岩型铅锌矿床，矿体赋存于花岗岩与二叠系大石寨组钙质粉砂岩夹薄层灰岩接触带的矽卡岩带中
		黄岗梁-乌兰浩特复背斜北西翼	黄岗梁岩体	岩株	钾长花岗岩、黑云母钾长花岗岩	①黄岗梁大型矽卡岩型铁锡矿床，铁矿体、铁锡矿体赋存于钾长花岗岩、黑云母钾长花岗岩与下二叠统灰岩、安山岩接触的矽卡岩带中，伴生钨矿 ②查干罕及浩腾吐热液型小型钨锡矿床，位于黄岗梁背斜北西翼，北东向构造裂隙控矿，成矿与钾长花岗岩有关
			白音诺尔浅成中酸性杂岩	岩脉岩株	闪长玢岩、闪长斑岩、正长斑岩、流纹质凝灰熔岩	白音诺尔大型矽卡岩型铅锌矿床，矿体赋存于浅成闪长玢岩、闪长斑岩、正长斑岩、晶屑岩屑凝灰岩与黄岗梁组灰岩等接触带的矽卡岩带中，伴生银、镉、硅灰石等
			浩布高岩体	岩株	石英二长岩-中粒黑云母花岗岩	浩布高大型矽卡岩型多金属矿床，矿床位于火山机构边缘与基底隆起带交接部位。岩体与下二叠统大石寨组粉砂质板岩夹大理岩接触，形成矽卡岩带和矿体。北东向层间断裂较发育，是控制矽卡岩带和矿体的构造
			敖脑达坝岩体	岩株	花岗斑岩	敖脑达坝中型热液型锡银矿床，成矿与花岗斑岩小岩株关系密切。矿体赋存于云英岩化花岗斑岩，少数赋存于下二叠统黄岗梁组云英岩化角岩裂隙构造中
			大井子中性火山杂岩	岩脉	云斜煌斑岩	大井子中型热液型锡多金属矿床，矿化与受北西向构造控制的次火山岩（次霏细岩、次安山玄武岩、蚀变云斜煌斑岩）有关。矿体呈脉状充填于上二叠统林西组北西向、北北西向裂隙中

续表 4-5

侵入期	岩带名称	构造位置	岩体（群）名称	岩体产状	岩石类型	有关矿产
燕山期	大兴安岭-燕山岩带	黄岗梁-乌兰浩特复背斜北西翼	马鞍山岩体群	岩株	二长花岗岩、花岗岩等	①莫古吐中型矽卡岩型锡矿床，锡矿体呈漏斗状赋存于花岗岩与二叠统灰岩接触带的矽卡岩带中 ②富林小型矽卡岩型铁矿床，矿体呈似层状、透镜状赋存于花岗岩体与下二叠统灰岩接触的矽卡岩带中
			朝阳沟岩体群	岩株	二长花岗岩、钾长花岗岩等	①小海清小型热液型钨锡矿床，钾长花岗岩、花岗斑岩、闪长玢岩是成矿母岩，矿区北西、北东向裂隙构造发育，北西向裂隙构造内所充填的含钨锡石英脉是矿区主要工业矿体 ②宝盖沟小型热液型锡矿床
			狄尔达拉岩体群	岩株岩脉	花岗岩等	敖林达小型热液型铅、锌、银矿床，矿化与燕山早期浅成酸性岩株与中酸性岩脉有关，矿体呈脉状赋存于大石寨组安山质岩屑凝灰岩北东东、北西和北西西向裂隙构造中。另有好布沁大板铅、锌矿点等
			碧流台岩体	岩株	中细粒花岗岩	中段（碧流台）小型热液型铅锌矿床，燕山早期中细粒花岗岩是成矿母岩，矿体呈脉状充填于岩体与下二叠统碎屑岩夹灰岩东西向构造裂隙中
		索伦坳陷带	阿尔山岩体群	岩株	花岗岩、闪长岩	①苏呼河三号沟小型矽卡岩型铁铅锌矿床，成矿母岩为燕山早期花岗岩和闪长岩（岩株），矿体赋存于岩体与中志留统巴润德勒组条带状大理岩接触带的矽卡岩带中，矿体呈似层状、扁豆状、脉状和囊状 ②南兴安小型斑岩型钼矿床：矿体呈脉状赋存于岩基状花岗岩北东、北西向矿化裂隙中，伴生铜锌
		槽台深断裂北侧	哈达庙岩体	岩株	花岗斑岩	哈达庙斑岩型金矿，赋存于花岗斑岩小岩株的周缘环状裂隙中，该岩株侵入于海西期石英闪长岩中。在斑岩型金矿以北，有东西向裂隙型金矿
		得耳布尔深断裂上盘（西侧）-额尔古纳地槽褶皱带	额仁陶勒盖酸性浅成次火山杂岩	岩株	石英斑岩、花岗斑岩等	额仁陶勒盖大型热液型银矿床，矿床位于得耳布尔深断裂南端，含乌拉中生代隆起的北东端汉乌拉断裂和额仁陶勒盖断裂交会部位。成矿与次火山岩热液有关，矿体呈囊状、脉状赋存于强硅化、绢云母化的安山岩裂隙构造中，矿体分石英脉型和锰矿脉型
			甲乌拉岩体	岩株	花岗斑岩、石英斑岩、长石斑岩、安山玢岩等	甲乌拉与查干不拉根大型热液型铅、锌银矿床，实际是甲乌拉（大型）和查干不拉根（中型）两处矿床，因同处于木哈尔（北西向）断裂带内，且有共同的矿种和成因，故列一处。矿床成因与次火山岩（石英斑岩、长石斑岩、花岗斑岩、安山玢岩）有关，矿体呈脉型赋存于围岩裂隙构造中
			乌努格吐山岩体	岩株	次斜长花岗斑岩	乌努格吐山大型斑岩型铜钼矿床，铜钼矿床以次斜长花岗斑岩为中心，形成环带状矿带，钼矿体占据内带位置，铜矿体为外环
			八八一岩体	岩株	花岗闪长岩等	八八一小型斑岩型铜钼矿床，矿体直接围岩为中粒黑云母花岗岩及上泥盆统大民山组火山岩，矿体赋存于岩体和地层断裂裂隙构造与片理化带组成的构造挤压带内，呈北东30°～40°方向分布
			八大关岩体	岩株岩盘	花岗闪长岩、斜长花岗斑岩	八大关小型斑岩型铜钼矿床，矿体呈透镜状、似脉状、条带状赋存于片理化、糜棱岩化、绢云母化、硅化的斜长花岗斑岩中

续表 4-5

侵入期	岩带名称	构造位置	岩体(群)名称	岩体产状	岩石类型	有关矿产
燕山期	大兴安岭-燕山岩带	得耳布尔深断裂上盘(西侧)-额尔古纳地槽褶皱带	二道河子岩体	岩株、岩枝	石英斑岩、流纹斑岩等	① 三河中型热液型铅、锌矿床,矿体呈脉状、扁豆状赋存于石英斑岩(次火山岩)与上侏罗统角闪安山岩接触带附近的裂隙构造中。伴生银、铜、镓等 ②二道河中型热液型铅锌矿床,发现的4条矿化带均分布于流纹斑岩岩体与围岩接触带及附近的安山玄武岩中 ③卡米努什克小型热液型多金属矿床,矿化与燕山期花岗岩枝或石英斑岩有关,矿化带分布于岩体与下石炭统灰岩、大理岩接触带的裂隙带中,呈北北东向分布
		东乌珠穆沁旗海西早期地槽褶皱带	朝不楞岩体群	岩株	黑云母花岗岩、二长花岗岩等	朝不楞中型矽卡岩型铁多金属矿床,位于复背斜与北东向隆起的复合带上。矿体赋存于燕山期黑云母花岗岩与中泥盆统塔尔巴格特组岩系接触的矽卡岩带内。铁锌铋共生,均达中型规模,伴生铜、铅、钨、锡、银等
			沙麦岩体群	岩株	黑云母花岗岩	沙麦中型热液型钨矿床,有3条主要矿带,赋存于黑云母花岗岩及其围岩-角岩裂隙构造带中,含矿脉以含黑钨矿石英脉形式出现
		锡林浩特-西乌珠穆沁旗海西晚期地槽褶皱带	小乌兰沟岩体群	岩株	花岗斑岩等	毛登中型热液型锡矿床,成矿与燕山期花岗斑岩有关;矿体赋存于下二叠统杂色碎屑岩及花岗斑岩边缘裂隙中,花岗斑岩是成矿母岩,共3个脉带群,伴生铜、钼
	二连浩特-查干诺尔岩带	苏尼特右旗海西晚期地槽褶皱带	爱力格庙岩体群	岩株、岩基	钾长花岗岩、花岗岩、黑云母花岗岩等	有几处热液型萤石矿床:苏莫查干敖包特大型萤石矿床、白音脑包中型萤石矿床、西里庙中型萤石矿床、敖包吐中型萤石矿床
			查干诺尔岩体	岩株	花岗岩	白音敖包中型热液型萤石矿床
	北山路井-雅干-巴嘎毛德岩带	北山海西晚期地槽褶皱带	路井西南岩体群		花岗岩、斑状花岗岩、花岗闪长岩、石英二长岩、黑云母二长花岗岩等	①七一山中型热液型钨钼矿床,矿体呈透镜状、细脉状、网脉状赋存于花岗岩和中上志留统凝灰质变质砂岩、安山岩裂隙构造中,矿区共71条矿脉,以钨、钼、锡为主的综合性矿体,伴生铁、铜、铍等 ②东七一山中型热液型萤石矿床 ③流砂山中型斑岩型钼矿床,黑云母二长花岗岩为成矿母岩,矿体呈环状赋存于岩体环带状构造中,矿体产状与矿化带产状一致,倾向北东,倾角35°~55°,共有18条矿体
	狼山-大青山岩带	阴山断隆	大豪赖岩体		正长斑岩	东火房小型蚀变岩型金矿床,成矿与正长斑岩小岩株有关,矿体呈脉状赋存于太古宙变质深成岩系近东西向裂隙构造中,共有大小矿体18条
			银宫山岩体	岩株		银宫山小型热液型银金矿床,矿体呈脉状赋存于燕山早期中粗粒花岗岩北东向张扭性蚀变破碎带中,1号脉圈出3个银金矿体
			灰腾梁岩体	岩脉	花岗伟晶岩	灰腾梁大西沟伟晶岩型大型熔炼水晶矿床,含晶伟晶岩脉分布于黑云母花岗岩中,共发现780余条伟晶岩脉,一般1条脉只含1个晶洞,多出现于石英核中
			小大青山岩体	岩株	花岗伟晶岩	小大青山伟晶岩型大型熔炼水晶矿床,伟晶岩体呈脉状或不规则状,共21条含晶伟晶岩脉,晶洞多产于石英核中,水晶为熔炼水晶,四一特级皆有,伴生海蓝宝石、黄玉等
			黄花各洞岩体	岩株	花岗伟晶岩、石英脉	黄花各洞中型伟晶岩型、石英脉型熔炼水晶矿床,熔炼水晶产于石英核和石英脉晶洞中,伴生黄玉、海蓝宝石等
			笔架山岩体	岩茎	黑云母花岗岩脉	赵井沟铌钽铷矿,赋存于钠长石化、天河石化花岗岩脉及天河石伟晶岩中,铌钽为小型,铷的成矿远景良好

表 4-6　内蒙古自治区各期花岗岩岩石类型及各类矿床

岩体时代			岩石类型	有关矿床
燕山期	晚期		碱性花岗岩	巴尔哲（八〇一）稀有稀土矿床（大）、苔莱花稀有矿点、巴润乌德稀有稀土矿点
			长石斑岩、石英斑岩、安山玢岩、花岗斑岩（次火山岩）	甲乌拉银铅锌矿床（大）、查干布拉根银铅锌矿床（中）、额仁陶勒盖银矿床（大）
	早期		钾长花岗岩等	黄岗梁铁锡钨矿床（大）、查木罕钨锡矿床、浩腾吐锡矿点
			花岗闪长斑岩、正长斑岩、花岗斑岩、石英斑岩、花岗岩、黑云母花岗岩、石英二长岩	乌努格吐山铜钼矿床（大）、南兴安铜矿床（小）、毫义哈达铜矿床（小）、白石头洼铜矿床（中）、敖瑙达坝银铜矿床（中）、毛登锡铜矿床（中）、七一山钨钼矿床（中）、小东沟钼矿床（小）、河盛源钼矿床（小）、白银诺铅锌银矿床（大）、浩不高多金属矿床（大）、碧流台（中段）铅锌银矿床（小）、苏呼河三号沟铁铅锌矿床（中）、油娄子山铅锌矿床（小）、敖林达铅、锌、银矿床（小）、代兰塔拉铅锌矿床（小）、银宫山金矿床（小）、安家营子金矿床（小）、梅林窝棚金矿床（小）、热水金矿床（小）、柴火栏子金矿床（小）、下官地北沟金矿床（小）、东伙房金矿床（小）、红花沟金矿床（中）、莲花山金矿床（中）、哈达庙金矿床（小）、耗来坝明矾石矿床（小）、巴润乌德沟稀有矿床（小）、赵井沟稀有矿床（小）、苏莫查干萤石矿床（大）、白音敖包、白音敖包西里庙、东七一山、敖包吐等萤石矿床（中）、哈日呼舒、元山、小元山、臭水井、太仆寺旗东部、达兰滩、大比例克、石匠山、大西沟等萤石矿床（小）、大西沟熔炼水晶矿床（大）、小大青山熔炼水晶矿床（大）、黄花各洞熔炼水晶矿床（中）、赛林忽洞熔炼水晶矿床（中）
			二长花岗岩	大井子锡银矿床（中）、莫古吐锡矿床（中）、鸡冠子山钼矿床（小）、库里吐钼矿床（小）、小海青钨锡矿床（小）、宝盖沟锡矿床（小）、沙麦钨矿床（中）、朝不楞铁锌矿床（中）、莲花山铜矿床（中）、马鞍子山钨钼矿床（小）、白马石铜矿床（小）、后公地铅矿床（小）、长春岭铅锌矿床（小）、敖约特铜矿床（小）、富林铁矿床（小）、孟恩陶勒盖银铅锌矿床（大）、金厂沟梁金矿床（大）、撵山子金矿床（小）、银硐子萤石矿床（小）、五四水头萤石矿床（小）、白杖子萤石矿床（小）、柳条沟萤石矿床（小）
			花岗闪长岩、闪长岩、闪长玢岩	八八一铜钼矿床（小）、八大关铜钼矿床（小）、卡米努什克多金属矿床（小）、三河铅锌矿床（中）、二道河林场铅锌银矿床（中）、布敦花铜矿床（中）、小营子铅锌矿床（大）、大荷尔勿苏铅锌矿床（中）、余家窝铺铅锌矿床（中）、硐子铅锌矿床（小）、炮手营子铅锌矿床（小）、东水泉铅锌矿床（小）、查干敖包铁锌矿床（小）
印支期			黑云母花岗岩、花岗岩、闪长岩（派生伟晶岩）	香林香达铜矿床（小）、乌拉山金矿床（大）、老羊壕金矿床（小）、十八顷壕金矿床（小）、角力格太水晶矿床（中）、哈布达哈拉萤石矿床（中）、骆驼场东（包括大营子、孤榆树等5处）铜银矿点、达尔罕铜银矿点、护林站铅多金属矿点、阿布吉敖包水晶矿床（小）、六一二高地铷矿点（以上2处构成伟晶岩田，在30km²范围内，有98条伟晶岩脉，其中18条含水晶，为压电级、熔炼级、伴生有绿柱石、黄玉等）
海西晚期	槽区		花岗岩	八十公里铁锌矿床（小）、巴林镇西南铜锌矿床（小）、石灰山稀土矿床（小）
			花岗闪长岩、花岗岩	汉乌拉巴嘎多金属矿床（小）、梨子山铁矿床（中）、塔尔其铁矿床（小）
			闪长岩、花岗闪长岩、石英闪长岩、花岗闪长斑岩	长岭山铅、锌矿床（小）、汤家杖子钨矿床（小）、赵家湾子钨矿床（小）、跃进萤石矿床（中）、哈珠萤石矿床（小）、上沟萤石矿床（小）、玉石山萤石矿床（小）、神螺山萤石矿床（小）、东方红萤石矿床（小）
	台区		花岗岩、花岗闪长岩；花岗岩、花岗闪长岩、花岗斑岩、石英斑岩；石英闪长岩、花岗闪长岩；花岗岩、石英闪长岩、花岗闪长斑岩；花岗岩（角闪斜长花岗岩）	察汗沟稀土矿床（小）、白音敖包萤石矿床（中）、杨家沟萤石矿床（小）、白彦敖包萤石矿床（中）、刘满壕萤石矿床（中）、正南房子铜矿点、百灵庙铁矿点（小）、伊河沟铁矿床（小）、白云鄂博萤石矿床（大）、角力格太铍、铀钍、宝石水晶矿床（小）、黑沙图萤石矿床（中）、阿贵铁矿床（小）、波罗图铍矿床（小）、沙拉西别铜矿床（小）、脑木洪铜矿床（小）、盖沙图铁矿床（小）、恩格勒萤石矿床（中）、乃木毛道萤石矿床（小）、巴彦高勒萤石矿床（中）、碱泉子金矿床（小）
海西中期			花岗岩、斑状花岗闪长岩	甜水井铁矿床（小）、索索井铁铜钼铋多金属矿床（小）、老硐沟金矿床（小）、白乃庙铜钼矿床（大）、谷那乌苏铜钼矿床（小）
加里东期			闪长岩、花岗闪长岩	鹰嘴红山钨矿点
中元古代			含白云母花岗伟晶岩	土贵乌拉白云母矿床（大）、乌拉山白云母矿床（大）

1. 加里东期花岗岩类与环形构造

加里东期构造岩浆活动有早、中、晚3期,主要见于华北地台北缘及加里东地槽褶皱带,分布零星。早期以超基性岩、基性岩为主,在内蒙古中部地槽褶皱带西部的温都尔庙地区发育有含铁中基性火山岩建造,形成温都尔庙式铁矿床(点);中期以闪长岩、花岗闪长岩、斜长花岗岩为主,在内蒙古中部地槽褶皱带西部的白乃庙地区,受深大断裂控制,形成与高侵位、浅成的花岗闪长斑岩有关的白乃庙斑岩型铜(伴生金、钼)矿床的雏型。加里东中期的花岗闪长岩侵位(在遥感影像图中表现为环形构造),又使该矿床矿化进一步富集集中(图4-4)。在该区同类矿床(点)还有谷那乌苏、依克乌苏等处。白乃庙矿床的主要控矿因素与特定的构造环境(穿壳断裂带)、铜的地球化学异常场和高侵位、浅成的中酸性花岗岩有关;而在内蒙古其他地区分布的、包括加里东晚期酸性—中酸性岩在内的花岗岩类,成矿作用弱,仅发现少量的铁、铜、金、银、钨矿点,矿化点和放射性异常。

图4-4 加里东期花岗岩引起的环形构造

2. 海西期花岗岩类与环形构造

海西期构造运动是内蒙古地质发展史上的重要一幕,波及到整个地槽区和华北地台北缘。伴随早、中、晚3个构造亚旋回晚期的褶皱造山运动,均有岩浆侵位,引起多重环形构造(图4-5)。早期多为超

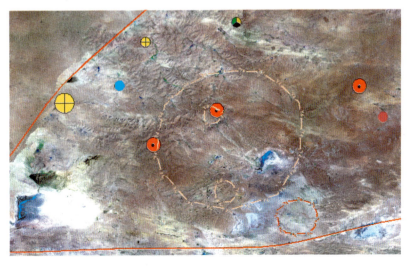

图4-5 海西期花岗岩引起的环形构造

基性岩、基性岩,其分布局限于得耳布尔和二连-贺根山两个深断裂带上;中、晚期以花岗岩类为主,分布于槽区各岩浆岩带及华北地台北缘一线,多属造山环境下的底辟式侵入体。

1) 海西中期花岗岩类与成矿

海西中期花岗岩类主要分布于华北地台北缘、北山地槽褶皱带和兴安地槽褶皱带,有关矿产有铁、钼、铜、铅、锌等。其中铁、铜多与酸性岩有关。铜、铅、锌则与中酸性岩有关,矿床类型以矽卡岩型、火山岩型、热液脉型和斑岩型为主,但矿床规模不大,多为中、小型矿床。

尽管海西中期花岗岩体出露面积达数千平方千米,形成了许多大型岩株和岩基,但与成矿关系最密切的是那些浅成的复式岩体,其与碳酸盐岩接触带上出现矽卡岩型矿床;火山岩型矿床的矿化富集前提是存在含矿(铁、铜)的中基性—中性火山岩建造(如兴安地槽的莫尔根组、北山地区的白山组等),经晚期侵入的岩浆热液活化进一步富集而成。因此,这些矿床往往具有某些热液型矿床特征。

海西中期地槽褶皱回返属于海西期造山运动的初始或发展阶段。这个时期的花岗岩仅仅出现在华北地台北缘、兴安地槽褶皱带和北山地槽褶皱带的局部地区,其成矿作用在各成矿期中居次要地位。

2) 海西晚期花岗岩类与成矿

海西晚期地槽全面褶皱回返,形成了巨型的、弧顶南凸的弧形构造,并伴之有强烈的岩浆活动,形成的花岗岩类在华北地台北缘及槽区有广泛的分布,出露总面积近 $6km^2$。总体上属于褶皱造山运动产物,主要岩性为闪长岩、花岗闪长岩、斜长花岗岩和正长岩等,岩石化学特征反映这套岩系属于钙碱性系列,其产状以规模较大的岩株和岩基为主,且多属于复式岩体,与成矿密切的主要还是浅成相小岩体。

海西晚期是内生矿床的重要成矿期,成矿特征按地质构造单元划分如下。

(1) 华北地台北缘。华北地台北缘蕴藏有丰富的金矿资源,在已发现和探明的一批内生金矿床(点)的成矿作用大都遵循一个成矿模式,即以存在太古宙绿岩相变质岩(金的矿源层)为前提,在晚期岩浆水热体系作用下,分散在变质岩系(绿岩)中的金浸出、活化迁移到有利的构造部位富集成矿。

海西晚期的花岗岩类岩浆活动,在华北地台北缘构成了对金矿有利的成矿地质环境,形成了一批小型金矿床和矿点,多分布于内蒙古中西部地区。与金矿具有相似成矿地质条件的铁矿,在地台北缘也具有一定的地位,但规模不大,也分布于内蒙古中西部地区。

与海西晚期花岗岩类有关的有色金属矿产以铜为主,与金、铁相比,居次要地位,只形成几处热液型、矽卡岩型小型矿床(点),如盖沙图、脑木洪小型矿床和正南房子等铜矿点(图 4-6)。

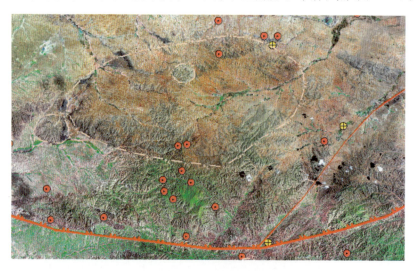

图 4-6 海西期花岗岩引起的环形构造与成矿

萤石矿是与海西晚期花岗岩类有关的具有特色的非金属矿产,主要有恩格勒、巴彦高勒、黑沙图、刘满壕、白音敖包、乃木毛道、库伦敖包等热液型中、小型矿床。

(2) 北山地槽褶皱带。在海西晚期北山地槽褶皱带的红都大泉-雅干岩带上,有几处花岗岩、花岗闪长岩复式岩基,有关矿产主要有萤石矿,如哈珠尔、上沟、玉石山、神螺山等中小型热液型萤石矿床。金属矿产相对较少,仅有少量小型稀土矿床、铀矿床和钨、锡矿化点,这也可能与工作程度低有关。

(3) 苏尼特右旗海西晚期褶皱带。褶皱带中苏尼特右旗-锡林浩特-科尔沁右翼中旗岩带规模宏大,长逾1000km,发育有数十个海西晚期的花岗岩类岩基和岩体。这些岩体往往与海西中期、燕山早期花岗岩类套叠,构成复式岩体。与其岩带的巨大规模相比,成矿作用则显得微不足道,仅发现3处铅锌和钨的小型矿床、1处中型萤石矿床、少量的矿点及矿化点。

(4) 查干敖包-东乌珠穆沁旗-扎兰屯海西晚期花岗岩带。在该岩带与海西晚期花岗岩类有关的矿产以铁多金属为主,已知矿产地的矿床规模仅为中、小型,如汉乌拉巴嘎矽卡岩型多金属矿床、八十公里矽卡岩型铁多金属矿床、东方热液型萤石矿床等。

通过上述不难看出,尽管海西期花岗岩类出露面积很广,但与之有关的成矿作用却不显著,究其原因主要有以下几方面:①已知的矿床(点)形成深度不大,但区域上出露的岩基、大岩株多为中深成相,即多数大岩体定位深度较大,同时亦遭受强烈剥蚀。②多数岩体的分异指数值偏低,表明分异程度较差,不利于成矿。③海西期的复式岩体是跨时代的,即以海西期岩体为主体,其中有燕山期岩株、岩枝或岩脉侵位。这类复式岩体只可能留有燕山期成矿作用的记录。④某些矿产(如金、铁)的集中分布,往往是围岩地层地球化学场所决定的。在查干敖包-东乌珠穆沁旗-扎兰屯花岗岩带的北延,出现了多宝山(属黑龙江省)大型斑岩型铜矿床,其铜的物源主要来自奥陶系多宝山组安山岩,该岩带所处的海西期褶皱带是叠加在加里东期乃至更早期地槽褶皱带之上的。因此,在有利于成矿的围岩、构造条件下,内蒙古仍有发现新工业矿床的可能性。

3. 印支期花岗岩类与环形构造

内蒙古印支期地壳趋于稳定,岩浆活动较弱,侵入岩体分布零星,且主要出露于中西部地区,即华北地台阿拉善台隆的雅布赖断隆、巴音诺尔公断隆,台隆的阴山断隆及华北地台北缘狼山-白云鄂博台缘坳陷内槽区也有零星分布,如内蒙古中部地槽褶皱系海西晚期地槽褶皱带中白音德勒岩体、海力斯大坝岩体、香林香达岩体、扎赉特岩体等。

印支期花岗岩在内蒙古出露面积较少,仅4000km²。花岗岩一般沿断裂带分布,多呈岩基和岩株状产出,岩体具有一定的分带性。岩石中钾长石为微斜长石,反映岩体为中、深成相,围岩蚀变明显,在遥感影像图中则表现为环形构造(图4-7)。

图4-7 印支期花岗岩引起的环形构造

据掌握的矿产资料，与印支期花岗岩体有关的矿产在台区和槽区尚有较大差异。中西部台区以金和非金属矿萤石为特色，产有大、中、小型矿床，如乌拉山大桦背热液型金矿床，阿尔腾敖包岩体中的哈布达哈拉热液型中型萤石矿床，而在中、东部槽区与印支期花岗岩体有关矿产则以铜和非金属矿产水晶等为特色，产有小型矿床，如香林香达热液型、小型铜矿床和阿布吉敖包伟晶岩型小型水晶矿床。

4. 燕山期花岗岩类引起的环形构造及其控矿条件

燕山期花岗岩类引起的环形构造主要分布于大兴安岭及邻区（图4-8），在内蒙古中、西部仅有零星出露，且没有发现与之有关的具工业意义的矿产。因此，大兴安岭及邻区的燕山期花岗岩类及其控矿条件是本书的重点讨论对象。

图4-8　燕山期花岗岩引起的环形构造

1）大兴安岭及邻区花岗岩类分布特征

自中侏罗世始，地处滨太平洋构造域的大兴安岭地区强烈"活化"，至晚侏罗世出现了强烈的、多旋回的火山喷发（溢），构成了北东—北北东向的若干线性火山岩带。并结束了长期以来由东西向构造的槽、台对峙格局，形成了巨型的、以若干断隆（带）与火山岩带相间排列的构造格局。

伴随强烈火山活动的花岗岩类侵入岩具有多期次、多阶段的特点，总体是沿着中性、中酸性—酸性—碱性岩的变化趋势演化，属于一套准铝质、亚碱性—碱性岩系列。花岗岩类侵入岩以燕山早期为主，可分为早、晚两个阶段，早阶段岩体分布零散，以中性岩、中酸性岩为主；晚阶段岩体分布面积最广，以酸性岩为主，与区内有色金属、贵金属矿产关系最密切。燕山晚期花岗岩局限于某些地区分布，多属偏碱性、碱性花岗岩，与稀有、稀土矿产密切相关。

在空间上，燕山早期花岗岩与同期火山岩有对应和不对应之分。前者规模较小，产状以岩株、岩枝和岩脉为主，与成矿关系最密切；后者多呈岩基或大岩株与海西期岩体套合，构成复式岩体。

2）与燕山期花岗岩类有关矿产的分布规律

内蒙古几个重要的断裂带（如地台北缘深断裂、温都尔庙-西拉木伦河超岩石圈断裂、二连-贺根山超岩石圈断裂、得耳布尔超岩石圈断裂、嫩江-八里罕深断裂等）不只对各地质时期沉积建造、岩浆活动具有重要的控制作用，也是燕山期内生金属矿产分带（区）的主要边界。地台北缘深断裂以南的地台区是内蒙古著名的金矿带，在该断裂带以北、温都尔庙-西拉木伦河断裂带以南有少朗河铅锌（铜）成矿区；西拉木伦河断裂带与新林镇-天山断裂带之间为林西-天山铜多金属矿化区。这3个矿带（区）的古褶皱基底分别属华北地台北缘、温都尔庙-翁牛特旗加里东褶皱带和古元古代古陆大陆斜坡。而大兴安岭中南段的古褶皱基底属海西中、晚期褶皱带，其矿化分带格局则是自嫩江-八里罕断裂带向西，依次为铜多金属带、铅锌多金属和锡多金属带（二者大部分套叠）、稀有稀土矿带。二连-贺根山断裂带北西的褶皱基底为海西早期褶皱带，已知与燕山期花岗岩类有关的矿床主要为铁（锌）和银矿床。得耳布尔断裂带以西则属铜、钼、铅、锌、银的成矿区。

与燕山期花岗岩类有关的非金属矿产，除建筑石材、宝石、水晶之外，主要为接触交代蚀变矿物硅灰石、石榴石、热液型萤石及金属矿床中伴生的硫（黄铁矿）。

从以上简要叙述中不难看出：大兴安岭及其邻区的矿化分带（区），与中生代火山岩带褶皱基底存在着重要的依存关系。如地台区金矿床的形成，与太古宙绿岩系具有高丰度金的地球化学背景有关；少朗河铅锌（铜）成矿区的金属组分主要源自元古宇；东乌珠穆沁旗海西早期褶皱带由于存在富铁的层位，在海西期和燕山期岩浆作用下，均出现了铁的富集而形成矿床。

3) 燕山期成矿岩体特征

大兴安岭及邻区与成矿关系最密切的岩体时代为燕山早期的晚阶段。这些岩体在空间上和成因上与同期火山岩是连续演化的,属于多旋回火山活动的侵入相或同期多次侵位的复式岩体。前者火山岩、次火山岩、浅成岩和深成相岩体在空间上紧密相伴,在侵位时间上相差不大,其岩石的岩石化学、地球化学特征反映出一个连续、同源的系列演化过程,成矿与浅成相(次火山相)岩体有关。而复式岩体的情况比较复杂,成矿和晚期的侵入相关系密切,其派生的中性、中酸性岩脉在空间上常与矿体相伴产出。

对内蒙古十余处大、中型矿床的成矿压力值估算结果进行统计,发现矿床围岩地层时代与成矿深度呈正相关,即围岩地层时代越老,成矿深度越大,产于太古宙变质岩系中的红花沟中型金矿床和金厂沟梁大型金矿床成矿深度为1.5～3km;产于少朗河成矿区元古宙浅变质岩系中的小营子大型铅锌矿床,其成矿深度为1～2km,而位于同一矿化区的以二叠系为矿床围岩的硐子中型铅锌(铜)矿床的成矿深度小于1km,与大兴安岭中南段诸多以二叠纪地层为围岩的有色金属矿床的成矿深度近似一致。与之相对应,与金成矿有关的花岗岩体规模较大,侵位深度中等。与中生代火山岩和浅成相岩体相关的仅金矿化和矿点。而以二叠纪地层为围岩的主要有色金属矿床,大都与火山-侵入杂岩的浅成相或次火山相岩体有关。

大兴安岭中南段的斑岩型矿床与国内外斑岩型矿床相比较,形成深度更小,属于高侵位陆上环境的次火山-斑岩型,其产状为岩脉、岩枝或小岩株。具有重要工业价值的矽卡岩型矿床的矿床规模与成矿岩体的剥蚀程度有关。如位于同一矿化集中区、具有相似成矿地质环境的白音诺尔铅锌矿床和浩布高铅锌矿床即是一对典型实例,二者矿化面积相似,又同属大型矿床,然而白音诺尔矿床所拥有的工业储量比浩布高矿床高出4倍以上。其中一个重要原因是前者剥蚀较浅,仅见火山岩、次火山岩和浅成相岩体,而后者剥蚀较深,火山相、次火山相环绕深成相花岗岩展布。

4) 燕山期花岗岩类的控矿条件

成矿作用是地壳发展演化历史的一个组成部分,其决定因素是多元的,就内生矿床而言,岩浆活动是成矿作用的首要条件。大兴安岭及邻区巨型的中生代火山岩带是规模最大、持续时间最长的岩浆活动带,主要矿床的形成与复式岩体或火山-侵入杂岩套紧密联系在一起,成矿作用与岩浆活动晚期阶段的侵入相花岗岩类岩体有关。大兴安岭中南部的研究成果表明:成矿岩体的同位素地质年龄与近似代表矿化年龄的蚀变矿物同位素地质年龄相比,相差20～95Ma,代表了这个地区成岩与成矿之间的时差。从火山岩浆侵入—成矿热液演化—矿床定位,是总体上连续演化的过程,不可能用简单的花岗岩类成因模式、构造成因模式进行成矿与不成矿岩体的划分。

(1) 相对于某些矿产,在具备有利于成矿的岩浆岩条件下,"矿源层"存在与否也是一个重要因素,如黄岗梁铁锡矿床近矿围岩为夹多层薄层状"原始铁矿层"的大石寨组中性火山岩,而在黄岗梁地区这套火山岩系出露厚度最大,其锡的浓集系数亦最高,达5.432;再如产于华北地台北缘的金矿化集中区,比较明显地受太古宙绿岩系层位的控制,其金的富集过程经历了漫长的地质发展阶段,而对花岗岩类的选择并不十分严格。从这个意义上讲,我们对大兴安岭及其邻区成矿花岗岩特征的总结,反映了来自深源的岩浆与提供成矿物源的某些地质体成分之混融(部分熔融或交代等方式),即成矿岩体既有花岗岩类的一般特征,又有其特殊性。

(2) 与燕山期花岗岩有关的贵金属、有色金属矿产成矿(区)带的划分,是以区域超岩石圈断裂及其次一级深断裂为边界的。相对于那些成矿物质具有深源性的矿床,构造条件显得更重要。这些区域性的大断裂成生时代早,继承性活动特征明显,对各个地质发展阶段的沉积建造、岩浆活动都具有重要的控制作用,在燕山期一些超岩石圈断裂的控岩、控矿性显得更加突出。在嫩江-八里罕超岩石圈断裂西侧出现的、与斜长花岗岩有关的铜矿带就是一个较典型的例证。受黄岗梁-甘珠尔深断裂控制的锡、铅、锌多金属矿带,情况比较复杂,矿质来源具有多元性。已探明的矿床矿质组分复杂,如大井矿床的铅锌、银、铜、锡等组分叠加于一体,均能依工业品位要求单独圈出矿体,这样复杂的多元素共生矿,与任何单一的"成矿母岩"相联系,都是难以令人信服的。而只能是在火山-次火山/浅成-深成相火山杂岩套的中—晚期阶段,随着岩浆-热液体系物理化学条件的变化,不同矿质组分分别析出沉淀,表现出不同矿种各自的富集规律。

大兴安岭及邻区的金、有色金属矿床和大部分矿点、矿化点,都集中分布在中生代基底隆起上,而在中生代火山盆地中仅有微弱矿化显示。这种矿床分布的构造格局也是燕山期花岗岩的控矿条件之一。

5. 浅层、超浅层次火山岩体引起的环形构造

铜、铅、锌成矿与浅层、超浅层中酸性岩有关。靠近嫩江断裂西侧(如莲花山、布敦花等)的主要铜、铅、锌矿床,铜来自下地壳,多数矿床的氢氧同位素组成反映出岩浆水成矿特征,矿化常以近岩体网脉型-热液大脉型"三位一体"的形式产出,说明成矿岩体是矿化富集集中的决定性条件。而同样受深断裂带控制的乌努格吐大型斑岩铜矿床,其铜既来自深源,又可能有上地壳"矿源层"的辅成,与成矿有关的斜长花岗斑岩,既是"搬运工",又是使"矿源层"活化重熔的"热驱动器",具有双重性。

内蒙古两处大型矽卡岩型铅锌多金属矿床(白音诺尔、浩布高),成矿均与发育完好的火山-次火山/浅成-深成相火山杂岩引起的环形构造有关(图4-9)。其最大特征是岩浆岩、蚀变岩和矿石的$\delta^{18}O$均为负值,属大气降水成矿。矿石金属组分来源虽较复杂,但这个杂岩套多旋回、多阶段的岩浆演化及侵位,活化大气降水,使来源不同的矿质组分,在大气降水环流参与下富集成矿。

图4-9 浅层、超浅层次火山岩体引起的环形构造

6. 火山机构或通道引起的环形构造

由1∶25万遥感解译图件解译出火山机构或通道引起的环形构造159个,数量仅次于古生代花岗岩引起的环形构造,其直径大的能达到巨型环,小的仅为小型环,环内的色调通常不一致,多数环内有一些色调较深的部分与相对色调浅的区域共同组成环形构造(图4-10)。

7. 构造穹隆或构造盆地引起的环形构造

由1∶25万遥感解译图件解译出构造穹隆或构造盆地引起的环形构造共85个,该类环除沙漠腹地外的主要大地构造单元中均有分布,没有特别的分布特点。这类环的规模大小差别大,从巨型到小型都有,形态从椭圆形到圆形都有。环内外的主要区分是靠地形引起的色调差别(图4-11)。

图 4-10 火山机构或通道引起的环形构造

8. 断裂构造圈闭引起的环形构造

由 1∶25 万遥感解译图件解译出断裂构造圈闭引起的环形构造共 20 个,该类构造在内蒙古东部地区较多,其他区域仅有少量分布。这类构造的规模大小差别大,从巨型到小型都有,形态一般比较扁(图 4-12)。

 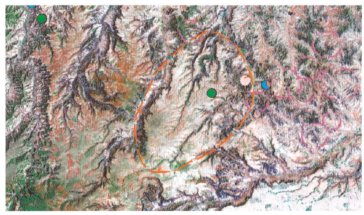

图 4-11 构造穹隆或构造盆地引起的环形构造　　图 4-12 断裂构造圈闭引起的环形构造

9. 与隐伏岩体有关的环形构造

由 1∶25 万遥感解译图件解译出与隐伏岩体有关的环形构造共 102 个,这类环的规模大小差别大,从巨型到小型都有,形态一般较圆(图 4-13)。

图 4-13　与隐伏岩体有关的环形构造

第二节　深大地质构造形迹遥感特征

一、深大地质构造遥感特征分析

1. 查干敖包-阿荣旗超岩石圈断裂

断裂走向北东向,长超过 1000km,形成于中泥盆世,早期为压性,断裂面北倾,白垩纪转化为张性,南侧下降。断裂带为海西早、晚期褶皱带的分界线,泥盆纪、石炭纪时为俯冲带,古生代末地槽回返,南北两大板块对接,为聚合带的北界,中生代有中酸性花岗岩沿断裂带或次一级断裂侵入,形成矽卡岩型和热液型矿床,如朝不楞和查干敖包铁锌多金属矿床、沙麦钨矿床等;后期与其他构造一起控制二连聚煤盆地。

遥感影像特征:在 ETM741 波段组合的影像上呈明显的北东向影像带(图 4-14),此带很宽,分布多组串珠状火山台地。

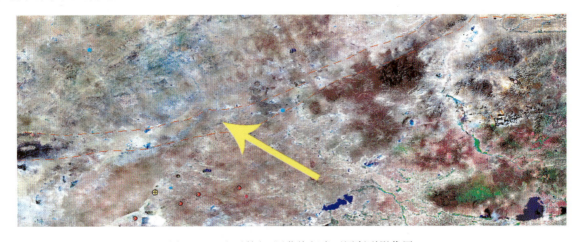

图 4-14　查干敖包-阿荣旗超岩石圈断裂影像图

2. 温都尔庙-西拉木伦河超岩石圈断裂

断裂走向东西向，长超过1100km，形成于早古生代末期，晚古生代及中生代、新生代均有活动。断裂在晚期具有左行剪切性质，为加里东期地槽褶皱带与海西期地槽褶皱带分界线。沿断裂带有加里东期超基性岩体分布，形成铬矿化，有海西期、燕山期中酸性岩体侵入，西部有海西期白乃庙铜、钼、金等矿化Ⅳ级成矿区，东部翁牛特旗少郎河地区由其次级东西向断裂控制以铅、锌为主的多金属燕山期Ⅳ级成矿区，沿西拉木伦河北侧有Ⅲ级铜多金属成矿带。断裂带本身具有长期多次活动特点，控制岩浆岩带及两侧的地质发展历史，断裂带的发展与演变对成矿区带是有控矿意义的(图4-15)。

图4-15 温都尔庙-西拉木伦河超岩石圈断裂影像图

3. 得耳布尔超岩石圈断裂

断裂走向北东向，长660km，形成于新元古代，古生代、中新生代均有活动，早期为压性，中生代具左行剪切性质，在该超岩石圈断裂和与其平行的额尔古纳河大断裂之间所夹持的构造脆弱带内或两侧拖拽的构造破碎带内形成得耳布尔Ⅰ级铜、钼、铅、锌、银成矿带及其Ⅲ级亚带。得耳布尔超岩石圈断裂及其次一级断裂与东西向断裂复合处控制燕山期中酸性火山、超浅层、浅层、深层杂岩体，进而控制铜、钼、铅、锌、银矿床的形成(图4-16)。

4. 大兴安岭主脊-林西岩石圈断裂

断裂走向北北东向，长超过1000km，形成于中生代早期。在三叠纪末期大兴安岭地区全面隆起的背景下，由引张作用产生的裂陷，侏罗纪壳、幔源岩浆上涌，形成大面积的火山盆地；侏罗纪末期隆起，形成地垒型构造。其东西两侧下沉，形成

图4-16 得耳布尔超岩石圈断裂影像图

松辽盆地和二连盆地，对于盆地中含煤地层和煤炭的形成从宏观上有一定的控制作用。该断裂带控制大兴安岭中生代火山岩区，进而控制大兴安岭东南段有色金属、铁、稀有稀土成矿区带(图4-17)。

5. 乌奴耳-鄂伦春旗岩石圈断裂

断裂走向北东向，长超过600km，形成于泥盆纪，先为张性，晚石炭世末转换为压性。断裂带为海西早、中期地槽褶皱带界线，沿断裂带海西中期岩浆岩发育，并有混杂堆积，形成一些铁、铜矿点和矿化点，

并未形成成型的矿床;但在其控制的南侧海西早期褶皱带中有塔尔其铁矿、梨子山铁矿、八十公里铁锌矿、巴林镇西南铜锌矿等矿床(图4-18)。

图4-17 大兴安岭主脊-林西岩石圈断裂影像图

图4-18 乌奴耳-鄂伦春旗岩石圈断裂影像图

6. 临河-武川岩石圈断裂

断裂走向近东西向,长超过500km,形成于新太古代—中元古代,古生代、中生代、新生代均有活动。断裂性质经历了张、压、张多次转换,现断层面北倾,武川—固阳之间为韧性剪切带,是地台北缘岩石圈断裂,表现为重力梯级带和磁场异常带,遥感影像图线性影像特征明显。深断裂的活动控制着其北侧渣尔泰山群地层的分布,渣尔泰山群控制着狼山-渣尔泰铜、铅、锌、硫Ⅲ级成矿带。该岩石圈断裂与其北部的石崩岩石圈断裂共同通过控制狼山-渣尔泰山裂(断)陷盆地而起控矿作用。侏罗纪末期北侧又下降,控制着武川盆地和固阳盆地,进而对这两个盆地下白垩世煤炭的形成及规模起到控制作用(图4-19)。

图4-19 临河—武川岩石圈断裂影像图

7. 石崩岩石圈断裂

断裂走向北西向,长超过 200km,形成于中元古代,古生代、中生代、新生代均有活动。断裂性质为张-压剪性,东段为挤压破碎带及韧性剪切带,现为北倾逆断层。为白云鄂博褶断束与狼山-渣尔泰山褶断束分界线,控制着白云鄂博群和渣尔泰山群地层分布,进而控制南侧以大型为主的层控型铜、铅、锌、硫矿床(图 4-20)。

图 4-20 石崩岩石圈断裂影像图

中元古代沿断裂带有铁质超基性岩侵入,形成文圪气大型蛭石矿床及含低品位的磷灰石超基性岩体。海西期又有基性的辉长岩侵入,在克布地区形成以镍为主的铜、钴、镍电法异常带及低品位小型以镍为主的矿床,同时有中酸性岩体侵入。

8. 走廊过渡带北缘岩石圈断裂

断裂走向近东西向,长超过 200km,形成于元古代,早古生代活动强烈,为北倾逆断层,表现为重力梯级带,为祁连地槽褶皱系的走廊过渡带和阿拉善台隆分界线(图 4-21)。

9. 北山地块南北缘岩石圈断裂

断裂走向北西向,长超过 300km,形成于古元古代,古生代活动强烈,早期为张性,后转换为压性,多表现为北倾逆断层。控制着

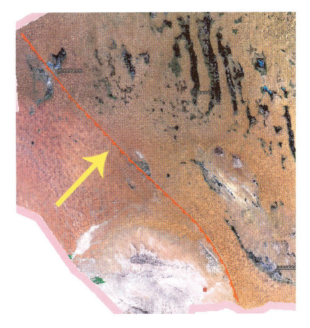

图 4-21 走廊过渡带北缘岩石圈断裂影像图

北山地块,沿南缘断裂(石板井-小黄山)发育超基性岩和蛇绿岩建造;沿北缘断裂(哈珠-路井)以北沉积优地槽型建造,形成黑鹰山式黑鹰山、碧玉山铁矿床及有色金属矿床等(图 4-22)。

10. 嫩江-八里罕深断裂

断裂走向北北东向,长超过 1000km,南段形成于新古生代,北段形成于中生代早期。东侧下降,具左行剪切性质,为大兴安岭隆起带与松辽断陷盆地的界线。该断裂切割较深,不仅控制大兴安岭重力梯

图 4-22　北山地块南北缘岩石圈断裂影像图

级带和莫霍面陡变带，而且北控大杨树断陷盆地中含煤岩系，南控辽西断陷盆地中晚侏罗世安山质火山岩喷发，中间控制大兴安岭东南缘铜多金属成矿带，即莲花山-布敦花铜多金属成矿区，形成了与深源中酸性岩体侵位有关的莲花山、布敦花、孟恩陶勒盖等铜银多金属矿床（图 4-23）。

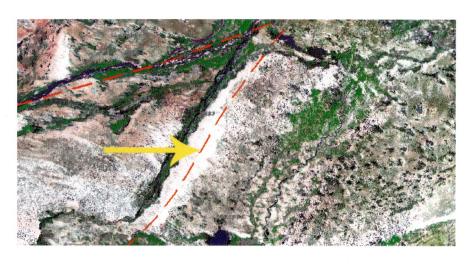

图 4-23　嫩江-八里罕深断裂影像图

11. 锡林浩特地块南缘深断裂

断裂走向北东东—近东西向，长 800km，形成于新元古代，古生代、中生代均有活动，早期为张性，晚期为压性，现为南倾逆断层。该深断裂是在加里东期褶皱带与锡林浩特地块之间断裂基础上发展起来的，二叠纪时断裂重新复活，火山活动强烈，其东段南侧控制着下二叠统大石寨组中类岛弧型火山岩的喷溢，进而在燕山期与其他构造一起控制着黄岗梁-甘珠尔庙铁有色金属成矿带，形成了大型黄岗梁铁锡矿床、白音诺尔铅锌银矿床、浩布高铁锌多金属矿床等（图 4-24）。

12. 锡林浩特地块北缘深断裂

断裂走向北东东向，长 800km，形成于新元古代，早期为张性，晚期为压性，现为南倾逆断层。断裂为锡林浩特地块与海西晚期地槽褶皱带的分界线。锡林浩特地块古生代沉积较薄，断裂带北侧泥盆纪

图 4-24　锡林浩特地块南缘深断裂影像图

时为洋中脊,在该深断裂与查干敖包-阿荣旗超岩石圈断裂之间形成南、北两大板块的聚合带。该深断裂在二道井—苏尼特左旗一带控制着温都尔庙群和温都尔庙式铁矿床的分布,燕山期在锡林浩特一带形成毛登锡矿床等(图 4-25)。

图 4-25　锡林浩特地块北缘深断裂影像图

二、构造与遥感成矿带划分

内蒙古不同级别大地构造单元的划分反映了地壳发生、发展和演化的地质历史。成矿区带的划分多与同级别的大地构造单元相对应。所不同的是成矿区带的划分侧重考虑成矿作用在区域上的共性,即控矿因素、矿床成因类型、共伴生矿物组合等。

中生代是内蒙古成矿作用最明显的时代,中生代成矿作用完全是在地台和地槽褶皱带对接联合以后发生的,地台和回返后的褶皱带在以往的发展、演变历史过程中都留下了不同的烙印,形成了不同的地质体和不同的构造形迹,这种烙印将不同程度地影响中生代的成矿作用。所以不同级别成矿区带多对应于同级别的大地构造单元,个别也有跨越不同构造单元者。

Ⅰ级成矿单元称"域",即Ⅰ级成矿域,是以Ⅰ级大地构造单元概念、边界所限定。因为内蒙古Ⅰ级构造单元总体构造格局为一台两槽,其中秦岭-祁连地槽在内蒙古只露一隅,且成矿作用微弱,所形成的矿床、矿点甚少。因此,我们划分出 3 个成矿域,即古亚洲成矿域、秦祁昆成矿域和滨太平洋成矿域。

Ⅱ级成矿单元称"带",即Ⅱ级成矿带,划分原则主要考虑地壳发生、发展、演化中不同时代物质组成的差异及其对以后成矿作用的控制、成矿地质特征等。Ⅱ级成矿带的范围基本上与Ⅱ级大地构造单元相对应。

Ⅲ级成矿单元称"区",即Ⅲ级成矿区,是在Ⅱ级成矿带基础上划分的,主要考虑区域性成矿、控矿地质环境,即控矿构造、控矿岩浆岩、成矿作用等方面有近似的共性,同时参照Ⅲ级大地构造单元边界。

内蒙古成矿区带划分见表4-7,具体详述见第五章。

表4-7 内蒙古自治区成矿区带划分表

Ⅰ级成矿单元	Ⅱ级成矿单元	Ⅲ级成矿单元	Ⅳ级成矿单元	代表性矿床(点)
Ⅰ-1 古亚洲成矿域	Ⅱ-2 准格尔成矿省	Ⅲ-1 觉罗塔格-黑鹰山铜镍铁金银钼钨石膏成矿带	Ⅲ-1-①黑鹰山-雅干铁金铜钼成矿亚带(Vm)	流沙山钼矿、黑鹰山铁矿、碧玉山铁矿、乌珠尔嘎顺铁铜矿、甜水井铜金矿点、小狐狸山钼矿、三个井金矿
	Ⅱ-4 塔里木成矿省	Ⅲ-2 磁海-公婆泉铁铜铜金铅锌钨锡铷钒铀磷成矿带(铂、Cel、Vml、I-Y)	Ⅲ-2-①石板井-东七一山钨钼铜铁萤石成矿亚带	白云山西铬矿、旱山南铬矿、小黄山东铬矿、小尘包南西铬矿、索索井铜铁矿(I)、东七一山钨钼矿、萤石矿
			Ⅲ-2-②阿木乌苏-老硐沟金钨锑成矿亚带	阿木乌素锑矿点(Y)、鹰嘴红山钨矿(Vl)、老硐沟金矿(Vl)
			Ⅲ-2-③珠斯楞-乌拉尚德铜金镍煤成矿亚带	亚干铜镍多金属矿、神螺山萤石矿、玉石山萤石矿(Vl)
	Ⅱ-14 华北(陆块)成矿省(最西部)	Ⅲ-3 阿拉善(台隆)铜镍铂铁稀土磷石墨芒硝盐成矿带(Pt、Pz、Kz)	Ⅲ-3-①碱泉子-卡休他他-沙拉西别金铜铁铂成矿亚带(C、Vm、Q)	碱泉子金矿(Vm)、特拜金矿、卡休他他铁多金属矿(C)、沙拉西别铁铜硫矿、克布勒铁矿、恩格勒萤石矿、哈布达哈拉萤石矿、乃木毛道萤石矿、阿拉腾敖包铂矿、阿拉腾哈拉铂矿
			Ⅲ-3-②龙首山元古代铜镍铁稀土成矿亚带(Pt、Nh-Z)	桃花拉山铌稀土矿(Pt)、宽湾井铁矿、哈马胡头沟磷矿、夹沟磷矿、青井子磷矿
			Ⅲ-3-③图兰泰-朱拉扎嘎金盐芒硝石膏成矿亚带(Pt、Q)	朱拉扎嘎金矿(Pt)、哈尧尔哈尔金矿(Pt)、乌兰呼都格金矿(Pt)、查干铁矿
Ⅰ-2 秦祁昆成矿域	Ⅱ-5 阿尔金-祁连成矿省	Ⅲ-4 河西走廊铁锰萤石盐凹凸棒石成矿带	Ⅲ-4-①阎地拉图铁成矿亚带(Vm)	阎地拉图铁矿(Vm)、元山子镍钼矿
Ⅰ-4 滨太平洋成矿域(叠加在古亚洲成矿域之上)	Ⅱ-12 大兴安岭成矿省	Ⅲ-5 新巴尔虎右旗(拉张区)铜钼铅锌金萤石煤(铀)成矿带	Ⅲ-5-①额尔古纳铜钼铅锌银金萤石成矿亚带(Y、Q)	比利亚谷银铅锌矿、三河银铅锌矿、下护林银铅锌矿、乌努格吐山铜(钼)矿、高吉高尔、查干敖包金银矿、小伊诺盖金矿、吉拉林砂金矿、西牛耳河砂金矿、乌玛砂金矿、莫尔道嘎砂金矿、阿里亚河砂金矿、狼狈河砂金矿、小西沟砂金矿、草塘沟砂金矿、恩和哈达砂金矿、吉兴沟砂金矿、毕拉河铁矿、下护林铅锌矿、三河铅锌矿、二道河铅锌矿、地营子铁矿、乌努格吐八大关铜钼矿、八八一铜矿、甲乌拉铅锌银矿、查干布拉根铅锌银矿、额仁陶勒盖银矿
			Ⅲ-5-②陈巴尔虎旗-根河金铁锌萤石成矿亚带(Cl、Ym-1、Ym)	四五牧场金矿、谢尔塔拉铁锌矿、六一硫铁矿、旺石山萤石矿、昆库力萤石矿、东方红萤石矿

续表 4-7

Ⅰ级成矿单元	Ⅱ级成矿单元	Ⅲ级成矿单元	Ⅳ级成矿单元	代表性矿床(点)
Ⅰ-4 滨太平洋成矿域(叠加在古亚洲成矿域之上)	Ⅱ-12 大兴安岭成矿省	Ⅲ-6 东乌珠穆沁旗-嫩江(中强挤压区)铜钼铅锌金钨锡铬成矿带(Pt_3、Vm-1、Ye-m)	Ⅲ-6-② 朝不楞-博克图钨铁锌铅成矿亚带(V,Y)	吉林宝力格银矿、塔尔其铁矿、梨子山铁钼矿、中道山铁矿、罕达盖铁铜矿、苏呼河铁多金属矿、八十公里铁多金属矿、朝不楞铁多金属矿、查干敖包铁锰矿、吉林宝力格银矿、阿尔哈格铅锌矿、沙麦钨矿、古利库岩金矿(Yl)、古利库砂金矿(Q)、大庆山金矿、董家沟金矿、红格尔金矿点、巴林金铜矿、奥尤特铜矿、沙格尔庙铬矿、阿尔登格勒庙铬矿、赫格敖拉3756铬矿、赫格敖拉620铬铁矿;贺白区、贺根山西、贺白区733、贺根山、贺根山北、贺根山南铬矿;小坝梁金铜矿、乌日尼图钨钼矿、准苏吉花钼矿、乌兰德勒钼铜矿、五花敖包钼矿、达来敖包钼矿、巴升河重晶石矿、哈拉图庙铜镍矿
		Ⅲ-7 阿巴嘎-霍林河铬铜(金)锗煤天然碱芒硝成矿带(Ym)	Ⅲ-7-① 乌力吉-欧布拉格铜金成矿亚带(Ym)	欧布拉格铜金矿
			Ⅲ-7-② 查干此老-巴音杭盖金成矿亚带(Yl)	查干此老金矿、巴音杭盖金矿、图古日格金矿、黑沙图萤石矿、东加干锰矿、达布逊镍钴矿、察汗奴鲁贺根山菱镁矿
			Ⅲ-7-③ 索伦山-查干哈达庙铬铜成矿亚带(Vm)	察汗胡勒、索伦山2个小型矿床和巴音301、两棵树、巴润索伦、巴音104、巴音查5个矿点、克克齐铜矿、查干哈达庙铜矿
			Ⅲ-7-④ 苏木查干敖包-二连萤石锰成矿亚带(Vl)	敖包图萤石矿、苏木查干敖包萤石矿、西里庙锰矿、白银脑包萤石矿、沙格尔庙铬矿、阿尔登格勒庙铬矿
			Ⅲ-7-⑤ 温都尔庙-红格尔庙铁成矿亚带(Pt)	朝克乌拉铬矿、朝根山矿点铬矿、卡巴铁矿、红格尔庙铁矿、包日干铁矿、白音敖包铁矿、大敖包铁矿、小敖包铁矿、巴音温都尔金矿、满都拉图金矿、阿图其苏木金矿
			Ⅲ-7-⑥ 白乃庙-哈达庙铜金萤石成矿亚带(Pt,Vm-I,Y)	乌花敖包金矿、宫胡洞铜矿、白乃庙铜金矿、白乃庙金矿、谷那乌素铜矿、别鲁乌图铜硫多金属矿、毕力赫金矿、哈达庙金矿、查汗敖包金矿点、朱日和金矿、毕力赫金矿、哈达庙金矿
		Ⅲ-8 林西-孙吴铅锌铜钼金成矿带(Ⅵ、Ⅱ、Ym)	Ⅲ-8-① 索伦镇-黄岗梁铁(锡)铜锌成矿亚带	扎木钦银铅锌矿;花敖包特、黄土梁铅锌矿;毛登铜锡矿;朝根山矿点铬矿;窝栅特、梅劳特乌拉矿;黄岗梁铁锡矿、宝盖沟锡矿、莫古吐锡矿、哈达吐铅锌矿、安乐锡铜矿、道伦达坝铜矿、拜仁达坝银铅锌多金属矿、维拉斯托银铅锌矿、白音胡硕镍钴矿、珠尔很沟镍钴矿
			Ⅲ-8-② 神山-白音诺尔铜铅锌铁铌(钽)成矿亚带(Y)	神山铁多金属矿;呼和哈达、乌兰吐、沙日格台、东苍和屯铬矿;石长温都尔铅锌银矿、敖林铅锌矿、浩布高铜铅矿、敖脑大坝铜银矿、白音诺尔铅锌银矿、哈拉白铅锌矿、收发地铅锌矿、碧流台铅锌矿、小井子铅锌矿、后卜河铜铅锌矿、马鞍山铁矿、八〇一矿
			Ⅲ-8-③ 莲花山-大井子铜银铅锌成矿亚带(I,Y)	莲花山铜银铅矿、长春岭铜矿、闹牛山铜矿、马鞍山铁铜矿、孟恩陶勒盖铅锌矿、布敦花铜银矿、水泉铜银矿、敖尔盖铜矿、大井子铜银矿、驼峰山硫多金属矿
			Ⅲ-8-④ 小东沟-小营子钼铅铜成矿亚带(Vm、Y)	小东沟钼矿、柳条沟铅锌矿、柯单山铬矿;官地、温德沟、四棱子山银金矿;余家窝铺银矿、硐子铜矿、小营子铅锌银矿、天桥沟铅锌银矿、何尔乌苏铅锌矿、敖包山铜铅锌矿、乃林沟铁矿
			Ⅲ-8-⑤ 卯都房子-毫义哈达钨萤石成矿亚带(Y)	卯都房子钨矿、三胜村钨矿、毫义哈达钨矿、灰热哈达钨矿、柯单山铬矿、石匠山萤石矿、达盖滩萤石矿

续表 4-7

Ⅰ级成矿单元	Ⅱ级成矿单元	Ⅲ级成矿单元	Ⅳ级成矿单元	代表性矿床(点)
Ⅰ-4滨太平洋成矿域(叠加在古亚洲成矿域之上)	Ⅱ-13吉黑成矿省	Ⅲ-9松辽盆地油气铀成矿区(Yl-He)	Ⅲ-9-①通辽科尔沁盆地煤油气成矿亚带(Y)	库里吐钼矿、白马石沟铜矿
			Ⅲ-9-②库里吐-汤家杖子钼铜铅锌钨金成矿亚带(Vm、Y)	汤家杖子钨矿、大麦地钨矿、赵家湾子钨矿、五家子铜矿、撰山子金矿、各力各金矿、后公地铅锌矿、奈林沟金矿、峰水金矿
	Ⅱ-14华北成矿省	Ⅲ-10华北陆块北缘东段铁铜钼铅锌金银锰磷煤膨润土成矿带	Ⅲ-10-①内蒙古隆起东段铁铜钼铅锌金银锰磷煤膨润土成矿带	伊胡赛金矿、明干山铜矿、大水清金矿、热水金矿、金蟾山金矿、十家满族乡金矿、梅林窝铺金矿、东风金矿、陈家杖子金矿、三宝铁矿、奈林金矿、大黑山铁矿、金厂沟梁金矿、二道沟金矿、卧牛沟金矿、芦家地金矿、南弯子铁矿、长岭铅锌矿、哈拉火烧铁矿、伊河沟铅锌矿、官地金银矿、红花沟金矿、莲花山金矿、柴火栏子金矿、车户沟铜钼矿、索虎沟金矿、石人沟金矿、大西沟金矿、白羊沟铅锌矿
		Ⅲ-11华北陆块北缘西段金铁铌稀土铜铅锌银镍铂钨石墨白云母成矿带	Ⅲ-11-①白云鄂博-商都金铁铌稀土铜镍成矿亚带	白云鄂博铁稀土矿、赛乌苏金矿、黄花滩铜矿、小南山铜镍矿、百灵庙铁矿、高腰海铁矿、黑敖包铁矿、浩牙日胡都格矿、哈尼河金矿、小乌淀金矿、上花何金矿、老羊壕金矿、布龙图磷矿、西大旗磷矿、后石哈达铁矿、合教铁矿、周喜才铁矿、杨六疙八钬铁矿、克布铜镍矿、乌兰赤老铁矿、角力格太铍矿、三合明铁矿、中斯拉钨矿、银宫山金矿、段油坊砂金矿、新地沟金矿、高台金矿、古营子铁矿、白石头硅钨矿、千斤沟锡矿、霍各乞铜多金属矿、额布图镍矿、炭窑口铅锌硫矿、东升庙硫铅锌矿、盖沙图铜矿、迭布斯格铁矿、克林哈达铁矿、查汗陶勒盖矿、对门山锌矿、西德岭铁矿、甲生盘铅锌硫矿、红毫锰矿、六大股锰矿、书记沟铁矿、公益明铁矿、东五分子铁矿、王成沟铁矿、车铺渠铁矿、十八倾豪金矿、水泉头分子金矿、打不浪金矿、白银洞铁矿、大地渠铁矿、三道沟铁矿、三合明铁矿、合教铁矿、周喜才铁矿、陈大壕铁矿、高腰海铁矿、西乌兰不浪金矿、中后河金矿、乌拉山金矿、梁前金矿、十五号金矿、后石龙金矿、摩天岭金矿、潘家沟银矿、大南洼铁矿、乌拉山白云母矿、点力斯太铁矿、壕赖沟铁矿、五当召石墨矿、庙沟石墨矿、什报气石墨矿、灯笼素石墨矿、卯独庆金矿、金盆金矿、白银河金矿、北大同营金矿、小南沟金矿、李清地银矿、土贵乌拉白云母矿、大阳坡金矿、驼盘金矿、黄土窑石墨矿、旗杆梁磷稀土矿、三道沟磷稀土矿、南井石墨矿、满洲窑铅锌矿、九龙湾银矿、克布铜镍矿
			Ⅲ-11-②狼山-渣尔泰山铅锌金铁铜铂镍成矿亚带	书记沟铁矿、东五分子铁矿、公益明铁矿、下湿壕铁矿、大地渠铁矿、车铺渠铁矿、白银洞铁矿、三道沟铁矿、乌兰赤老铁矿、马脑沟铁矿、霍各乞铁铜多金属矿、额布图镍矿、迭布斯格铁矿、克林哈达铁矿、查汗陶勒盖铁矿、乔二沟锰矿、红毫锰矿、六大股锰矿、炭窑口硫多金属磷矿、东升庙硫多金属磷矿、十八倾壕金矿、水泉头分子金矿、打不浪沟金矿、后石花金矿、十二号村金矿、西乌兰不浪砂金矿、中后河砂金矿、麻迷兔砂金矿、东伏房金矿、对门山锌硫矿、甲升盘硫多金属矿、三片沟硫多金属矿
			Ⅲ-11-③乌拉山-集宁金银铁铜铅锌石墨白云母成矿亚带	乌拉山金矿、摩天岭金矿、三道盘金矿、哈拉更八汉板金矿、卯独庆金矿、哈拉沁金矿、常福龙金矿、棋盘沟金矿、金盆金矿、白银河金矿、北大同营金矿、小南沟金矿、大阳坡金矿、李清地银铅锌锰矿、九龙湾银矿、贾格尔其庙铁矿、榆树沟铁矿、杨树沟铁矿、壕赖沟铁矿、盘路沟铁矿、新地沟磷点、陶卜旗磷矿、梁前金矿、十五号金矿、后石龙金矿、摩天岭金矿、潘家沟银矿、大南洼铁矿、乌拉山白云母矿、点力斯太铁矿、五当召石墨矿、庙沟石墨矿、什报气石墨矿、灯笼素石墨矿、土贵乌拉白云母矿、驼盘金矿、黄土窑石墨矿、旗杆梁磷稀土矿、三道沟磷稀土矿、南井石墨矿、满洲窑铅锌矿、九龙湾银矿

续表 4-7

Ⅰ级成矿单元	Ⅱ级成矿单元	Ⅲ级成矿单元	Ⅳ级成矿单元	代表性矿床(点)
Ⅰ-4滨太平洋成矿域(叠加在古亚洲成矿域之上)	Ⅱ-14华北成矿省	Ⅲ-12鄂尔多斯西缘(台褶带)铁铅锌磷石膏芒硝成矿带	Ⅲ-12-①贺兰山-乌海铁铅锌磷石膏芒硝煤成矿亚带	察干郭勒铁矿、千里沟铁矿、正目观磷矿、南寺磷矿、崔子窑沟磷矿
		Ⅲ-13鄂尔多斯(盆地)铀油气煤盐类成矿区(Mz、Kz)		
		Ⅲ-14山西断隆铁铝土矿石膏煤煤层气成矿带		西磁窑沟铁矿、赶牛沟铁矿、桦树坡铁矿、榆树湾硫铁矿

三、遥感在构造研究中的作用

遥感地质特征指前面已描述的线、带、环、色、块遥感找矿五要素和近矿找矿标志。遥感找矿五要素和近矿找矿标志中的任一种要素都是独立的找矿线索。五要素在区域上的发育程度及组合关系代表该地段地质构造背景、成矿控矿条件和有用矿床可能生成的信息。在区域某一地段,可能只有一种要素存在,也可能多组要素同时存在。五要素同时集中于一地,成矿条件最理想,找矿效果最好,只有一种要素存在,找矿效果也不一定差。据遥感找矿相关研究,寻找大型、超大型找矿远景的铜、铁成矿有利地段可能只要有五要素或近矿找矿标志中的一两项要素就可以。

第三节 遥感异常组合与地质构造的关系

将遥感异常组合与内蒙古构造分区图(图 4-26 和图 4-27)进行叠加后分析可知:在内蒙古西部和中部的异常密度较高。西部地区大型构造区块主要沿北西西向分布,羟基异常主要沿北山地块南、北缘岩石圈断裂带分布,铁染分布更广泛。在内蒙古中部和西部的构造分区主要由北东与近东西向的大型断裂构成,羟基密度组合在温都尔庙-西拉木伦河超岩石圈断裂与查干敖包-阿荣旗超岩石圈断裂之间的分布相对集中;铁染组合主要分布在查干敖包-阿荣旗超岩石圈断裂的两侧,同时在区域东北部有大量的异常沿得耳布尔超岩石圈断裂及其次一级断裂与东西向断裂复合处分布。在其他构造区块内的异常也均有分布,分散程度相对较高。

综观内蒙古遥感异常,主要构造分带呈带状断续展布,大面积条带状展布的遥感异常与主要的地层分布近于一致,主要表示地层中铁化和泥化矿物的分布状况,找矿的指示意义较弱,分布在侵入岩中的遥感异常主要表现为团块状展布,主要分布在岩体范围内;遥感异常有较明显的分带现象,基本上沿大的构造分区展布。另外,遥感异常与全区内铜铅锌金等热液成因的具有矿化蚀变发育的金属矿床、矿(化)点有一定的联系,吻合度较好。

一、遥感羟基异常的分布规律

内蒙古遥感羟基异常总体沿一二级断裂构造分布的岩石地层和侵入岩呈有规律性带状展布。除在侵入岩中 OH^- 异常高强度、大面积的分布显得十分明显外,整体上多表现为断续延伸的条带状或若有若无的零散斑点,强度多以弱异常为主,局部强弱异常套合完整(图 4-26),说明羟基异常分布较铁染异常分布广,强度也较高。

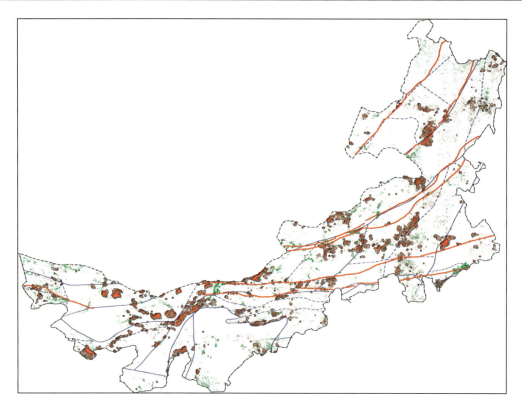

图 4-26 内蒙古遥感羟基异常密度图叠加综合异常及一级构造图

1. 碎屑岩系地层中的异常

羟基异常主要出现在砂岩、粉砂岩、泥岩夹灰岩、火山岩地层中,展布方向沿一二级断裂构造展布,受断裂构造控制明显。异常多呈斑块状或小斑状,虽然分布连续性较差,但强弱异常套合较好,且与已知成矿事实和物化探异常也有较高的吻合率,这些羟基异常对找矿有直接的指示意义。

2. 侵入岩体中的异常

羟基异常主要出现在花岗岩、花岗斑岩、石英斑岩、花岗闪长岩、英云闪长岩等中酸性侵入岩体及与地层接触带周边,表现为明显的连片区块,具有一定的规模和强度,并常伴有铁染异常存在,主要反映因岩体侵入而引起的围岩蚀变形成的褐铁矿化、硅化和碳酸岩化等信息,与已知成矿事实有一定的套合,具有指示找矿意义。

3. 碳酸盐岩地层中的异常

羟基异常主要出现在碳酸盐岩地层中,与地层的空间分布近于一致,沿大型断裂带展布,规模较大,连续完整,强度高。这类遥感异常可能与岩性有一定的相关性,但分布于灰岩地层中的零星羟基异常,不排除是矿化蚀变的可能。

4. 断裂带中的异常

羟基异常绝大部分沿主要的大断裂带状展布,明显地受断裂构造控制。这类遥感异常代表了由于构造热液作用引起的蚀变,主要反映黄铁矿化、绿泥石化和褐铁矿化等蚀变信息,它们或整齐地夹持于两条断裂之间或几组断裂交会部位,或严格沿断裂走向线断续分布,虽然规模一般不大,但强弱异常之间或与铁染异常之间的套合良好,因此遥感异常出现的这些断裂部位矿化蚀变的可能性极大。

5. 松散堆积物中的异常

出现于第四系河谷、沟谷及山前堆积地区的遥感羟基异常，是由风化作用形成的含 OH^-、CO_3^{2-} 等的表生沉积物，如石膏、芒硝、黏土等引起，对找矿无直接的指示意义，因此将这部分假遥感异常进行了剔除。

二、遥感铁染异常的分布规律

内蒙古铁染异常分布大致与区域构造线走向一致，大部分铁染异常分布在碎屑岩地层中，少量出现在侵入岩体（株）中，异常受断裂控制较明显，在已知的铜铅锌等多金属矿床、矿化蚀变带上及其附近都出现有强度不等的铁矿化信息（图 4-27）。依据铁染异常所在区域的地层、岩性、构造等地质条件的不同，不同程度地指示着金属矿化蚀变信息。根据异常所出现的岩性地层、构造、岩浆岩等地质矿产背景，大致将异常分为以下 5 类。

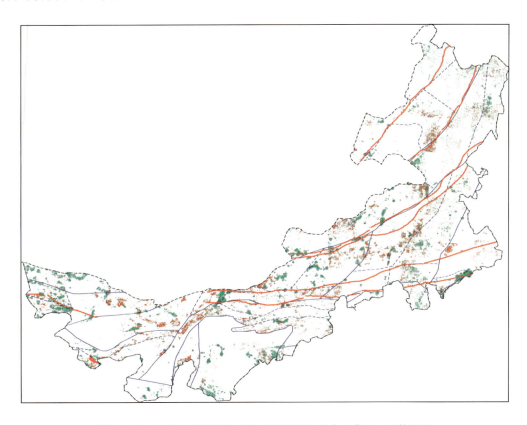

图 4-27　内蒙古遥感铁染异常密度图叠加综合异常及一级构造图

1. 侵入岩体中的异常

铁染异常主要大面积集中出现在中酸性侵入岩浆岩带，呈不规则斑块状或小斑状分布于花岗斑岩、英云闪长岩、花岗闪长岩等侵入岩中或与地层接触带附近，规模较大，延伸性较好，而且异常多沿侵入岩中北东向或北西向断裂或两者交会处分布。在低值级异常区中，伴随出现一定规模、大小不等、形状不规则的面状和条块状的中高值级异常，局部相互间套合较完整。铁矿化异常分布区或边缘具有已知的与接触交代有关的铁矿床（矿点）、铜矿化等，也偶尔伴随有较好的区域化探异常和自然重砂异常显示，对找矿有一定的指示意义。

2. 碳酸盐岩地层中的异常

铁染异常主要出现在碳酸盐岩地层,总体沿大型断裂构造展布,规模较大,高、中、低 3 级异常均有出现,低值级异常连续性较好,中高值级异常仅在其中呈分散状分布,对找矿的指示意义较弱。

3. 碎屑岩系地层中的异常

铁染异常主要出现在砂岩、粉砂岩夹灰岩、火山岩地层中,空间分布总体与一二级断裂走向一致。异常多呈小斑状或斑块状,一般级值较低,异常规模较小、断续延伸、分散展布,其中低值级异常连续性相对较好,分布于低值级异常内的中高值级异常连续性差,多呈零星分散的不规则斑点状或星点状。这类异常不仅与化探异常有较高的套合率,也与已知成矿事实有较高的吻合率,其中大多数遥感异常无疑是找矿蚀变信息的反应。碎屑岩夹灰岩地层中,铁染信息多呈面状连续分布,规模大、强度高,其存在和分布与地层岩性可能有直接因果关系,但还有矿化蚀变发生的可能,为不遗漏信息,局部地段暂且保留了部分该类遥感异常,有待今后工作中进一步甄别。

4. 断裂带上的异常

铁染异常主要沿内蒙古大型断裂和次级断裂带及其交会部位分布,部分沿次级断裂一侧呈断续斑块状展布,异常值普遍较高,强弱异常均有出现,且与羟基异常时有套合,与矿床(点)及矿化蚀变带相关性较高,是不容忽视的重点找矿地带。

5. 松散堆积物中的异常

出现于第四系河谷、沟谷及山前堆积地区的遥感铁染异常,是由风化作用形成的表面褐铁矿等含铁矿物或堆积物含水湿度的不同而导致光谱亮度值的差异引起,对找矿无直接的指示意义,因此将这部分假遥感异常进行了剔除。

三、遥感异常的分布规律

(1) TM、ETM 数据提取的遥感异常通常为多种蚀变矿物的集合体引起,反映含有羟基和铁染成分的蚀变矿物信息。

(2) 遥感异常由若干紧密相邻的遥感异常点阵群构成。通过滤波处理,剔除孤立的异常点,消弱了异常点分布零乱无序,有利于从整体上把握遥感异常的趋势和分布规律。

(3) 遥感异常分布受区域构造控制明显,研究区北部沿大型断裂带展布,同时局部遥感异常分布上受次级断裂的控制也呈现较强的一致性,在地层中多为大面积展布,基本上是岩性异常,指示找矿意义较弱。在侵入岩和次级断裂的交会部位遥感异常发育较好,多为零星小面积分布,具有较好的指示找矿意义。

(4) 遥感异常出现在主要含矿岩石地层或地层与中酸性侵入岩体之间的接触带或断裂带附近。羟基异常与铁染异常相伴出现,并有一定的叠置,局部两类异常叠置程度较高;遥感异常与线环构造关系密切;遥感异常或整齐地夹持于两条断裂之间或几组断裂交会部位,或严格沿断裂走向断续分布,亦或与环形构造吻合,展布于线性构造交切部位等;与已知成矿事实或化探异常有一定的套合程度,这些部位均为成矿的有利部位。

(5) 在大地构造和成矿带的控制作用下,研究区沿区域性断裂分布的铜、金、铁等已知矿点均有不同程度的遥感异常分布,反映了遥感异常在断裂构造、成矿分布上具有良好的指示意义。但对于矿化蚀变较弱的矿区,遥感异常分布较弱或没有显示,可能还需要进一步深入研究。

第五章　Ⅲ级成矿区带遥感资料应用研究

大地构造单元的划分反映了地壳发展、演化的地质历史，成矿带的划分多与同级别的大地构造单元相对应。本书成矿区带的划分侧重考虑成矿作用在区域上的共性，即控矿因素、矿床成因类型、共伴生矿物组合等（图5-1）。

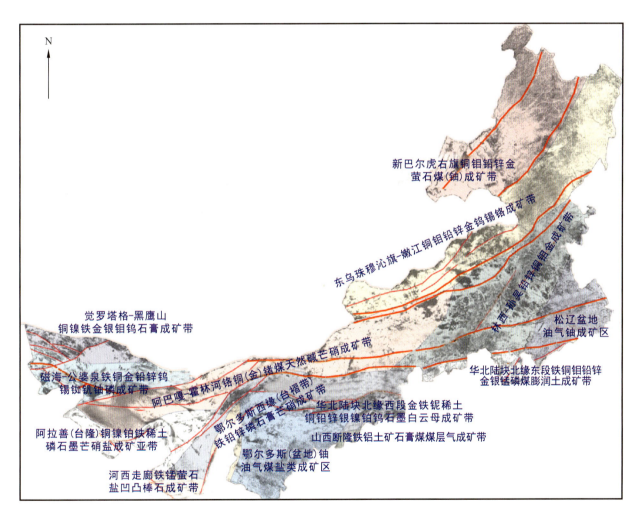

图5-1　内蒙古自治区遥感解译构造及成矿区带划分图

第一节 古亚洲成矿域（Ⅰ-1）遥感地质特征

一、Ⅱ-2 准格尔成矿省遥感地质特征

该成矿省中主要介绍Ⅲ-1觉罗塔格-黑鹰山铜镍铁金银钼钨石膏成矿带。

该成矿带是一个以陆壳为基底的火山弧，岩浆弧的东部出露有中、新太古界片麻岩变质建造和古元古界北山岩群片岩、斜长角闪岩类变质建造。奥陶纪为安山岩-英安岩-流纹岩等钙碱型火山岩、火山碎屑岩。火山弧两侧则为浅-次深海相的陆缘斜坡性质的细砂岩-粉砂岩-硅质岩建造、笔石页岩建造。志留纪早期为滨-浅海相的陆棚相砂岩-粉砂岩-泥页岩建造，中晚期为以安山岩为主的安山岩、英安岩、流纹岩等。

陆缘火山弧的喷溢活动，伴有弧后盆地粉砂岩-粉砂质泥岩-硅质岩建造。泥盆纪继承了志留纪火山活动的特点，但火山-沉积的范围较志留纪大为缩小。石炭纪受南部红石山裂谷山影响。内蒙古仍有石炭纪裂谷型中酸性火山岩、火山碎屑岩沉积。

奥陶纪—泥盆纪侵入岩不发育，可能受南部红石裂谷盆地俯冲消亡的影响，广泛出露有晚石炭世—二叠纪的俯冲型岩浆杂岩。

遥感影像特征：在ETM741影像图上，由于是裸露区，色彩十分丰富（图5-2）。该成矿带的线性构造是以北西向断裂带为主，北东向断裂带与之交会，而流沙山钼矿、黑鹰山铁矿、碧玉山铁矿、乌珠尔嘎顺铁铜矿、甜水井铜金矿点、小狐狸山钼矿、三个井金矿等则与这些断裂带以及异常特征密切相关。

我们在该区内选择了4个典型区域作为具体研究对象。

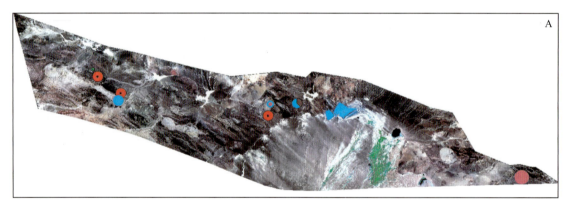

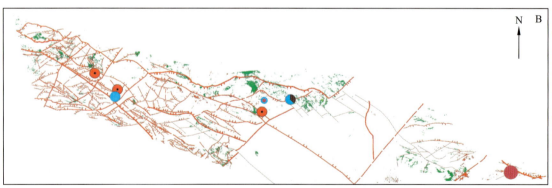

图5-2 觉罗塔格-黑鹰山铜镍铁金银钼钨石膏成矿带遥感影像图（A）和遥感综合信息图（B）

1. 内蒙古额济纳旗小狐狸山斑岩型铅锌钼矿遥感地质特征分析

该区内断裂构造发育，主构造线受控于北东向的黑鹰山-雅干深断裂和依赫尔包-苏吉诺尔大断裂，次级构造为两断裂之间的北西向断裂以及小狐狸山破火山及其周边的放射状断裂，其中北西和北东向断裂是区内的主要控矿构造(图5-3)。断裂构造主要有北西向、北东向两组断裂，控制着含矿岩体的分布，是本区的主要控岩控矿构造。深成侵入岩为二叠纪花岗岩(图中亮色区域)，也是本区的含矿岩体，主要岩性有边缘相中细粒似斑状花岗岩和过渡相中粗粒似斑状黑云母花岗岩。出露地层有下奥陶统咸水湖组安山质岩屑晶屑凝灰岩和蚀变安山岩。总体产状倾向北西，倾角为38°～60°。下石炭统绿条山组砂岩夹安山岩，倾向北东，倾角60°左右。与咸水湖组呈断层接触关系。

岩浆活动从古生代至中生代，既有深成侵入岩，也有浅成侵入岩和火山岩。深成岩有辉长岩、闪长岩、石英闪长岩、英云闪长岩、二长花岗岩、花岗岩和正长花岗岩。火山活动从古生代开始直至晚石炭世，岩石类型包括玄武岩、安山岩、英安岩、流纹岩及火山碎屑岩。超浅成侵入岩及其脉岩相对集中于大狐狸山一带，岩石类型有闪长玢岩、花岗斑岩和石英斑岩。深成侵入岩为二叠纪花岗岩，也是本区的含矿岩体，主要岩性有边缘相中细粒似斑状花岗岩和过渡相中粗粒似斑状黑云母花岗岩。图5-3中圈定的岩体部分即为本次圈出的钼铅锌矿的成矿有利部位。

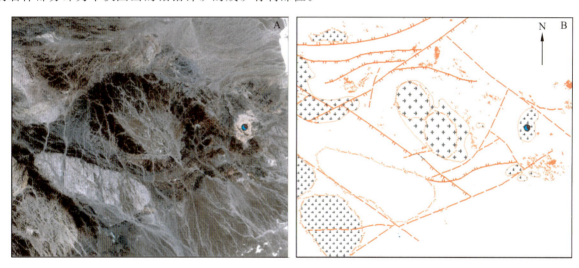

图5-3 内蒙古额济纳旗小狐狸山斑岩型铅锌钼矿遥感影像图(A)和遥感综合信息图(B)

2. 内蒙古额济纳旗黑鹰山石炭纪沉积型铁(铬钼)矿遥感地质特征分析

该区分布的地层：①新近纪(N)地层分布在黑鹰山以北大戈壁中，岩性为褐黄色或红褐色泥砂质，露头零星，倾角平缓；②侏罗纪(J)地层分布在清河口以西及附近的戈壁滩中，岩性为绿色砂岩与绿色砾岩互层，走向NW330°，倾角较陡；③早中石炭纪(C)地层分布在黑鹰山东部及清河以西，倾向北西，岩性为绿色片岩、砂岩、板岩互层，薄层石灰岩、绿色砾岩；④泥盆纪(D)地层呈透镜状分布在各矿区，初步推测属火山岩，上部为灰褐色或灰白色薄层大理岩夹凝灰岩和凝灰质砂岩，下部为灰绿色、棕色砂岩。

断裂构造发育，主要有两种类型构造：①北东向成矿前构造，控制成矿的地轴边缘褶皱带；②北西西向的一组扫帚状排列的构造以及成矿后的小断裂构造，是一种破坏矿体的小构造。从图5-4中可以看出，北东向构造的东部有半个环形褶皱带，该褶皱带应是海西期地槽西延部分——明水地轴北缘坳陷带的一部分，它的边缘地带有一圈破碎带，是该区多金属成矿的有利地段(图中的黄色区域部分)。

该区的岩浆岩可分为两期：早期为花岗岩，灰白色中粒花岗岩，分布在矿区南边；灰红色中-细粒花岗岩，这两种颜色的花岗岩为同一岩浆源经分异作用生成的。晚期为喷发岩和侵入岩，喷发岩，石英长石斑岩分布在上述花岗岩体的北部边缘带上,面积约数百平方千米,与花岗岩呈过渡关系;长石斑岩分布在长石石英边缘,局部可见石英长石捕虏体及角砾化现象;二长斑岩。浅成和侵入岩脉有花岗正长斑岩、石英闪长岩、闪长岩、辉长岩。

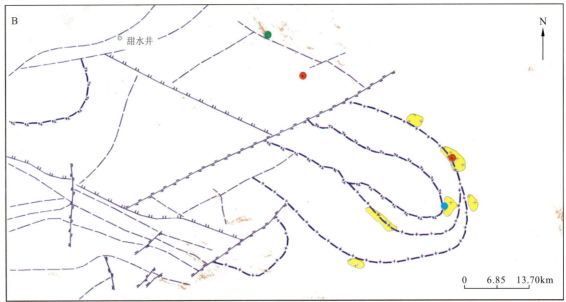

图5-4　内蒙古额济纳旗黑鹰山石炭纪沉积型铁(铬钼)矿遥感影像图(A)和遥感综合信息图(B)

3. 内蒙古阿拉善左旗亚干岩浆岩型镍铜矿遥感地质特征分析

在遥感图像上断裂构造表现为天山-兴蒙造山系红石山裂谷,处于雅干断裂带和恩格尔乌苏蛇绿混杂带之间,以褶皱、断裂和片理化构造为主,主要褶皱构造为亚干复背斜和嘎顺陶来复向斜。近东西向或北西西向构造控制前中生代岩浆岩分布。含矿建造为基性—超基性侵入岩建造。主构造线以压性北东向构造为主,与北西向及近东西向构造组成该区的构造格架(图5-5)。其他构造多数为张性或张扭性小构造,这种构造多数为储矿构造。

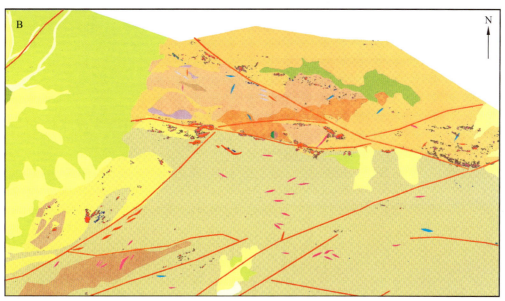

图 5-5 内蒙古阿拉善左旗亚干岩浆岩型镍铜矿遥感影像图(A)和遥感综合信息图(B)

该区是位于北山-阿拉善北部铜、铁、钼、金、镍、锑、铂金属元素聚集区,该聚集区西起额济纳旗清河口,东至阿左旗苏红图,长约 600km,宽约 150km,呈近东西向分布。该区位于古亚洲构造域中亚成矿带的西南侧,构造十分发育,以北西向复式背斜为主体,区内发育数条规模不等的次级线性背向斜构造。其中北东向断裂为控岩断裂。

从整个预测区的环状特征来看,大多数为下岩浆作用而成,而矿产多分布在环状外围的次级小构造中。出露地层有古元古界北山群、下白垩统巴音戈壁组和苏红图组。亚干式岩浆型铜镍钴矿预测工作区内有两个最小预测区,分布在预测区东部及东南部,北东向与北西向断裂交会,近东西向断裂经过最小预测区,有羟基铁染异常分布。

4. 内蒙古额济纳旗乌珠儿嘎顺式矽卡岩型铁铅锌钼多金属矿遥感地质特征分析

通过该区的断裂构造带只有一条,为清河口-哈珠-路井断裂带。该断裂带自甘肃延入内蒙古,经额济纳旗等地,向东延入蒙古境内。本图幅内延长120km,总体北西向展布。该断裂是北山海西中晚期地槽褶皱带分界,北侧为石炭纪形成的六驼山、雅干复背斜,南侧为二叠纪形成的哈珠、哈日苏亥复向斜,沿断裂有海西期辉长岩、超基性岩分布(图5-6)。

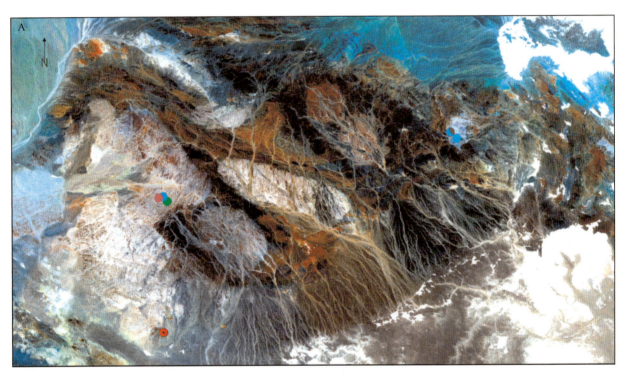

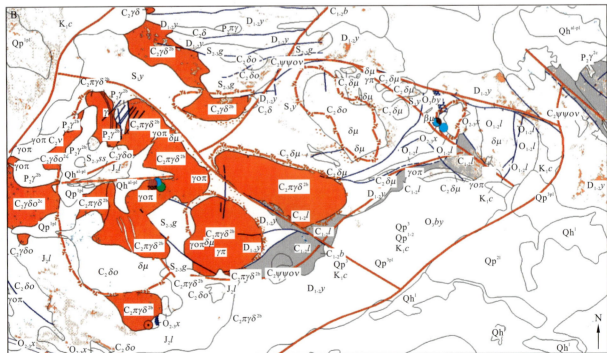

图5-6 内蒙古额济纳旗乌珠儿嘎顺式矽卡岩型铁铅锌钼多金属矿遥感影像图(A)及遥感综合信息图(B)

图 5-6A 共解译出 6 条中型断裂带：呈北西西向、近东西向和北东向的断裂带构成了一个整体格架。这些断裂带有：乌珠嘎顺构造带、楚伦呼都格-察哈日哈达音呼都格张扭性构造、清河口构造、若羌-敦煌断裂带和额济纳戈壁断陷盆地边缘构造。这些断裂带为多个金属矿床的形成提供了运移通道，区内分布有碧玉山、黑鹰山铁矿、乌珠尔嘎顺铁矿和流沙山钼矿、铅锌矿等。

图 5-6 中的小型断裂比较发育，以北东向和北西向为主，局部发育北北西向及近东西向小型断层，其中北西向小型断裂多为正断层，形成时间较晚，多错断其他方向的断裂构造，其分布规律较差，仅在平顶山—哈珠—小狐狸山一带有成带特点，为较大的弧形构造带。北东向的小型断裂多为逆断层，形成时间明显早于北西向断裂，其分布略有规律性，这些断裂带与其他方向断裂交会处，多为金多金属成矿的有利地段。

乌珠尔嘎顺矽卡岩型铁矿是以中泥盆统塔尔巴格特组与燕山早期黑云母花岗岩体的外接触带内、花岗岩体顶部的局部凹陷区为标志，受到北东向构造的影响，但局部上受到北西向线性沟谷的影响，该地层沿着乌珠尔嘎顺一带呈北东向展布，控矿带在遥感影像上的地貌特征突出。

二、Ⅱ-4 塔里木成矿省遥感地质特征

该成矿省中主要介绍Ⅲ-2 磁海-公婆泉铁铜金铅锌钨锡铷钒铀磷成矿带。该成矿带分 3 个部分分别叙述。

（1）成矿带的东部区，以巴丹吉林沙漠北缘为界，是一个发育在早古生代岛弧之上的石炭纪弧间型裂谷盆地。盆地底部沉积了含铁长石石英砂岩-砂砾岩，中上部沉积了长石石英砂岩、粉砂岩、粉砂质泥岩-泥岩-硅质岩建造，以及浅海相酸性—中酸性火山岩及火山碎屑岩建造。该裂谷内发育晚石炭世双峰式侵入岩为主的辉长岩、花岗闪长岩、石英闪长岩、英云闪长岩、二长花岗岩等，二叠纪主要是裂谷消亡时期弧内沉积，为浅海-滨海相的杂砂岩-粉砂岩-泥岩。晚期有少量中酸性火山岩。

遥感特征：深大断裂构造以北西向为主，异常分布范围广，与成矿有直接联系的是亚干铜镍多金属矿。

（2）成矿带中部区，是一个建立在古老变质基底岩系之上的岩浆弧，在遥感影像上反映出大型山前冲积扇。基底岩系由中新太古界黑云斜长变粒岩、石英岩、斜长角闪混合岩、黑云斜长片麻岩等变质建造，以及古元古界北山岩群黑云石英片岩、绢云石英片岩、石英岩、大理岩等变质建造。其上沉积了石炭纪被动陆缘相的浅海陆棚石英砂岩、长石石英砂岩、粉砂质泥岩，夹少量灰岩、砂砾岩和流纹岩。侵入岩主要为晚石炭世大量俯冲型花岗闪长岩、英云闪长岩、石英闪长岩、闪长岩、二长花岗岩等岩石构造组合。二叠纪发育俯冲型过铝质碱性系列花岗闪长岩、花岗岩岩石构造组合。

（3）成矿带西部区，是一个发育中新元古界—下寒武统稳定大陆边缘之上的岛弧。中元古界长城系古硐井群为一套陆棚相浅海-陆坡半深海相砂岩-粉砂质泥岩-硅质泥岩建造，局部夹石英砂岩。中、新元古界蓟县系—青白口系圆藻山群为陆棚相浅海开阔碳酸盐岩台地相的碳酸盐岩建造，局部为碧玉岩和泥岩。

下寒武统双鹰山组为浅海碳酸盐岩台地相的砾质灰岩、硅质泥岩、硅质灰岩、磷质岩建造。中晚奥陶世—志留纪开始了岛弧形火山喷发活动，形成以安山岩为主的安山岩-英安岩-流纹岩岩石构造组合的岛弧型火山岩-火山碎屑岩。由于岛弧的进一步伸展，形成深海相的奥陶纪蛇绿岩套。石炭纪—二叠纪，该区发育俯冲型岩浆杂岩的岩石构造组合。

遥感特征：断裂构造十分发育。珠斯楞至恩格尔乌苏一带，为塔里木板块与华北板块的缝合碰撞带。混杂岩带的基质为晚石炭世本巴图组陆源碎屑浊积岩建造，其中有以构造包体形式混杂的超基性岩、辉长岩、玄武岩和硅质岩等蛇绿岩碎片。而白云山西铬矿、旱山南铬矿、小黄山东铬矿、小尘包南西铬矿、索索井铜铁矿、东七一山钨钼矿、萤石矿、阿木乌素锑矿点、鹰嘴红山钨矿、老硐沟金矿、亚干铜镍多金属矿、神螺山萤石矿、玉石山萤石矿与这些断裂构造和羟基铁染异常信息有关（图 5-7）。

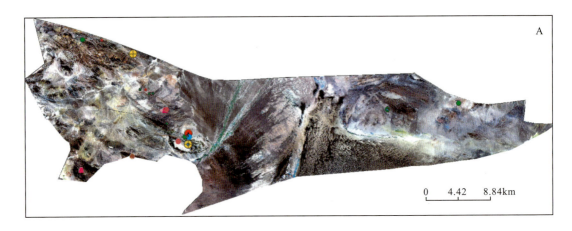

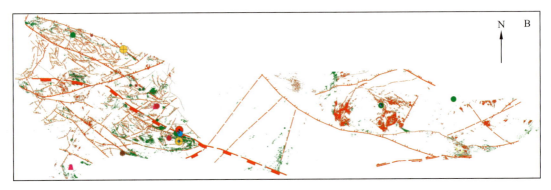

图 5-7 磁海-公婆泉铁铜金铅锌钨锡铷钒铀磷成矿带遥感影像图(A)和遥感综合信息图(B)

我们在该成矿带内选择了 6 个典型区域作为具体研究对象。

1. 内蒙古三个井侵入岩型金矿遥感地质特征分析

该区内断裂构造发育,主构造线受控于北东向清河口-哈珠-路井断裂带。该断裂带自甘肃延入内蒙古,经额济纳旗等地,向东延入蒙古境内。本图幅内延长 120km,总体北西向展布。该断裂是北山海西晚期地槽褶皱带分界,北侧为石炭纪形成的六驼山、雅干复背斜,南侧为二叠纪形成的哈珠、哈日苏亥复向斜,沿断裂有海西期辉长岩、超基性岩分布(图 5-8)。

图 5-8 中共解译出 6 条中型断裂带,呈北西西向、近东西向和北东向的断裂带构成了一个整体格架。这些断裂带有:乌珠嘎顺构造带、楚伦呼都格-察哈日哈达音呼都格张扭性构造、清河口构造、若羌-敦煌断裂带和额济纳戈壁断陷盆地边缘构造。这些断裂带为各金属矿床的形成提供了运移通道。

图 5-8 中的小型断裂比较发育,以北东向和北西向为主,局部发育北北西向及近东西向小型断层,其中北西向小型断裂多为正断层,形成时间较晚,多错断其他方向的断裂构造,其分布规律较差,仅在平顶山—哈珠—小狐狸山一带有成带特点,为较大的弧形构造带。该工作区岩浆岩及矿点多受近东西向挤压破碎带控制,各挤压带为重要成矿区带,区域性大构造为重要的控岩构造,而分布于岩体周围的次一级小构造则为主要控矿构造。断裂带上及岩体接触带上动力变质作用和接触变质作用发育,与成矿关系密切。

该区一共解译了 129 个环,按其成因可分为三类环:构造穹隆引起的环形构造;中生代花岗岩引起的环形构造;古生代花岗岩引起的环形构造。构造穹隆引起的环形构造影像特征是:整个块体隆起,呈椭圆状,主要为环形沟谷及盆地边缘线构成,边界清晰,山脊和山沟以山顶为中心向四周呈放射状发散图。中生代花岗岩引起的环形构造影像特征主要是:影纹纹理边界清楚,花岗岩内植被发育,纹理光滑,

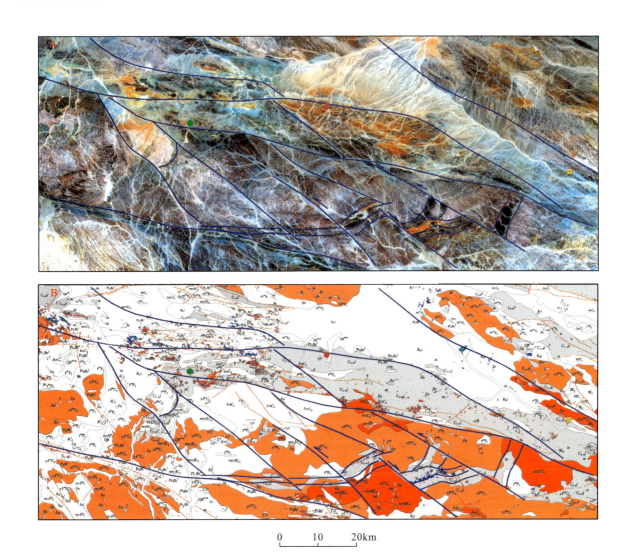

图 5-8 内蒙古三个井侵入岩型金矿预测工作区遥感影像图(A)和遥感综合信息图(B)

构造隆起成山。

2. 内蒙古额济纳旗东七一山侵入岩型多金属矿遥感地质特征分析

该区以断裂构造为主,早期构造是一条北西向的北山地块南缘岩石圈断裂,在本区的西南角通过,这些断裂绝大多数与成矿有关,为矿液的通道和良好的沉淀场所,构造线以北东向和近于南北向的两组断裂最为发育,断裂带内被石髓-萤石脉充填。构造均为成矿前断裂构造,后期有继承性复活,活动范围有限,对矿体矿化作用不甚明显(图 5-9)。

出露地层为中生界中上志留统公婆泉组大理岩、安山岩、英安岩、安山质凝灰岩、砂质板岩。区内侵入岩较发育,其中大面积出露海西期花岗岩、钠长石花岗岩和石髓-萤石脉,小面积出露石英正长斑岩和石英斑岩脉,其中花岗岩和钠长石花岗岩中赋存多条萤石矿体。

结合地质资料、异常特征,解译断裂特征和影像特征,我们在 ETM741 中圈出 4 处多金属成矿有利地段,以便作为今后工作的重点区域。

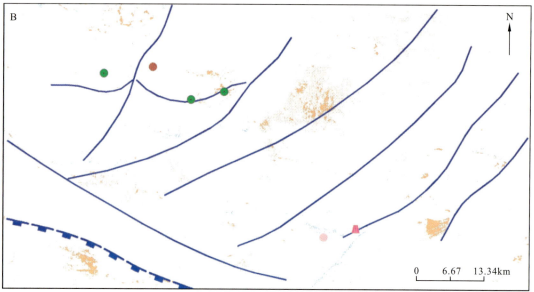

图 5-9　内蒙古额济纳旗东七一山侵入岩型多金属矿遥感影像图(A)和遥感综合信息图(B)

3. 内蒙古阿拉善左旗小雅干侵入岩型铜镍矿遥感地质特征分析

该区范围内线要素在遥感图像上表现为三组走向(图 5-10)。天山-兴蒙造山系红石山裂谷,处于雅干断裂带和恩格尔乌苏蛇绿混杂带之间,以褶皱、断裂和片理化构造为主。主要褶皱构造为亚干复背斜和嘎顺陶来复向斜。近东西向或北西西向构造控制前中生代岩浆岩分布。含矿建造为基性—超基性侵入岩建造。主构造线以压型北东向构造为主,其北西向与近东西向构造组成本地区的构造格架。其他构造多数为张性或张扭性小构造,且多数为储矿构造,预测区中内蒙古占图幅的大半,其他为国外部分。

位于北山-阿拉善北部的铜、铁、钼、金、镍、锑、铂族金属元素聚集区,西起额济纳旗清河口,东至阿左旗苏红图,长约 600km,宽约 150km,呈近东西向分布。该区位于古亚洲构造域中亚成矿带的西南侧,构造十分发育,以北西向复式背斜为主体,发育数条规模不等的次级线性背向斜构造。其中北东向断裂为控岩断裂。

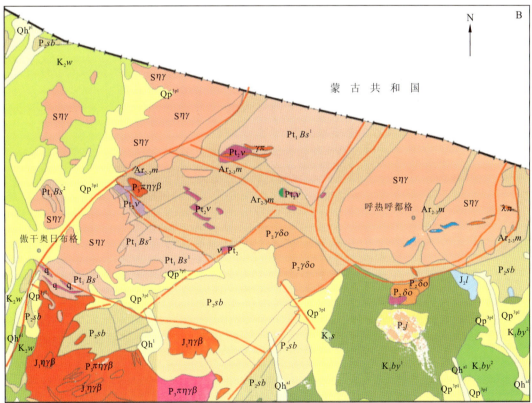

图 5-10 内蒙古阿拉善左旗小雅干侵入岩型铜镍矿遥感影像图(A)及遥感综合信息图(B)

从环形构造特征来看,大多数为下岩浆作用而成,而矿产多分布在环状外围的次级小构造中。遥感分析认为,矿体位于多期岩体、地层岩层突变的界面带上,类似部位在影像图上的 2、3、4 等地段(图 5-11)。

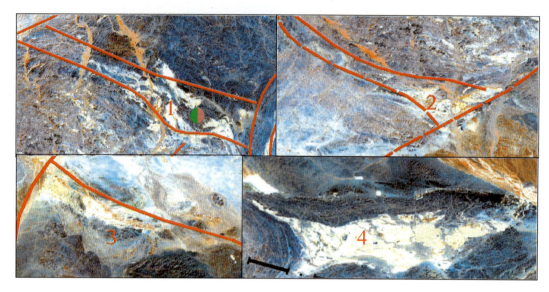

图 5-11　矿体位于多期岩体、地层岩层突变的界面带上(位置见图 5-10A)

4. 内蒙古额济纳旗老硐沟式岩浆热液型金铅多金属矿遥感地质特征分析

额济纳旗老硐沟式岩浆热液型金铅多金属矿位于预测工作区东南部,该区中心点坐标为:东经 99°57′30″,北纬 41°04′00″。出露地层主要为中、新元古界长城系、蓟县系及青白口系,其次零星分布下二叠统、上侏罗统、新近系和第四系。岩浆活动频繁,以海西中晚期鹰嘴红山似斑状黑云二长花岗岩和花岗闪长岩及少量辉长岩为主。

该矿区内断裂发育,大小断裂 70 余条。北北东向、北东向断裂与北西向断裂构成了整个矿区的构造格架;近东西向断裂以压扭性断裂为主,其次为张扭性断裂(图 5-12)。

近东西走向两组压扭性断裂,由西向东呈舒缓波状纵贯矿区,中间被晚期北西向断裂错移牵引,走向转为南东向,沿断裂带可见宽数米挤压破碎带、构造透镜体等构造行迹,它是矿区的主要导矿构造,又是金铅多金属矿的容矿构造。北西向多为张扭性断裂带,是矿区主要金铅多金属矿的容矿构造,控制着金铅矿脉及与成矿有关的闪长玢岩脉展布。金铅矿体受斑状花岗闪长岩与白云石大理岩接触带的控制,尤其在岩枝发育拐弯处、产状由陡变缓部位。在岩株内及与岩脉接触带生成一些小的铜矿体、金铜及金铅矿体。

5. 内蒙古阿木乌苏侵入岩型锑矿遥感地质特征分析

(1)成矿地质环境。矿区内出露地层仅见下二叠统菊石滩组火山岩段(现归于金塔组),由一套火山岩、火山碎屑岩夹少量正常碎屑岩组成。其岩性组合及空间分布特征可分为两个火山旋回:第一旋回下部以基性玄武岩、玄武质安山岩为主,中部主要为辉石安山岩和安山质凝灰岩,上部为含炭砂质板岩、硅质板岩、钙质长石石英砂岩,由矿区锑矿脉的分布特征及各类岩石的含矿性表明该火山旋回形成的各类岩石含矿性较差,仅在局部断裂蚀变带中形成锑、砷矿化;第二旋回岩性组合以中性安山岩为主,内夹数层安山质凝灰岩透镜体,本旋回火山岩是锑矿的主要赋矿层位,区内约 50%以上的锑矿脉产于该旋回的安山岩断裂带中。

(2)矿床的地球物理特征。区内仅进行过 1:2000 磁法剖面测量,共测制 5 条。结果表明,在阿木乌苏地区凡磁性强度较高的正值异常地段,均为非矿异常,多由远离矿体或矿化部位的辉绿岩、辉绿玢

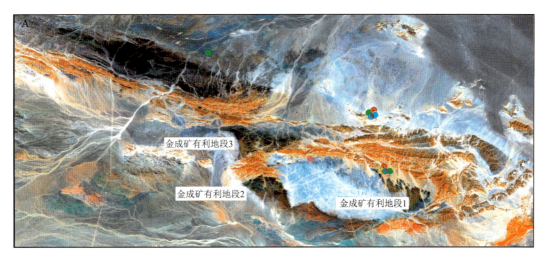

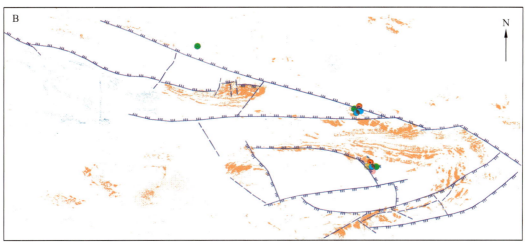

图 5-12 内蒙古额济纳旗老硐沟式岩浆热液型金铅多金属矿遥感影像图(A)和遥感综合信息图(B)

岩脉、闪长岩及磁化不均匀的安山岩所致。地面磁性强度多在 120nT 以上,在此较强磁场区一般无硫化矿体存在。磁性较弱的正值磁场带,多为与锑矿化密切相关的成矿母岩、含矿围岩及矿化蚀变带等。其地面磁性强度一般在 0～105nT 之间。在矿区范围内负磁场地段多是硫化矿体或矿化蚀变较强部位,其磁性强度一般在 0 至负几十纳特之间。区内较强磁性的正值磁场区一般无矿,而锑硫化矿体具低磁化率的特点,故利用地面磁法的低磁异常进行间接找矿具有一定效果。

(3)矿床的地球化学特征。锑、砷在各主要地质体岩石和水系沉积物中含量均高于克拉克值,为区域性富集元素,并且在区内主要地层和侵入岩石中,锑、砷含量分别高于相应岩石丰度值的 3.8 倍和 6.2 倍,表明地层是锑、砷的潜在矿源层,在岩浆岩石中锑、砷的富集倍数又明显高于地层,表明岩浆活动对锑、砷的富集具有重要的成矿作用。金在岩石和水系沉积物中含量均低于克拉克值,仅在燕山晚期花岗岩中相对富集,平均为 3.4×10^{-9},断裂活动对金铁富集具有明显的富集作用。

主要成矿元素组合异常特征:北西西—近东西向锑、金、砷、钼、锡、铅、银组合异常带,长 12km,宽 2～4km,包括 6 处综合异常,异常分布于挤压断裂带中,组合异常元素沿金塔组火山岩和岩浆岩区分布。其中锑、砷吻合连续带状展布,金、铅、银、锡、钼呈断续的带状展布。异常元素组合在空间形成为内带钼、金、锡,外带锑、砷,水平分带序列由东向西钼、金、锡、铅、银、锑、砷的组分分带。异常元素以燕山晚期花岗岩为中心向外扩散。阿木乌苏锑矿位于水平分带的外带。

围岩蚀变:在锑矿化断裂及两侧围岩中均不同程度地发育有绿泥石化、绿帘石化、碳酸盐化、绢云母化、高岭土化,其中近矿围岩以硅化、赤(褐)铁矿化及碲石化为主,这些中低温蚀变组合构成的线性蚀变带为矿化直接指示标志。

矿化标志:锑矿化体在地表强氧化条件下形成淡黄—黄色锑华、白色锑华、红色锑矿等氧化露头,色调鲜明,为直接找矿标志。

地貌标志:由于锑矿化体多产于构造裂隙内,经风化剥蚀后地貌上形成沟谷,山脊鞍部等低洼负地形为间接找矿标志。

(4)遥感地质特征解译。线要素主要包括断裂构造、脆-韧性变形构造、逆冲推覆构造、褶皱轴、线性构造蚀变带等基本构造类型,该预测工作区共解译线要素50条,均为断裂构造,没有脆-韧性变形构造带及逆冲推覆滑脱构造。

本工作区位于阿木乌苏-沙红山近东西向挤压断裂带的中偏西段,断裂构造极为发育,并对矿化体的生成及分布具有明显的控制作用(图5-13)。褶皱构造主要为一轴向北西西向的开阔向斜。两翼为金塔组火山地层。该区内不同方向、不同期次的断裂及其裂隙构造均较发育,主要有近东西向断裂,为区内成矿前构造;北西—北西西向断裂最发育,是与成矿关系最密切的一组,断裂可分为控矿、导矿、储

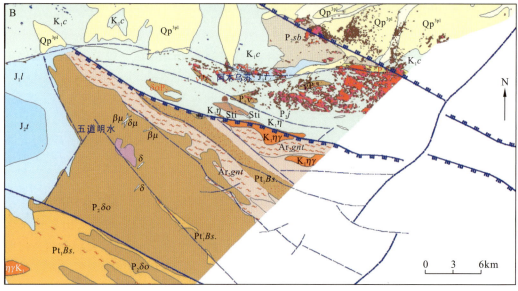

图5-13 内蒙古阿木乌苏侵入岩型锑矿遥感影像图(A)和遥感综合信息图(B)

矿三种断裂，控矿断裂为规模最大的两条断裂，导矿断裂是控矿断裂形成发展过程中产生的次一级断裂，储矿断裂一般为规模较小的裂隙构造，系沿导矿断裂形成的一组张性羽状裂隙，区内已知锑矿均富集于此类断裂中；近南北向断裂，属成矿期后构造；北东向断裂是区内最晚的一期断裂构造。

锑矿的主要赋矿层位是二叠系菊石滩组火山岩段（现归于金塔组），由一套火山岩、火山碎屑岩夹少量正常碎屑岩组成。

该区色要素的解译是根据断裂及两侧围岩中均不同程度地发育绿泥石化、绿帘石化、碳酸盐化、绢云母化，这些中低温蚀变矿物组合构成的线性蚀变带为矿化直接指示标志。

6. 内蒙古额济纳旗神螺山侵入岩型萤石矿遥感地质特征分析

内蒙古额济纳旗神螺山热液型萤石矿区的中心点坐标为东经98°33′24″，北纬40°38′34″。矿区内出露地层有下二叠统哲斯组第一岩组，地层从下而上，以正常沉积的砂岩、砾岩为主，逐渐过渡为火山碎屑沉积的沉凝灰质为主，而火山碎屑岩又从中性向酸性变化。萤石矿脉广泛分布于各个地层的不同岩性中，表现了成矿的岩性、地层的选择性不强。

该区断裂构造相当发育，北西向、北东向、北北西向、北北东向及近南北向断裂交织成不规则网格状（图5-14）。北西向断裂发育早，其他方向断裂发育晚，而萤石矿脉的展布形态受北北东向、南北向、北北西向断裂构造控制，产状与破碎带一致。

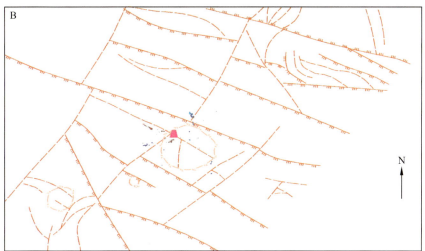

图5-14 内蒙古额济纳旗神螺山侵入岩型萤石矿遥感影像图(A)和遥感综合信息图(B)

该区环形构造有两种类型：一种是隐伏环形构造；另一种是由二叠纪正长花岗岩体引起的环形构造。该萤石矿正处在两者之间，属于热液充填型矿床。

三、Ⅱ-14 华北(陆块)成矿省(最西部)

该成矿省中主要介绍Ⅲ-3 阿拉善(台隆)铜镍铂铁稀土磷石墨芒硝盐成矿亚带。

该带出露最古老基底岩系为新太古界阿拉善岩群含蓝晶石、十字石、石榴二云母石英片岩、斜长浅粒岩、石英岩、大理岩等变质建造。中元古界墩沟子组为浅海陆棚相长石石英砂岩-砾岩建造、硅质条带状灰岩建造，属于基底岩系的盖层。震旦系为冰碛砾岩、泥页岩和碳酸盐岩，石炭系出露极少，为陆棚相碎屑岩建造。寒武纪基性—超基性侵入岩和脉岩属裂解性质的岩墙群。

遥感影像特征(图 5-15)：该带断裂构造不十分发育，主要以北东向和北东东向两组断裂控制，矿产也主要分布在这两组断裂带上，与此相应的羟基铁染异常分布特征也与断裂相关。该区的矿产主要有碱泉子金矿、特拜金矿、卡休他他铁多金属矿、沙拉西别铁铜硫矿、克布勒铁矿、恩格勒萤石矿、哈布达哈拉萤石矿、乃木毛道萤石矿、阿拉腾敖包铂矿、阿拉腾哈拉铂矿、朱拉扎嘎金矿(铂)、哈尧尔哈尔金矿(铂)、乌兰呼都格金矿(铂)、查干铁矿、阎地拉图铁矿、元山子镍钼矿等。

在该成矿带内我们选择了1个典型区域作为具体研究对象，即分析内蒙古阿拉善左旗朱拉扎嘎式火山-沉积热液改造型金等多金属矿遥感地质特征。

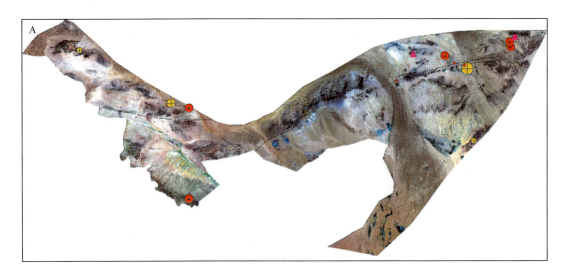

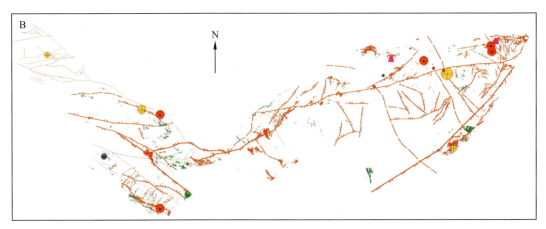

图 5-15 阿拉善(台隆)铜镍铂铁稀土磷石墨芒硝盐成矿亚带遥感影像图(A)和遥感综合信息图(B)

(1)成矿地质构造环境。主体位于华北陆块北缘隆起带西段,阿拉善台隆雅布赖山-巴音诺尔公断隆东侧,成矿区带属Ⅲ-12朱拉扎嘎-甲生盘元古代、古生代金、铅、锌、硫、铁、铜、铂、镍成矿带,Ⅳ123朱拉扎嘎金成矿亚带。

矿区地层:中元古界蓟县系渣尔泰山群增隆昌组(Chz),下部岩性为白云质灰岩、白云岩,上部为结晶灰岩。阿古鲁沟组(Jxa)下部为变质砂岩、粉砂岩、变质粉砂岩、霏细岩、结晶灰岩、变钙质石英粉砂岩,上部为薄层粗面流纹岩和石英角斑岩,Sm-Nd模式年龄分别为1297Ma和1187Ma。金矿层主要赋存于阿古鲁沟组一段中部含钙质的浅变质碎屑岩类(变质砂岩、变粉砂岩夹薄层变钙质粉砂岩、凝灰岩、粗面流纹岩、石英角斑岩)中。

矿区内岩浆岩出露较少,仅分布在矿区南侧和东南侧。加里东期辉长辉绿岩株和岩脉侵入阿古鲁沟组而被燕山期花岗斑岩脉侵入错断,同时沿北东向和北西向的张裂隙发育一系列派生的闪长岩脉,反映了加里东期拉张环境下地壳深处岩浆的上涌。此次岩浆活动对矿质的运移和聚集有一定的作用,而且也为含矿溶液的进一步活化提供了热源。燕山期花岗斑岩继承了早期岩浆活动的特点,多呈北东向脉群分布,且与地层构造线一致,该期岩浆活动对金矿的进一步富集可能亦有一定的作用。

(2)矿床的地球物理特征。磁异常在该矿区找矿效果明显,其主要原因是矿石中富含磁性矿物磁黄铁矿,而且磁黄铁矿的含量与矿石中金品位呈正相关关系。

(3)矿床的地球化学特征。①1:20万区域化探异常特征显示,异常位于巴音诺尔公东北朱拉扎嘎毛道一带,编号为AS28(甲$_1$),异常面积126km^2,呈等轴状,为由金、银、铜、铅、锌、锑、铋、汞、钨、铍、锂、钴、氧化铁等元素组成的综合异常,金丰度值17×10^{-9},面积36km^2,单点样分析金丰度值170×10^{-9},面积缩至20km^2;总之,该异常具有面积大,强度高,各元素异常浓集中心明显且吻合较好,反映了强地球化学作用下的地球化学异常特征。②为了进一步缩小靶区,寻找异常源,在AS28异常内进行了1:5万水系沉积物测量,出现了以金为主伴生银、铜、铅、锌、锑、铋、砷、钼等元素组成的综合异常;在朱拉扎嘎一带金异常强度最高,规模最大,出现了多个浓集中心,金丰度值最高的3处分别为380×10^{-9}、270×10^{-9}和150×10^{-9};在丰度值380×10^{-9}处发现了朱拉扎嘎金矿,在其他几处发现了金矿化脉。

(4)预测工作区遥感矿产地质特征。预测工作区内解译出1条大型断裂带,即乌兰沙河东断裂带呈北东向横跨整个图幅,与地层走向一致。解译出两条中型断裂带呈北西向展布,这两组断裂带造成地层走向不连续(图5-16)。

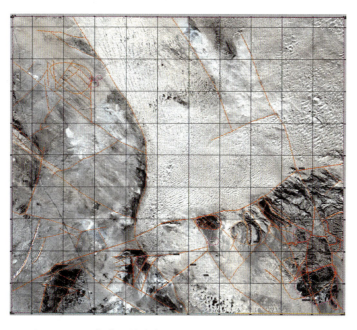

图5-16 阿拉善左旗朱拉扎嘎金矿所在区域影像及解译图

区内的小型断裂较发育,以北西向和北东向为主,控制了朱拉扎嘎金矿体的分布,并派生了一系列北北东—北东向次级断裂构造。不同方向断裂交会部位以及北西向弧形断裂是重要的多金属矿成矿地段。

区内的环形构造较发育,共圈出11个环形构造。它们在空间分布上有明显的规律,其中有9个隐伏岩体引起的环形构造。

区内共解译出色调异常2处,均为青磐岩化引起,它们在遥感图像上均显示为深色色调异常,呈细条带状分布;带要素13处,是渣尔泰山群阿古鲁沟组含矿地层。

(5)遥感最小预测区。综合上述遥感特征,朱拉扎嘎金矿预测工作区划分出7个朱拉扎嘎式层控内生型遥感最小预测区。

准噶顺北最小预测区:以北西向断裂为主,北东向断裂次之,近南北向的两条断裂控制了该区域。这两组断裂交会部位往往是成矿有利地段。该区覆盖较厚,影像图效果不明显,但有一化探异常与此特别吻合。

海生哈日最小预测区:以北西向断裂为主,北东向断裂次之,这两组断裂交会部位是成矿有利地段。

乌兰内河苏最小预测区:是隐伏的火山机构,遥感羟基和铁染异常分布特别集中区。

乌兰内河苏正东最小预测区:有一隐伏的火山机构,遥感羟基和铁染异常分布特别集中区。

巴彦希博西南最小预测区:以北西向断裂为主,北东向断裂次之,这两组断裂交会部位是成矿有利地段。

朱拉扎嘎毛道最小预测区:褶皱、断裂构造十分发育,这些断裂构造与金矿化有着密切的关系。成矿前的断裂构造对矿液的运移和富集起着主要的作用,而成矿后的断裂构造对矿体有破坏作用。朱拉扎嘎金矿位于该区域内。

呼和浩特南最小预测区:有一隐伏的火山机构,遥感羟基和铁染异常分布特别集中区。

第二节 秦祁昆成矿域(Ⅰ-2)遥感地质特征

该成矿域中以Ⅱ-5阿尔金-祁连成矿省遥感地质特征最为典型,在Ⅱ-5阿尔金-祁连成矿省中,则主要介绍Ⅲ-4河西走廊铁锰萤石盐凹凸棒石成矿带。

该成矿带北界为腾格里沙漠的南缘地带,在构造上属于坳陷带,其东为北北东向的贺兰山隆起带,西与原北山断块相接。该带构造主要继承了早期深大断裂的活动性,进一步发展了地壳表层的差异性升降运动,影响着新生代坳陷盆地的形成和发展,贺兰山和巴彦乌拉山都有此特征,断裂规模较小(图5-17)。代表性矿床有闫地拉图铁矿、元山子镍钼矿。通过对该区域影像特征分析,沙地和盐湖中含有一定量的钾盐。

该盆地最早沉积始于中寒武世,沉积的香山组为一套巨厚的滨海相长石砂岩、泥岩、碳酸盐岩,其上沉积了中下奥陶统米钵山组,为滨海相的长石石英砂岩、泥质类灰岩。奥陶纪之后弧后盆地闭合,其上沉积了泥盆纪山麓相-河湖相的砂砾岩、石英砂岩、粉砂岩。此后,进入同华北陆块区大致同步发展的地质历史阶段。

在该成矿带内我们选择了1个典型区域作为具体研究对象,即分析内蒙古阿拉善左旗元山子式沉积变质型钼矿建造特征。

预测区地层跨华北、祁连(大部分)两地层区,主体位于祁连地层区内的北祁连地层分区下的贺兰山地层小区。区内地层从老至新出露有中寒武统徐家圈组、上寒武统磨盘井组、下奥陶统天景山组、下奥陶统米钵山组、中泥盆统石峡沟组、上泥盆统老君山组、下石炭统前黑山组、下石炭统臭牛沟组、上石炭统羊虎沟组、下二叠统大黄沟组、下三叠统刘家沟组、下三叠统和尚沟组、上三叠统延长组、中侏罗统龙凤山组、上侏罗统沙枣河组、下白垩统庙沟组、古近系渐新统清水营组、新近系中新统红柳沟组、新近系

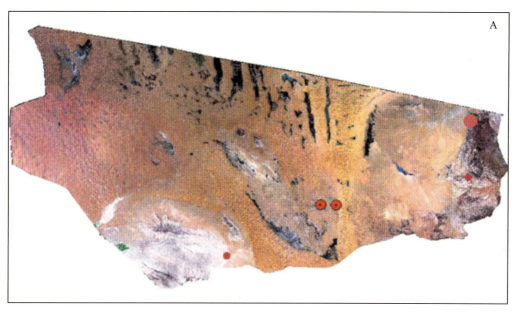

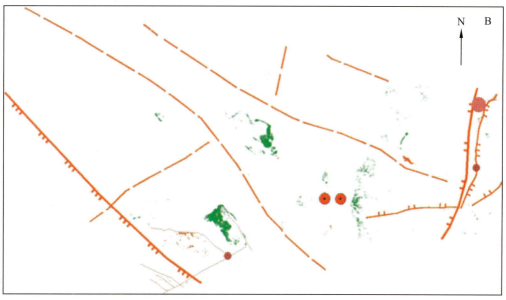

图 5-17 河西走廊铁锰萤石盐凹凸棒石矿带遥感影像图(A)和遥感综合信息图(B)

上新统苦泉组。其中香山岩群徐家圈组为元山子式沉积(变质)型钼镍多金属成矿的赋矿岩石(图 5-18)。

区内岩浆活动主要发生在五台期、吕梁期和加里东期,主要以脉岩为主,在骆驼山和黑脑沟等地见绢云母化石英斑岩岩脉数条。在钻孔中见有花岗闪长岩脉、花岗伟晶岩脉、闪长玢岩脉、片理化钠长玢岩脉、石英斑岩脉、细小石英脉及方解石脉分布较普遍。部分岩脉对矿体造成了切割,但错动不大。

区内构造复杂,大部分是被中—新生代地层充填的洼地。根据钻孔资料,区内岩矿层总体为走向北西、倾向北东、倾角 11°的单斜构造。预测区外以西,科学山-元山子间是一东西向展布的背斜,岩性为侏罗系芬芳河组灰绿色长石砂岩及粉砂质泥岩,倾向相反,倾角为 18°~41°。预测区以北寒武纪地层总体走向北西西、倾向北北东、倾角 40°左右,向元山子山脊产状逐渐变陡约为 50°~60°。局部受断层影响有挠曲或倒转。区内断裂构造十分发育,呈北东向及北西向展布。对矿区的地层及矿层有一定的控制和破坏作用,尤其是北东向及北西向断裂严格地控制了矿(体)层的边界。区内断层可分为:近东西向逆断层,延长及断距较大;近南北向的正断层比较发育,一般倾角较大,多陡立,断距小,破碎带较宽。节理以走向北东30°~60°、倾向南东、倾角60°~90°为主。

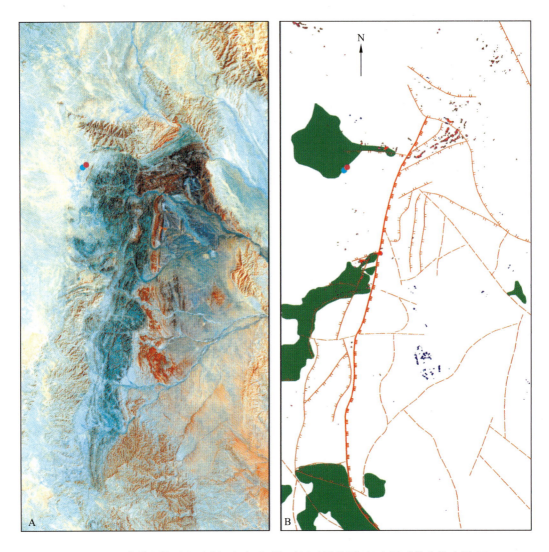

图5-18 阿拉善左旗元山子式沉积变质型钼矿遥感影像图(A)和遥感综合信息图(B)

本区寒武纪—奥陶纪地层中度蚀变、矿化比较普遍,多集中在寒武纪—奥陶纪地层的下部。石英脉与黄铁矿、黄铜矿、方铅矿等矿化关系密切,表现为碳酸盐化、硅化、绿泥石化、绢云母化、赤铁矿化、磁黄铁矿化、黄铜矿化等。

区内与元山子式沉积变质型钼矿有关的地层为香山群徐家圈组,总体上上部为灰绿色、灰褐色变质长石石英砂岩-板岩;下部为灰绿色、浅蓝灰色板岩-灰岩。徐家圈组包括一、二、三岩段。一段岩性组合为灰绿、浅蓝灰色千枚状板岩、灰色灰岩、结晶灰岩、条带状结晶灰岩夹变质长石石英砂岩。二段岩性组合为灰绿色绢云千枚岩、绢云石英千枚岩、绢云石英板岩、灰黑色含石墨绢云石英千枚岩夹玄武岩、辉绿岩及矿层。三段岩性组合为褐黄色硅质白云岩、硅质灰岩及灰黑色硅质岩。与成矿关系最密切的是二段。元山子式钼矿就是在这样的构造背景下形成的。

第三节　滨太平洋成矿域（Ⅰ-4叠加在古亚洲成矿域之上）遥感地质特征

一、Ⅱ-12 大兴安岭成矿省遥感地质特征

大兴安岭多金属成矿带是一个极其重要的巨型成矿带，其中的中南段部分铅、锌、银、铜、锡等矿产资源具有良好的成矿条件，矿产储量、质量在内蒙古占有重要的位置，大兴安岭中南段成矿带具有独特优越的成矿构造条件，当然也具有良好的岩浆岩条件和地层条件。

（一）Ⅲ-5 新巴尔虎右旗（拉张区）铜钼铅锌金萤石煤（铀）成矿带

本成矿带受控于得耳布尔深断裂（图5-19）。该断裂隶属于蒙古中部深断裂系的东段，延入内蒙古后，经呼伦湖东、八大关、黑山头，沿得耳布尔河谷，经牛耳河、满归，向北进入黑龙江省，长约600km，属于超岩石圈断裂，形成于兴凯期，构成了额尔古纳褶皱带与大兴安岭海西中期褶皱带的分界线，控制了两侧地质历史的发展和演化。成矿带总体走向为NE43°左右。在扎赉诺尔以北地区，该深断裂总体向北西倾，表现为正断层，波及宽度10～20km；南段在呼伦湖及其以南地区，分叉为5条深断裂，表现为垒堑构造，形成一个深断裂系统，波及宽度达60km。从其控制的两侧地层建造性质分析，这个巨型深断裂的活动方向及力学性质在不同时期曾有过多次转换。例如，自早古生代至海西早期，其北西侧地块上升，而自海西中期至三叠纪末，其南东侧又上升，至燕山运动早期，北西盘又抬升，南东盘下降，燕山晚期

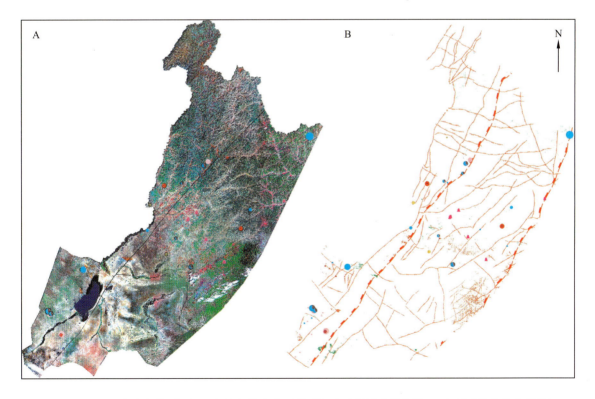

图5-19　新巴尔虎右旗（拉张区）铜钼铅锌金萤石煤（铀）成矿带遥感影像图（A）和遥感综合信息图（B）

的构造运动使之更为复杂化。它在宏观上构成了大兴安岭晚侏罗世巨型火山岩带主体的西部边界，同时又是燕山期酸性—中酸性岩浆岩的控岩构造。

本成矿带的成矿作用以燕山期为主，矿化集中发生在断裂北西侧的额尔古纳褶皱带内。在其南东侧仅有个别矿床，如六一牧场含铜黄铁矿床（海底火山热液型）的出现。

综观矿床、矿点分布规律，该成矿带分为三个成矿亚带：①北亚带，位于北纬 50°20′以北，为金银铅锌成矿区，有额尔古纳河流域的几处大、中、小型砂金矿床及三河、二道河林场等中、小型铅锌银矿床（点）多处；②中亚带，位于北纬 49°10′~50°20′之间，是以铜钼为主的成矿区，有乌努格吐山、八八一、八大关等大、中、小型铜钼矿床及 10 余处矿点、矿化点；③南亚带，位于北纬 49°10′以南，是以银及银铅锌多金属为主体的成矿区，有额仁陶勒盖银矿床、甲乌拉银铅锌矿床及高基高尔等近 10 处矿点、矿化点。

该成矿带的集中成矿区、矿化分带和矿床定位均明显地受控于北东向得耳布尔深断裂，其具体作用表现为：

(1) 与成矿作用关系密切的燕山期酸性—中酸性侵入岩和酸性次火山岩均受得耳布尔主干断裂与复背斜或次级北西向张性断裂的复合控制。

(2) 古老的东西向大断裂与得耳布尔深断裂的复合，导致了中亚带以铜钼为主的成矿区的出现；在得耳布尔深断裂带中部，北纬 49°22′~50°16′之间，连续有海拉尔-巴德黑河、土五里堆、十一牧场、黑山头 4 条东西向断裂带，波及宽度 80km，复合于北东向深断裂之上，这 4 条东西向断裂带发育于下古生界构造层之中，下切较深，常形成宽逾 10km 的糜棱岩带，形成后又多次活动。以海拉尔-巴德黑河断裂为例，该断裂的中段（在海拉尔以西）呈现东西向，控制海拉尔（扎赉诺尔）白垩纪含煤盆地群的北缘，向西与得耳布尔北东向深断裂复合后转为北西西向，在乌努格吐山以南达斯呼都格—大石莫古一带通过，在其北侧，形成了大型斑岩型铜钼矿床，即乌努格吐山铜钼矿床。

(3) 内生金属矿床主要分布在得耳布尔深断裂的北西侧，即燕山运动晚期，该断裂的仰冲盘一侧。这是由于成矿作用与中浅成的燕山晚期酸性—中酸性岩株有关；断裂南东侧仅控制了侏罗纪火山盆地的喷溢，而与火山活动紧随的含矿岩浆侵入活动仅仅发生在隆升的一侧地块上，并且受控于次级断裂而定位。

(4) 在深断裂的一侧次级别的或低序次的两组方向以上的断裂复合交会处，往往控制矿床的形成（定位）。该两组方向断裂中，必有一组属于张性的北西向低序次断裂，另一组断裂可以是东西向，也可以是北东向。

(5) 受控于同一断裂带上的矿床，其矿化种类常因该断裂所切割的基底岩层不同而有所差异。如额仁陶勒盖与查干布拉根银铅锌矿床同处于一个北西向张扭性断裂带中，前者因断裂切割坳陷带（火山岩盆地）而形成银矿床，后二者因断裂切割隆起带（有大量古生代地层残留于很薄的侏罗纪火山岩中）而形成银铅锌矿床。

在该成矿带内我们选择了 1 个典型区域作为具体研究对象，即分析内蒙古新巴尔虎右旗乌努格吐斑岩型铜钼矿遥感地质特征。

乌努格吐矿区中心点坐标为东经 117°17′30″，北纬 49°25′15″。额尔古纳-呼伦断裂带是控制区域地质发展及成矿作用的主导因素，该深断裂是外贝加尔褶皱系两个不同大地构造单元的界线，沿此断裂两侧分布有不同时代产出的一系列斑岩型铜钼矿床及其他类型矿产。燕山期成矿的乌努格吐铜钼矿床位于深断裂西侧（图 5-20）。

沿满洲里—新巴尔虎右旗一带钙碱系列火山深成岩浆活动的广泛发育，是形成区内有色金属矿产的重要条件。在火山岩带隆起部位，岩浆多期次喷发-侵入旋回，为岩浆分异、成矿热液的迁移、聚集提供了良好的成矿物质来源。

燕山期火山-岩浆活动与成矿关系最密切的至少有两个旋回：一是燕山运动早期以玛尼吐组和满克头鄂博组两套中基性—中酸性火山岩建造为代表；二是以塔木沟组中基性火山岩开始逐步演化到酸碱性火山岩组的一套偏碱性火山-侵入岩组合，乌努格吐矿床的形成与后一旋回的火山-侵入活动有关，与

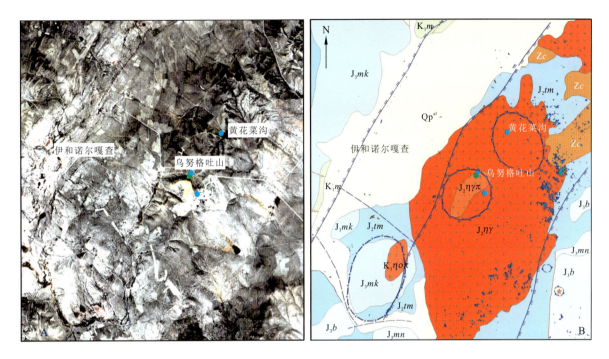

图 5-20 内蒙古新巴尔虎右旗乌努格吐斑岩型铜钼矿遥感影像图(A)和遥感综合信息图(B)

次火山斑岩体关系密切。

出露地层有古元古界兴华渡口岩群片岩类;中泥盆统乌奴耳礁灰岩,出露于矿区南部,主要岩性为结晶灰岩、砂板岩、安山岩;上侏罗统玛尼吐组和满克头鄂博组,出露于矿区北、西部,为一套安山岩-英安岩-流纹岩中酸性陆相火山岩建造,主要岩性为玄武安山岩、英安岩、流纹岩,与下伏泥盆系为不整合接触。

岩浆岩均属钙碱性铝过饱和系列岩石,成矿组分主要来源于斜长花岗斑岩。矿区自中生代早期开始岩浆活动渐强,沿北东向形成一系列钙碱性铝过饱和系列的中酸性岩浆杂岩体,矿床的形成与该区最强的一期次火山岩浆活动有关。成矿岩体为同源多期喷发和浅成侵位的复式岩体,平面上呈北西向拉长的椭圆形,剖面近于陡立略向北西侧倾伏,出露面积约 0.12 km²。

遥感矿产地质特征:该区位于北东向的额尔古纳-呼伦深断裂的西侧,处于两个大地构造单元——外贝加尔褶皱系和大兴安岭褶皱系的衔接处、外侧中生代火山岩带相对隆起区,额尔古纳-呼伦深断裂的发育控制了火山岩带沿北东向分布,并且为矿产的形成提供了场所。区域构造受上述深断裂的影响,主要构造线为北东向,受燕山早期花岗岩侵入,出露不完整。

北西向为张性断裂,火山构造表现为与火山作用有关的环形和放射状断裂或裂隙,其热液成矿作用十分有利。北西向与北东向断裂构造交叉部位,形成切割地壳较深的贯通火山口,其隆起部位成为导矿的主要通道。

矿区位于中生代陆相火山盆地边缘的古隆起部位,区域性北东向额尔古纳-呼伦深断裂在矿区东侧约 25 km 处通过,受其影响,旁侧一级断裂系统为北东向、北西向和近东西向 3 组,均为成矿后期断裂,对矿体起破坏作用,沿走向、倾向均为舒缓波状。成矿作用与次斜长花岗斑岩有关,并受火山机构控制,尤其是多期次浅层—超浅层相中酸性次火山侵入岩。矿床成因为受火山机构控制的陆相次火山斑岩型铜钼矿床。

(二)Ⅲ-6 东乌珠穆沁旗-嫩江(中强挤压区)铜钼铅锌金钨锡铬成矿带

该成矿带分为以下两个亚带。

(1)索伦镇-黄岗梁铁(锡)、铜、锌成矿亚带:是大兴安岭中南段乃至内蒙古东部最重要的成矿带。地质背景复杂,成矿条件优越,远景巨大。现已探明大型锡铅锌矿产地4处,中小型矿床、矿点、矿化点多处。其区域控矿条件有以下2点。

第一,成矿带位于黄岗梁-乌兰浩特北东向复背斜带的北西翼,成矿作用总体上受到晚侏罗世中央断隆带的控制。复背斜带北西翼的主要构造层下二叠统在黄岗梁地区和白音诺尔地区,有着强烈的二叠纪火山活动和较厚的碳酸盐岩沉积,为燕山早期的成矿作用提供了重要的、优越的物源条件。

晚侏罗世中央断隆带由两条北东向断裂带所夹持而成。中央断隆带北西侧为黄岗梁-甘珠尔庙断裂带,区内长250km,宽40km,控制了五大队、五十家子、好尔图3个串珠状和斜列式的晚侏罗世火山盆地,形成晚侏罗世大兴安岭火山岩西带。该断裂在区域重力场中,位于大兴安岭重力异常梯级带的西侧,莫霍面深度大于38km,也是地壳厚度变化较大的部位。中央断隆带南东侧为克什克腾旗-罕庙断裂带,长约300km,宽20~30km,其内北东—北北东向、东西向次一级断裂发育;中—晚侏罗世形成断陷带,由大板、林东两个火山盆地组成,构成大兴安岭火山岩东带(图5-21),晚侏罗世花岗岩岩株组成北东向岩浆岩区。该断裂在重力异常图上位于梯级带由陡变缓部位。中央断隆带南西宽,北东窄,其边缘呈锯齿形、阶梯状,断裂十分发育,主要分布于断隆边缘与断陷接合部位,把断隆带分割成黄岗梁、林西、海苏坝、碧流台、甘珠尔庙5个断隆区,呈近似等距分布。

中央断隆区是大兴安岭中南段成矿带的主要矿化集中区。矿化有明显的分带现象,其南西端(黄岗梁断隆区)为钨锡、稀有、稀土矿化集中区;北东端为铅锌多金属矿化集中区,与两端的两个早二叠世海盆相对应。

以黄岗梁-甘珠尔庙断裂带为界来划分,北西侧为以钨锡为主的多金属矿化系列,南东侧为以银锡铅锌为主的矿化系列。

第二,东西向断裂与北东向黄岗梁-甘珠尔庙断裂带的复合,控制了矿田的形成。本带东西向断裂生成较早,具有长期继承性活动的演化史。其主要断裂带基本上具有等距性特点,其间距一般为32~40km,自南向北渐次变小。断裂生成的时代愈北愈晚,且具有多次活动的特征。东西向断裂后期活动表现为顺时针错动,将黄岗梁-甘珠尔庙复背斜错位18km之多。最南部的西拉木伦河深断裂,对古生代以来地质发展史起到了重要的控制作用;最北部的汉乌拉-洪浩尔坝深断裂则对中生代的构造-岩浆活动具有重要的控制作用;这两条东西向深断裂与黄岗梁-甘珠尔庙断裂带的复合,控制了中生代岩浆活动和成矿作用的演化,但这两条深断裂本身并不直接储矿。其余4条东西向断裂均显示出直接的导矿、控矿作用。自南向北分述如下。

黄岗梁-大板断裂带:由于受后期构造破坏和第四系所掩盖,此断裂仅在局部地区断续出现。在大井子矿区以南,该断裂与北东向断裂联合控制了一套中性火山杂岩的分布。大井子铜锡多金属矿床与这套火山杂岩具有密切的成因联系。已知的部分铜矿床(点)多产于该断裂带与北东向、南北向断裂交会处。

新林镇-林东断裂带:该断裂带与北东向的黄岗梁-甘珠尔庙断裂带联合控制了晚二叠世新林镇-西耳子花岗闪长岩体和敖尔盖晚二叠世火山活动中心。雅马吐及敖尔盖多金属矿点位于该断裂带与北东向、北西向断裂交会部位。

上述两条断裂带共属元古代陆缘褶皱带北缘。两条断裂带之间较集中地分布着一系列铜、金、银、硫多金属组合的矿产地,自东向西主要矿点有好来宝(铜、硫)、双井-兴隆庄(铜、银、金、硫)、代铜山(铜、银、金、硫)、太本呆(铜、银、金、硫)、敖尔盖(银、金、硫)、雅马吐(铜、银、金、硫)。向西部,矿床物质组分更趋复杂,如大井子矿床(铜、银、锡、铅、锌),安乐矿床(锡、铜、金、银、硫)。

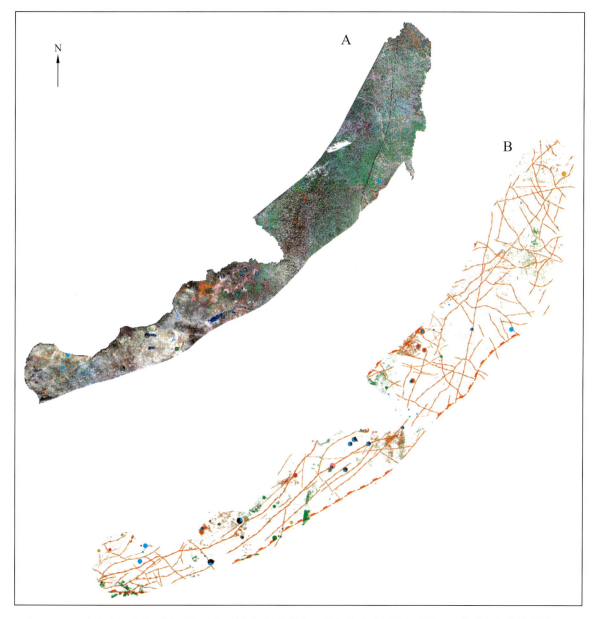

图 5-21　东乌珠穆沁旗-嫩江(中强挤压区)铜钼铅锌金钨锡铬带成矿遥感影像图(A)和遥感综合信息图(B)

白音勿拉-昆都断裂：沿断裂有骆驼场超基性岩侵位，岩体外带有铜、金矿化。该断裂与北东向断裂交会处，有雷家屯等晚侏罗世火山机构群。碧流台多金属矿床(铅、锌、铜)位于该断裂带北侧。

白音诺尔-罕庙断裂：在遥感和物探解译图上均反映为基本属隐伏断裂。仅在白音诺尔矿区以北表现为哈力黑河东西向断裂，可见长度为数千千米，晚期作右行扭动。著名的白音诺尔大型铅锌多金属矿床，即位于该断裂与黄岗梁-甘珠尔庙北东向断裂交会处。该处南部由被火山岩次一级盆地充填的北西向构造与北东向、东西向断裂复合交会构成一个块状断裂系统，具体控制了矿床的形成，即为矿床提供了就位空间。

(2)莲花山-大井子铜、银、铅、锌成矿亚带：包括莲花山铜矿床、孟恩套力盖银铅锌矿床、布敦花铜矿床，以及一些多金属矿点、矿化点等，虽然成矿种类各异，但在构造控制上具有如下共同特点。

区域性控岩控矿构造是矿带东部大兴安岭东缘的嫩江-八里罕深断裂北中段嫩江深断裂部分。该深断裂位于大兴安岭-太行山-五夷山布格重力异常梯度带东缘，其东侧为松辽盆地，地壳厚度约35km，深断裂以西地壳厚度增至38~39km,在开鲁—洮南—白城—泰来一线表现为明显的正、负重力异常分界线,其断面向西倾斜,上述3个矿区与成矿有成因联系的来自地壳和上地幔的闪长玢岩、斜长花岗斑岩等岩浆岩,均以该断裂诱发源区并提供上侵通道。

近东西向深断裂与近南北向断裂的复合作用控制了矿田的形成。成矿区南北两端分别被东西走向的汉乌拉-洪浩尔坝-扎鲁特旗北断裂带和乌拉盖-科右前旗断裂带所截,两个断裂带宽度为30~50km,在两者之间敞露有乌兰哈达-突泉东西向断裂,此等断裂均为较老的纬向构造,曾长期多次活动,力学性质常有变化和转换,中侏罗世的升降性活动,使科右前旗断裂带控制了野马次一级隆起与万宝-牤牛海断陷的成生,乌拉盖-科右前旗断裂带控制了宝石巨型火山岩盆地的形成,乌兰哈达-突泉断裂则在孟恩岩体中形成了东西向压扭性断裂。

至晚侏罗世,由于嫩江深断裂的斜切俯冲,牵动东西向构造,使之扭动并加深下切,造成了东西断裂与嫩江深断裂的连通。由于嫩江深断裂的侧向挤压,在其西侧上盘形成了张扭性断裂,如神山-巨宝南北向断裂、杜尔基南北向断裂等,即晚期的新华夏系构造。

上述多次活动的东西向深断裂与近南北向断裂,或二者复合作用所派生的次一级北东向、北西向断裂,都是该成矿带携带矿质的深源或幔源岩浆岩上侵或就位的构造空间,前者如布敦花矿田,两组方向断裂共同控制了黑云母花岗闪长岩的侵入,组成"马蹄形"岩带;后者如莲花山矿田,东西向及南北向两组断裂的复合,派生出北东向及北西向两组断裂,具体控制了与成矿关系密切的簸箕山闪长玢岩体的后新立屯、长春岭斜长花岗斑岩的侵入;在孟恩套力盖矿田,东西向断裂仅使早存的海西期黑云母斜长花岗岩产生片麻理及压扭性破裂,成为后来的储矿构造。

该成矿带内我们选择了5个典型区域作为具体研究对象。

1. 内蒙古巴音温都尔式复合内生型金银矿遥感地质特征分析

(1)矿床的地球化学特征:燕山早期花岗岩、印支期花岗岩、二叠纪地层3个子区中的金平均含量较高,表明在这3个地质子区中金元素相对富集,有提供成矿物质的可能。金异常出现在二叠系砂岩、砂砾岩和板岩分布区(可能与砾岩有关),在燕山期、印支期二长花岗岩体、海西晚期花岗闪长岩体中也有分布。

矿区内分布一处1:20万元素组合异常,元素组合为Au-As-Cu-Zn-W-Mo-Bi-F。异常面积中等,强度中等,各元素异常吻合程度中等,有一定的浓集趋势。推测该异常与北东向韧性剪切带和岩浆侵入有关。

(2)遥感地质特征:图5-22中解译出大型断裂带两条,哈沙图-毕勒格音希热构造、锡林浩特地块北缘断裂带。这两条断裂带南侧为锡林浩特地块,古生代地层沉积厚度较薄;断裂带北侧为海西地槽,泥盆纪为洋中脊。断裂带附近的次级断裂是重要的金-多金属矿产的容矿构造。

图5-22中的中小型断裂比较发育,以近东西向和北东向张性断裂为主,局部发育北北西向及北西向压性压剪性断层,其中北西向断裂居多,形成时间较晚,多错断其他方向的断裂构造,其分布规律呈格子状,在苏尼特左旗一带具有成带特点,为一较大的弧形构造带,是重要的金多金属成矿带。北东向的小型断裂多为逆断层,形成时间明显早于北西向断裂,其分布略有规律性,这些断裂带与其他方向断裂交会处,多为金多金属成矿的有利地段。

遥感解译出多条韧性剪切带,巴彦温多尔-巴润萨拉韧性剪切带发育于下二叠统火山岩系砂砾岩和印支期岩体之中,总体走向NE60°。该带的韧性变形中心部位以均匀递进变形为主,在其边部具有左行剪切与多期组构叠加特点,伴随韧性剪切作用及后期同方向的断裂作用均有金属矿化糜棱岩夹石英脉形成,主活动期的含矿性最好,韧性剪切带走向大多为北东向,影像上表现为纹理清晰。

该预测区内一共解译了10多个环,火山机构或古生代、中生代花岗岩和隐伏岩体引起的环形构造。构造影像特征主要是:影纹纹理边界清楚,花岗岩区植被发育,纹理光滑,构造隆起成山。构造穹隆引起的环形构造影像上,整个块体隆起呈椭圆状,主要为环形沟谷和盆地边缘线构成,边界清晰,山脊和山沟

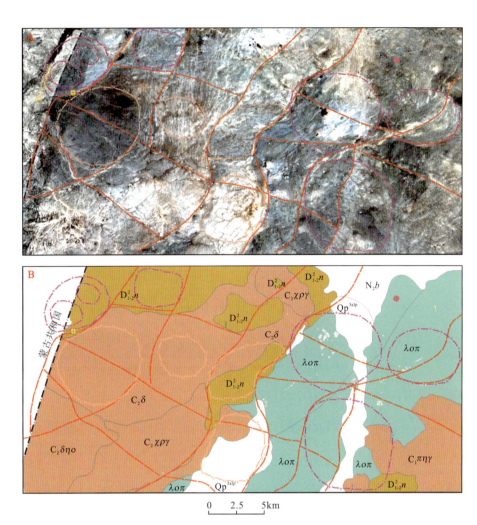

图 5-22　内蒙古巴音温都尔式复合内生型金银矿遥感影像图(A)和遥感综合信息图(B)

以山顶为中心向四周呈放射状发散。

该区出露的岩体有加里东期中粒二云母二长花岗岩、中粒黑云母角闪英云闪长岩,海西晚期中粒黑云母花岗闪长岩、中细粒黑云母正长花岗岩,印支期中粗粒似斑状黑云母二长花岗岩,燕山早期中粒似斑状黑云母二长花岗岩。这些岩体是金矿形成的主要围岩,在影像图中被解译成色要素。

(3)矿床成因:该区含金剪切带是由韧性剪切带和脆-韧性剪切带组成的,矿床属糜棱岩夹石英脉型,受控于韧性剪切带及其产生的次级断裂。韧性剪切带提供了良好的流体通道,是金的运移、沉淀、富集的有利空间。同时矿体又受到这些韧性剪切带再活动的改造,如含金石英脉是早期无金石英脉经变形作用改造而产生金的矿化作用形成的,是韧性剪切带再活动的产物。岩浆作用或变质作用而产生的流体为本区矿床的物质来源和热源(海西期、印支期花岗岩体和浅变质的二叠纪地层)。区域构造活动强烈,挤压应力较强,尤其是韧性剪切带的形成使地层和岩体变形、变质,对金的活化和富集起着热力和动力作用。由于断裂长期多次活动伴随岩浆上侵,金在断裂中运移、富集、沉积成矿。

2.内蒙古锡林郭勒盟二连浩特侵入岩型铬矿(铜、铜镍矿)遥感地质特征分析

(1)地质环境:地层为石炭系哈拉图庙组、泥盆系泥鳅河组、二叠系哲斯组、石炭系—二叠系宝力高庙组。主要出露灰色含砾长石砂岩、长石砂岩及粉砂岩夹生物碎屑灰岩、页岩,含腕足、珊瑚化石;暗黄绿色杂砂岩、砾岩、砂砾岩;灰绿色安山岩夹绿帘石化泥质岩屑砂岩及长石石英砂岩;灰绿色变质砾岩、变质中细粒砂岩、凝灰岩夹凝灰质变泥岩；灰黑色碳质泥板岩、黑色斑点状碳质板岩夹变质砂岩透镜体；灰黄色凝灰质板岩,上部夹凝灰岩,中细粒杂砂岩夹碳质泥质板岩；灰黑色、灰色碳质泥质板岩夹灰岩及粉细砂岩透镜体(图5-23)。

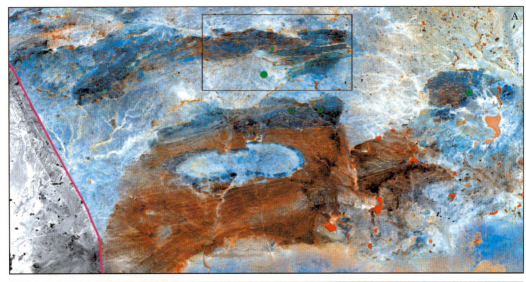

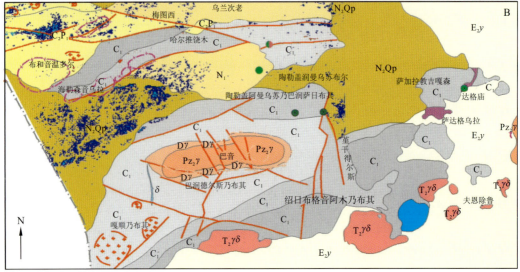

图5-23 内蒙古锡林郭勒盟二连浩特侵入岩型铬矿(铜、铜镍矿)遥感影像图(A)和遥感综合信息图(B)

(2)遥感地质特征：预测区内巨型断裂带,即二连-贺根山断裂带,在图幅中部,横跨整个中部地区,显示明显的东西向延伸特征,线性构造两侧地质体较复杂且经过多套地层。

遥感解译出大型构造,即锡林浩特北缘断裂带,位于图幅东南方,显示明显的东西向延伸特征。

本预测区内共解译出中小型构造70余条,西北部的中小型构造主要集中在二连-贺根山断裂带以北的区域,构造走向以东西、北东东和北西西向为主；中部和东部的中小型构造主要集中在二连-贺根山断裂带以北的区域,二连-贺根山断裂带南部也有分布,且走向分布规律不明显。

本预测区内的环形构造比较发育,共解译出环形构造4个,其成因为古生代花岗岩类引起。环形构造在空间分布上没有明显的规律,二连浩特以西有两个环形构造,北部的两个环形构造集中在查干额日格-包苏干乃包其构造临近区域。环内发育主要有二叠纪花岗岩,影像中环形特征明显,规模一般,与附近构造的相互作用比较明显,环状纹理清晰(图5-24)。

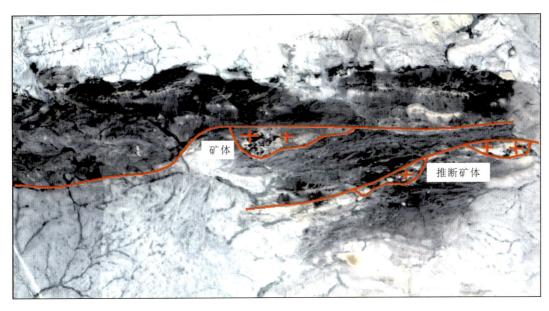

图 5-24　内蒙古锡林郭勒盟二连浩特侵入岩型铬矿(铜、铜镍矿)遥感影像及成矿位置图

(3)遥感异常分布特征：本预测区的羟基异常较少，主要分布在东北部地区，西南部、西部和南部分布较少或零星分布。二连-贺根山断裂带北部有部分羟基异常，赛罕高毕苏木乡附近有少量羟基异常。

铁染异常主要分布在预测区北部和西部，南部较少或零星分布。二连-贺根山断裂带以北赛罕高毕苏木乡附近有部分铁染异常。二连浩特以西地带有大量铁染异常；以东地带直至达日罕乌拉苏木以西有大片铁染异常，查干额日格-包苏干乃包其构造附近有少量铁染异常，达日罕乌拉苏木构造以北方向也有大片铁染异常，二连-贺根山断裂带南部地带有零星异常。

3. 内蒙古东乌珠穆沁旗奥尤特乌拉式次火山岩型铜矿遥感地质特征分析

(1)地质概况：该矿床位于预测工作区西部，矿区中心点坐标为：东经 $116°02'30''$，北纬 $45°34'18''$。矿区主要出露地层：①上泥盆统安格尔音乌拉组，分布于矿区中部，岩性为黄绿色粉砂岩，局部夹凝灰质砂岩或凝灰岩、碳质板岩，是本区的含矿地层。在与燕山期花岗岩体的接触带上普遍发育有明显的热变质和角岩化。②上侏罗统下兴安组，分布于矿区南部，为一套以中性为主偏基性并夹酸性火山岩及火山碎屑岩的陆相喷发火山岩，是与火山岩成矿有关的主要含矿地层。

(2)遥感矿产地质特征：矿区内断裂发育，大小断裂 99 条。区域上主要构造有：查干敖包-阿荣旗深断裂带、东乌珠穆沁旗海西早期地槽褶皱带。矿区构造变动强烈，褶皱和断裂发育，断裂以北东向压扭性最发育，其次为北北东向压性和北西向张性断裂(图 5-25)。

矿区内断裂构造以北东向为主，总体展布方向 $50°\sim60°$，其形成和发展使区内在晚侏罗世有大量中性—基性—酸性火山岩喷发于地表和大面积花岗岩侵入，形成了火山-侵入杂岩带，不仅控制了花岗岩和火山岩的分布，而且控制着矿点的分布，矿化均受该断裂带形成中次一级北西向构造控制。

矿区内岩浆活动强烈而频繁，因此环形构造解译出多个，主要是火山-岩浆侵入活动在强烈的构造岩浆活化背景下发生、发展、演化。燕山早期岩浆侵入与晚侏罗世火山活动在岩浆旋回、空间位置及成因上有联系，形成北东向展布的火山喷发-次火山岩侵入-中深成岩侵入紧密相伴的火山-侵入岩。从图 5-25 中可以看出，这些环与成矿有直接关系，已知的 1 为有利部位，推测出 2、3、4 为有利成矿部位。

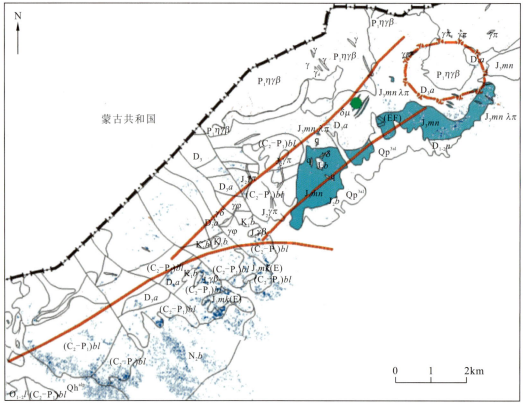

图 5-25　内蒙古东乌珠穆沁旗奥尤特乌拉式次火山岩型铜矿遥感影像图（A）和遥感综合信息图（B）

4. 内蒙古东乌珠穆沁旗吉林宝力格热液型银(铅锌)矿遥感地质特征分析

本区域内共解译出中、小型构造100余条。其中中型构造走向为北东向、北东东向为主，构造断裂带为宝日格斯台苏木-宝力召断裂带、白音乌拉-乌兰哈达断裂带、塔日根敖包嘎查构造、胡尔勒-巴彦花苏木断裂带、宝拉格苏木以南构造。小型构造的分布较密集，走向以北东东向与北西向为主。

矿区内的环形构造共解译出30余处，其成因为古生代花岗岩类引起的环形构造，与隐伏岩体有关的环形构造，火山机构或通道、褶皱引起的环形构造以及成因不明的环形构造。环形构造的分布没有明显的规律性，构造带的交会断裂处形成的构造群附近多有环状要素出现(图5-26)。

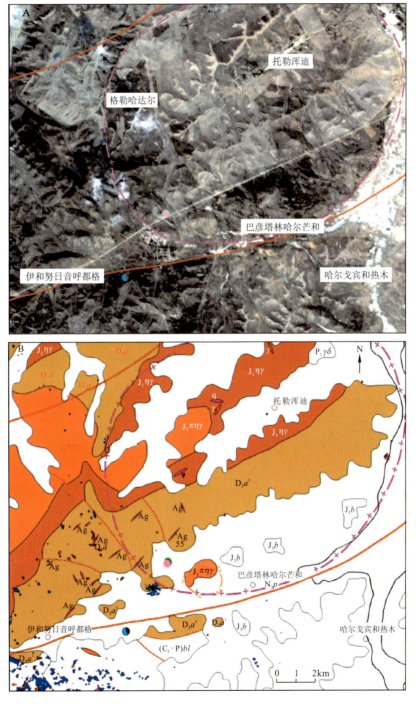

图5-26 内蒙古东乌珠穆沁旗吉林宝力格热液型银(铅锌)矿遥感影像图(A)和遥感综合信息图(B)

5. 内蒙古阿荣旗太平沟斑岩型钼矿遥感地质特征分析

(1)地质概况:该矿区范围坐标为东经 123°13′20″~123°27′40″,北纬 48°06′19″~48°16′04″。出露地层为上侏罗统满克头鄂博组流纹岩、凝灰质砾岩、流纹质凝灰岩、砂岩、火山角砾岩等;第四系洪冲积为砂砾岩及亚黏土(图 5-27)。

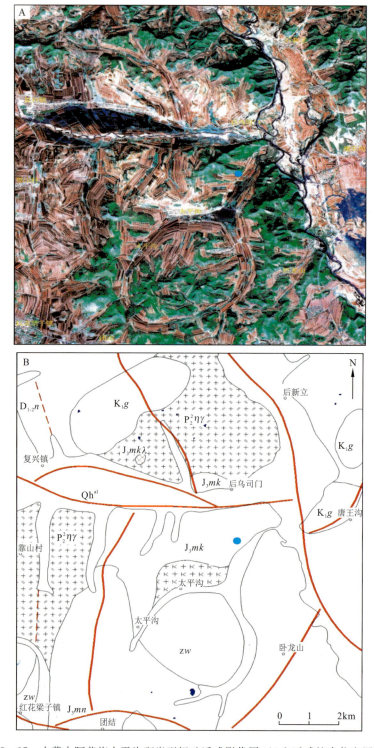

图 5-27 内蒙古阿荣旗太平沟斑岩型钼矿遥感影像图(A)和遥感综合信息图(B)

区域侵入岩较发育,以中酸性为主,主要有早二叠世查巴奇二长花岗岩、复兴水库正长花岗岩,早侏罗世二长闪长岩、石英二长闪长岩、花岗闪长岩和碱长花岗岩,早白垩世角闪辉长岩和石英二长斑岩。岩浆岩较发育,主要为早侏罗世宫家街中粗粒碱长花岗岩、似斑状花岗岩,早白垩世花岗斑岩、闪长玢岩和霏细岩。其中花岗斑岩与铜钼矿化关系密切,为主要控矿因素之一。

(2)遥感矿产地质特征:矿区断裂构造以北北东向、北东向为主,后期受北西向构造叠加。

矿区位于内蒙古-大兴安岭海西期褶皱带与大兴安岭中生代火山岩带的交会部位,矿床分布于基底隆起与坳陷交接部位坳陷一侧。区内构造以北东向为主,花岗斑岩等侵入岩沿该方向断裂充填,致使分布其中的矿体走向呈北东向。北东向挤压破碎带对岩浆的侵位和矿液的运移富集起到了控制作用,是主要的控矿构造。北北东、北东向断裂构造对花岗斑岩体的侵位、热液活动及成矿起着控制作用。

(3)岩浆岩标志:受北北东、北东向断裂构造控制的花岗斑岩岩株,南部有个隐伏花岗斑岩岩体的环形构造。

(三)Ⅲ-7 阿巴嘎-霍林河铬铜(金)锗煤天然碱芒硝成矿带

该成矿带可按5个时代分别叙述。

(1)早古生代板块运动对该区中部铁、铜、钼矿产的控制。早寒武世,内蒙古中部地台北缘地壳处于拉张状态,在锡林浩特中间地块南侧深海域中形成含铁硅质火山岩建造和蛇绿岩套。早寒武世末,洋壳向南部地台俯冲,造成温都尔庙群褶隆和蛇绿岩套的侵位,形成温都尔庙式铁矿(白云鄂博、白音敖包、宝尔汉喇嘛庙等)及武艺台超基性岩-铬铁矿在区域上的伴生现象。伴随这次洋壳俯冲,在消减带产生低温高压的动力作用,在温都尔庙地区温都尔庙群中可见到蓝闪石片岩。由于温都尔庙洋壳向南部地台的继续俯冲,在白乃庙一带引起了岛弧型基性火山熔岩喷发,形成宝尔汉图群。由于持续的俯冲,在俯冲面上盘的白乃庙群岩性(原岩为基性火山岩),产生强烈的韧性剪切作用,以及其后叠加的变形作用。海西期花岗闪长斑岩沿韧性剪切带侵入,形成了白乃庙斑岩型铜钼矿床、与谷那乌苏铜钼矿床和别鲁乌图铜铅锌矿床。

(2)晚古生代板块运动对锡盟、巴盟超基性岩铬铁矿产的控制。泥盆纪时,锡林浩特地块与东乌珠穆沁旗古陆之间产生新的洋中脊,发育了一套蛇绿岩套,由玄武岩、安山岩夹含铁碧玉岩和超基性岩组成;西部索伦山地区与艾力格庙地块和温都尔庙加里东期褶皱带之间,沿深断裂发育了早石炭世洋壳。早二叠世晚期,华北地台北缘的增生板块向北侧俯冲,使锡盟贺根山及巴盟索伦山蛇绿岩套仰冲侵位于地表或浅部,使其中铬铁矿等矿产得以出露,形成国内著名的铬铁矿带(图5-28)。

(3)海西期,由于地槽回返双向俯冲机制的作用,在南部海西早期古陆上沿断裂带形成携矿(铁、锌,铁、钼多金属)的、断续分布的以Ⅰ型花岗岩为主的花岗岩,与碳酸盐岩接触,形成零星的中、小型铁钼、铁锌、铜锌及多金属矿床,如梨子山、塔尔其、巴林镇西南和汉乌拉巴嘎等中小型矿床等。

(4)早石炭世在兴安地槽和北山地槽中,局部地区为优地槽环境,局部断裂构造复合切割较深且属张性的部位,诱发深源岩浆上涌乃至喷发,形成含矿的火山岩建造,如兴安地槽中谢尔塔拉和红旗沟铁锌矿床、北山地槽中黑鹰山和碧玉山铁矿。

(5)早二叠世大陆斜坡火山活动强烈的构造带(类岛弧)控矿。华北地台古陆与东乌珠穆沁旗古陆间海域宽阔,在大陆斜坡地带火山活动强烈,形成含矿的类岛弧型火山沉积建造,其中锡、锌丰度较高,浓集系数大于1,对中生代黄岗梁-甘珠尔庙多金属成矿带矿床的形成,提供了部分成矿物质。这套含矿火山沉积建造的控矿构造就是强烈火山活动的双向类岛弧构造张性断陷带。

在该成矿带内我们选择了7个典型区域作为具体研究对象。

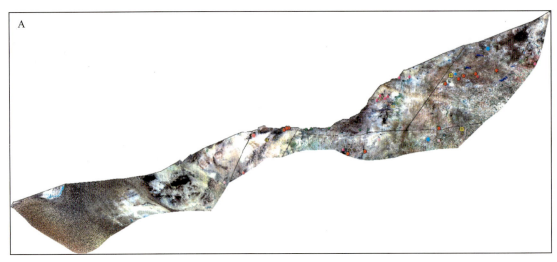

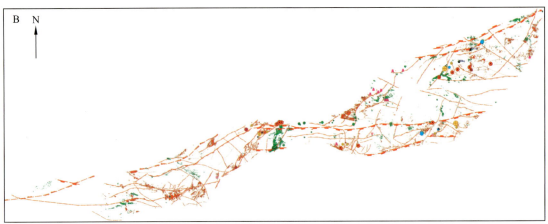

图 5-28 阿巴嘎-霍林河铬铜(金)锗煤天然碱芒硝成矿带遥感影像图(A)和遥感综合信息图(B)

1. 内蒙古乌拉特后旗查干花斑岩型钼矿遥感地质特征分析

(1)地质概况：该矿区范围坐标为东经 107°16′48″～107°27′35″，北纬 41°51′10″～41°58′32″。矿区出露地层主要为古元古界宝音图群和第四系。宝音图群的岩性组合为浅灰色—灰绿色千枚岩、绢云石英片岩、浅变质粉砂岩等。

区内岩浆发育，从古元古代到中生代均有出露，古元古代为变质深成体，为黑云角闪斜长片麻岩、黑云斜长片麻岩、黑云钾长片麻岩和片麻状花岗闪长岩。晚古生代有辉长岩、闪长岩、石英闪长岩、花岗闪长岩、二长花岗岩和黑云母花岗岩。三叠纪为花岗岩及二长花岗岩。侏罗纪为肉红色二长花岗岩和花岗岩。

(2)遥感矿产地质特征：本区构造主要为华北板块北部大陆边缘、狼山裂谷北西侧的宗乃山-沙拉扎山构造带内，夹持于恩格尔乌苏断裂带与阿拉善北缘断裂带(或称巴丹吉林断裂带)两条北东向区域性断裂带之间。发育有北西向、北东向、近东西向断裂构造多组。北西向、北东向断裂交会处是矿床富集有利部位(图 5-29)。

区内岩浆活动频繁，查干花-查干德尔斯花岗岩体大面积分布，岩性为中细粒二长花岗岩。在影像图中也解译出多组环形构造，其中蓝色大环是由于地层褶皱引起的环形构造。

结合地质图与遥感认识，影像图中红色部位是已知钼矿成矿有利地段，推断图中蓝色调的岩支状、板状影像是未知成矿有利部位，可能为斑岩体。

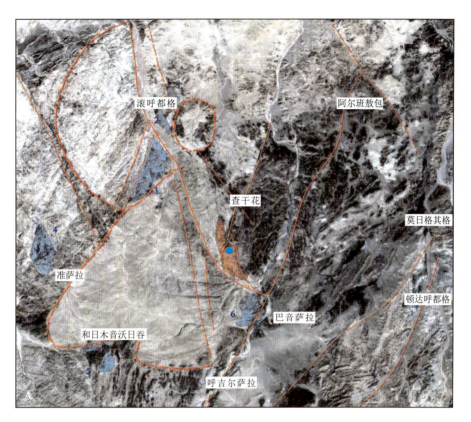

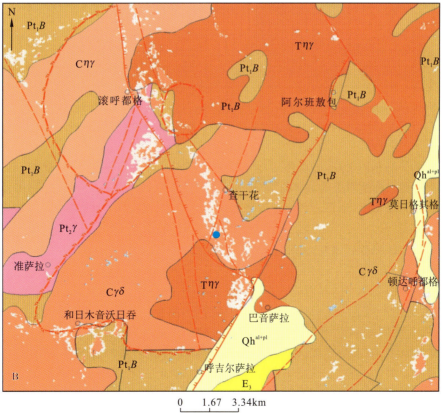

图 5-29 内蒙古乌拉特后旗查干花斑岩型钼矿遥感影像图(A)和遥感综合信息图(B)

2. 内蒙古乌拉特中旗查干此老侵入岩型金(镍钴铁锰)矿遥感地质特征分析

(1)地质特征:该区解译出大型断裂带两条:一条是额尔齐斯-德尔布干断裂带,呈北东东向展布,形成于晚古生代,属于张性-压扭性断裂。它是华北陆块与西伯利亚增生板块对接带,晚石炭世沿断裂带形成了蛇绿岩套,是大型控矿构造。另一条是迭布斯格断裂带,走向北东,逆断裂,是阿拉善台隆次级断隆与断陷的分界线,断裂带地貌特征为东西向平直沟谷或断崖,断层三角面发育(图5-30)。

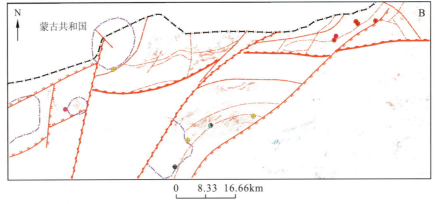

图5-30 内蒙古乌拉特中旗查干此老侵入岩型金(镍钴铁锰)矿遥感影像图(A)和遥感综合信息图(B)

预测区内中小型断裂较发育,以东西向、北东向断裂为主,其次为北西向、南北向,北西向和东西向断裂为主要控矿构造。断裂带上及岩体接触带上动力变质作用和接触变质作用发育,与成矿关系密切。

区内岩浆活动频繁,北部岩浆岩带位于中蒙边境线一带,横贯东西,呈北东东向展布,以海西晚期石英闪长岩和二长花岗岩为主;南部岩浆岩带与成矿有关的侵入岩为海西中期图古日格斜长花岗岩体,构成北东向岩浆岩带。区内脉岩发育,受北东、北西、近东西向断裂构造控制,主要为石英脉、花岗斑岩脉、石英闪长玢岩脉。

从影像图中解译出21个环,环形构造影像特征主要是:影纹纹理边界清楚,花岗岩区植被发育,纹理光滑,构造隆起成山。构造穹隆引起的环形构造影像上,整个块体隆起呈椭圆状,主要为环形沟谷和盆地边缘线构成,边界清晰,山脊和山沟以山顶为中心向四周呈放射状发散。

根据影像图解译了15条带要素。带要素指古元古界宝音图岩群片岩类为主的浅变质岩系和中元古界温都尔庙群绿片岩系组成,为低绿片岩相-片岩相-低角闪岩相,下部为绿泥片岩、石英岩夹含铁石英岩;上部为石榴石石英片岩、石英蓝晶二云片岩、石英岩和大理岩,其原岩主要是陆源碎屑岩夹火山岩;盖层有古生界奥陶系包尔汉图群凝灰岩、白云山组千枚岩和大理岩。

(2)遥感最小预测区:该区根据其综合特征,圈出7个最小预测区(图5-31)。最小预测区的圈定是在掌握区域成矿规律的基础上,通过预测工作区、典型矿床遥感成矿、控矿特征分析,根据遥感解译的线、带、环、块、色五要素遥感近矿找矿标志、遥感蚀变异常等与已知矿床的关系,结合已知的地质、矿产、物探、化探等综合信息的原则圈定最有利的成矿部位。根据分布于岩体与大理岩接触部位的矽卡岩化带控制着含金小透镜体的分布,在接触带上的区域压扭性断裂,为主要导矿构造。区内多金属矿脉则赋存于该断层上盘与其大致平行的、性质相同的断裂裂隙内,为主要控矿构造。另外,金铜铁矿小透镜体严格受岩体接触带控制,尤其在岩支发育拐弯处、产状由陡变缓处,更有利于成矿。金矿体更易于次级断裂裂隙中成矿。岩浆岩不仅控制了矿床的分布,而且还是成矿物质的主要来源。

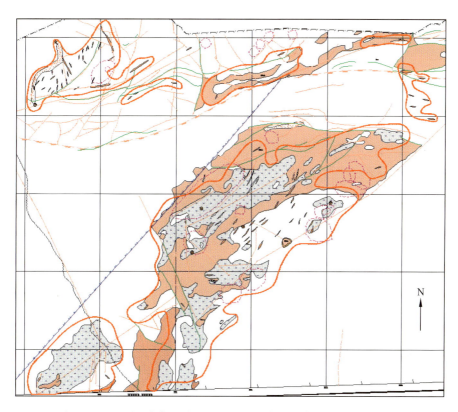

图 5-31　查干此老侵入岩型金矿预测工作区遥感圈出的最小预测区

3.内蒙古乌拉特中旗索伦山岩浆岩型铬铁矿遥感地质特征分析

该矿区中心点坐标为东经 108°46′00″,北纬 42°24′00″。出露地层为上石炭统本巴图组变质砂岩、板岩和中酸性凝灰岩,中二叠统哲斯组砾岩、砂岩、板岩和灰岩,下白垩统白彦花组砾岩、砂岩、泥岩和煤层,第四系砂砾石。岩浆岩为纯橄榄岩。

本区断层发育,以近东西向为主,其次为北北东向、北北西向断层构造(图 5-32)。

泥盆纪超基性岩集中分布于平顶山—乌珠尔约 80km 的区段内,有 5 个较大的岩体(图 5-33)。

(1)索伦山岩体:东西长 32km,南北宽 2~6km(国内宽 4~4.5km),面积 72km^2,南侧北倾 60°~80°,北侧南倾 50°~70°。

(2)阿布格岩体:长 11km,宽 1~3km,面积 18km^2,规模仅次于索伦山岩体,南侧北倾 60°~80°,北部北倾。

(3)乌珠尔岩体:长 6km,宽 2km,面积 5km^2,岩体南北两侧均与围岩断层接触,断层面均南倾 50°~60°。

(4)平顶山岩体:长 6km,宽几十米至 200 多米,面积 1km^2,整个岩体南倾 30°~70°。

(5)哈也岩体:长 3km,宽几十米至 400 多米,面积不足 1km^2,整个岩体南倾 50°~70°。

图 5-32　内蒙古乌拉特中旗索伦山岩浆岩型铬铁矿遥感影像图

超基性岩以索伦山岩体为中心，向东西方向岩体数渐趋变少变小，各岩体间的距离也变大。

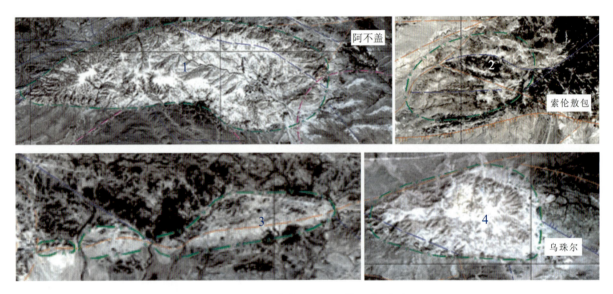

图 5-33　索伦山矿区岩体放大图

4. 内蒙古四子王旗西里庙火山岩型锰矿遥感地质特征分析

本区内共解译出中型构造若干条，北东走向的构造：查干淖日-木希热以西构造、查干淖日-木希热构造以西北构造、查干淖日-木希热构造、哈沙图-杭盖构造。1 条东西走向的构造，即道合以南构造（图 5-34）。

从影像图中共解译出小型构造 80 余条，集中分布在查干淖日-木希热构造和哈沙图-杭盖构造之间，走向以北西向和东西向为主；分布在查干淖日-木希热构造和查干淖日-木希热以西构造的夹角的西北区域的构造，走向以北西向和北东向为主。

本区的环形构造发育不完全，共解译出环形构造若干条，其成因为白垩纪花岗岩类引起的环形构造、二叠纪花岗岩类引起的环形构造、与隐伏岩体有关的环形构造。

本区共解译出带要素 20 余处，其中有二叠系大石寨组与流纹斑岩；含有变质流纹岩、变质流纹质凝灰熔岩、绢云绿泥碳质（斑点状）板岩、流纹质晶屑凝灰岩、玫瑰色大理岩、白云质硅质大理岩夹粉砂质板岩、绢云绿泥板岩、变质流纹质晶屑凝灰岩、变质流纹岩夹英安岩等。

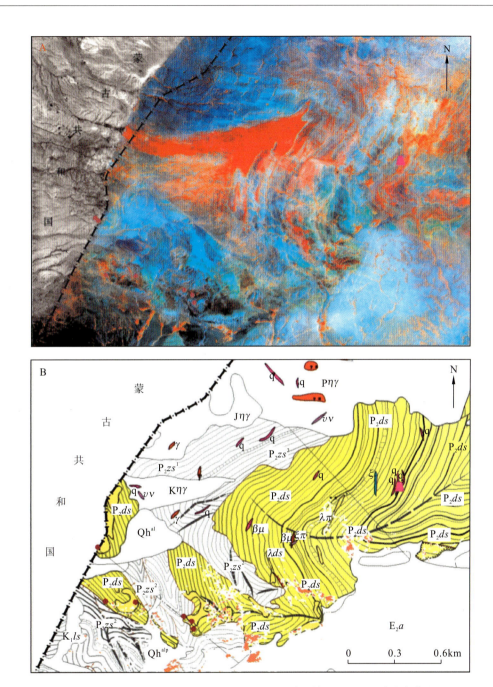

图 5-34 内蒙古四子王旗西里庙火山岩型锰矿遥感影像图(A)和遥感综合信息图(B)

5. 内蒙古四子王旗苏莫查干敖包复合内生型萤石矿遥感地质特征分析

(1)地质特征：矿区出露地层为上古生界下二叠统大石寨组第二岩组第四岩段($P_1ds_2^4$)、第三岩组(P_1ds_3)、第四岩组第一岩段($P_1ds_4^1$)。含矿地层为大石寨组第三岩组，含矿岩性为地层底部结晶灰岩、矿化大理岩和含矿角砾岩。围岩有流纹斑岩、碳质斑点板岩。

该区西北侧毗邻燕山晚期花岗岩，区内主要为岩体的边缘相及派生细粒花岗岩，局部具萤石矿化，均与大石寨组三、四岩组之间呈侵入接触关系，该期花岗岩为萤石矿的改造作用提供了热源。矿区地层内见有闪长玢岩脉、辉绿玢岩及石英脉等。

矿区内褶皱构造发育，矿区主体为一单斜构造，所见褶皱为北东、北东东向的苏莫查干敖包束状褶皱群,与区域构造线方向一致,背斜轴部和翼部由陡变缓的斜坡上,是萤石储矿的有利空间,而向斜核部和褶皱平缓地段均未见到萤石矿体。

区内断裂构造较发育,与萤石矿有关的断裂构造主要发育在大石寨组三岩组底部的层间断裂,为北东向压扭性—张扭性断层,而近东西向和近南北向者多为张扭性逆断层或平移断层,北西向断层在区内不发育,断裂构造控制了萤石矿的厚度变化,为萤石矿的后期改造提供了场所。

(2)遥感矿产地质特征:该区解译出中型构造4条和小型构造80余条。中型构造分布在图幅东部和中部,中部的查干淖日-木希热构造以西构造、查干淖日-木希热构造均沿北东向大致呈平行分布;东南部两中型构造呈60°交叉分布(图5-35)。小型构造全区均匀分布,且走向分布规律不明显。

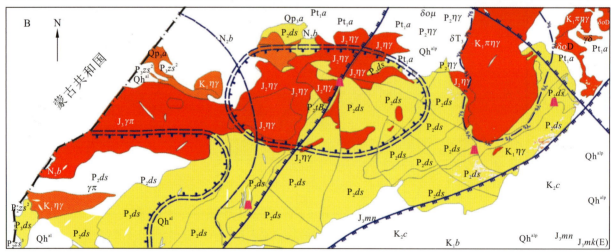

图5-35　内蒙古四子王旗苏莫查干敖包复合内生型萤石矿遥感影像图(A)和遥感综合信息图(B)

该区共解译出环形构造近10个,其成因主要为与隐伏岩体有关的环形构造。环形构造在空间分布上具有明显的规律:大部分环形构造集中在东北部地区,且集中在查干淖日-木希热构造以西构造周围临近区域;西部地区没有环形构造。

该区含矿地层即遥感带状要素主要为二叠系,该地层在本区的中部、东部地区集中分布,并且中部地区的带状要素集中在查干淖日-木希热构造以西构造区域附近;东部地区的带状要素分布在中东部区域沿北东向展布。

(3)遥感矿产预测分析:该区共圈定出3个最小预测区(图5-36)。

最小预测区-1:小型性质不明断层通过该区,二叠系带要素与该区域吻合,小块状羟基异常在区域内分布,已知萤石矿位于该区内。

最小预测区-2:查干淖日-木希热构造以西中型构造通过该区,区域内有二叠系带要素,已知萤石矿位于该区内。

最小预测区-3:若干小型构造在该区内相交,二叠系带状异常在区域内分布,已知萤石矿位于该区域内,且有零星羟基异常分布在该区域内。

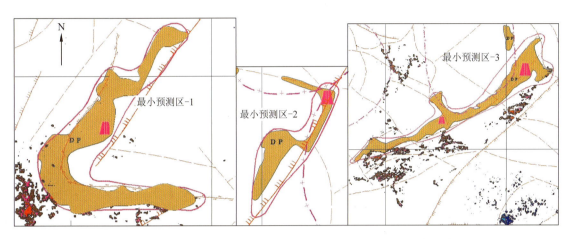

图5-36 内蒙古四子王旗苏莫查干敖包复合内生型萤石矿及最小预测区图

6. 内蒙古白乃庙复合内生型金矿遥感地质特征分析

(1)地质构造特征:天山-阴山内蒙古海西晚期褶皱带,三级构造单元属温都尔庙复背斜南翼。区内构造变动主要有加里东期、海西期、燕山期和喜马拉雅期。其中以海西期最强烈,是本区主要褶皱期。加里东期和海西期运动在区内形成一系列东西向的褶皱、逆断层、片理以及北东向、北西向小平移断层,构造线总体方向为近东西向。燕山期运动表现以断裂为主,形成若干北东向坳陷,堆积了中生代、新生代沉积,坳陷之间为古生代地层及岩体组成的隆起。喜马拉雅期主要表现为升降运动和断裂,构造线方向渐变为北北东向。变质作用主要是中生代以前地层及侵入体遭受中、低级程度的区域变质-绿片岩相,海西期的接触热变质岩及接触交代岩石,呈零星带状分布的动力变质岩等。

金矿贫富与金属硫化物含量密切相关,特别是与粗晶状黄铁矿含量有关;银的富集和金呈现正相关关系,金品位高时,银也相对增高。

(2)遥感矿产地质特征:该区解译出1条板块缝合带,即华北陆块北缘断裂带。该断裂带在图幅中南部呈北东东向展布,基本横跨整个图幅。构造在该区域显示明显的断续东西向延伸特点,线性构造两侧地质体较复杂,线性构造经过多套地层体。

在遥感图像上线要素表现以北东向压性断裂为主,近东西向和北西向构造为辅,两构造组成工作区的块状构造格架(图5-37)。在两组构造之中形成了次级的小构造,而且多数为张性或张扭性小构造。主要大型构造为北东向地房子-好来哈布其勒张性构造,是成矿前期断裂带。

根据成矿期,可分为成矿前、成矿期和成矿后3种断裂构造。

成矿前期构造:呈北东向展布,属张性或张扭性断裂,是成矿早期的主要控矿断裂构造,其特点是石英脉呈雁行状排列。

成矿期构造:该断裂活动是叠加复合在早期张性断裂之上,其行迹基本未超越早期断裂范围,是成矿的重要导矿构造,使先期贯入的石英脉遭到挤压破碎,成为含矿热液充填胶结成矿的重要通道。

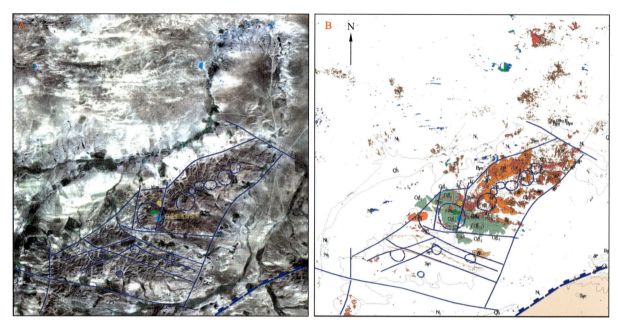

图 5-37 内蒙古白乃庙复合内生型金矿遥感影像图(A)和遥感综合信息图(B)

成矿后期构造:可分为近东西向、北东向和北西向断裂构造组。

该区内的环形构造较发育,共圈出 41 个环形构造,可分为两种类型:中生代花岗岩类引起的环形构造、与隐伏岩体有关的环形构造。区内岩浆活动频繁,岩性以黑云母花岗闪长岩、黑云母花岗岩和黑云母二长花岗岩为主,其次为斜长花岗岩和石英闪长岩等。燕山期的钾长花岗岩、花岗斑岩呈小岩株或巨脉状零星出露。喜马拉雅期的岩浆活动为裂隙或喷发的玄武岩,分布于东部沿北北东向构造展布。

(3)遥感最小预测区:该区根据综合特征,圈出 4 个最小预测区。

西尼乌苏西最小预测区:与金矿有关的"入"字形构造是一条北东向的主干断裂和几条派生构造向西撒开,向东收敛,从而组成一个帚状构造。

白音朝克图苏木最小预测区:东西向的张扭性断裂作为成矿的前期构造,为成矿提供了良好的通道;该区多有由隐伏岩体引起的环形构造,说明岩浆有多次侵入活动。伴随发育长英脉岩也相应发育石英脉,并受断裂控制,二者交替出现地区是寻找石英脉型金矿床的间接标志之一。

讷格海勒斯西南最小预测区:北东向的主干断裂和近东西向断裂交叉地段,羟基异常在该区有较理想分布,它与物化探异常区吻合。

郭来半呼都格最小预测区:近东西向的主干断裂与北东向压扭性断裂交会处,是该区金矿的控矿构造,海西期闪长岩是主要的含矿围岩。

(4)矿床成因:白乃庙群地层含金丰度值较高,金矿源来自绿片岩中。金矿层黄铁矿中金含量比围岩增加了 150~200 倍,证明金是逐步迁移而富集的。

白乃庙地处深大断裂北侧,温都尔庙复背斜南翼,附近有从超基性—酸性岩浆活动频繁,并多次叠加构造运动,主要有海西晚期受南北向挤压应力作用形成的东西向片理化带,白乃庙铜矿在东西向片理化带中成矿;北东向白乃庙断裂横切白乃庙铜金矿区,为金矿"入"字形控矿构造,受强烈动力变质和热液蚀变作用,形成含金石英脉-破碎蚀变带,白乃庙金矿矿体严格受该构造控制。

矿床具中低温热液活动特点,有硅化、黄铁矿化、绢云母化等蚀变,早期蚀变是在动力作用之后形成,围岩中长石普遍绢云母化、硅化,晚期低温阶段形成玉髓脉,为贫矿。

因此,白乃庙金矿属贫硫化物石英脉复脉型金矿床,具中低温热液和动力热变质作用成矿特点。

7. 内蒙古苏尼特右旗毕力赫侵入岩型金矿遥感地质特征分析

(1) 矿床的地球化学特征：毕力赫金矿区位于1∶20万水系沉积物测量多元素异常区内，以金、铜为主要异常元素，砷、锑、铋、汞、硼为伴生元素，并有钨、钼、银等元素异常。异常总体走向为北东向，呈短轴带状分布，具有组分分带和浓度分带现象。金含量最高值为 65.2×10^{-9}，面积 $5km^2$；硼含量最高值为 265×10^{-6}，面积 $42.8km^2$；砷含量最高值为 102.3×10^{-9}，面积 $93km^2$；锑含量最高值为 7.37×10^{-6}，面积 $106km^2$。

矿区1∶1万土壤测量，有明显的金异常显示，异常带总体呈北东向展布，其中浓集中心呈北北西向展布，反映受两组构造共同控制，与控矿构造相吻合，并有吻合较好的铜、铅、锌、银、砷、锑、铋、汞组合异常，显示中低温元素组合特征。

在1∶5万航磁异常图上，矿区位于正的中等航磁异常带上，走向北东，强度 $20\sim60\gamma$。

经岩屑地球化学剖面测量，异常明显，一般金含量为 $1.2\times10^{-9}\sim230\times10^{-9}$，异常最高值达 0.62×10^{-6}。同时具有较强烈的砷异常，是最直接的找矿标志。

矿床类型为与花岗闪长玢岩杂岩体有关的次火山-热液型金矿，成矿温度中等偏低（小于 $200℃$），成矿热液盐度低（NaCl 小于 5%）。

(2) 遥感矿产地质特征：该区共解译出百余条断裂带。其中解译出巨型断裂带两条：一条是温都尔庙-西拉木伦河断裂带，呈近东西方向展布，从工作区中部穿过，形成于早古生代末期，具有左行剪切性质，是大型控矿构造；另一条是华北陆块北缘断裂，位于叠接俯冲带南部近华北板块一侧，断裂带地貌特征为近东西向平直沟谷或断崖，断层三角面发育(图5-38)。

主要的大断裂包括武艺台-德言旗庙断裂带和川井-化德推测深断裂。武艺台-德言旗庙断裂带沿土呼都格至图林凯一带近东西向展布，向西延至朱日和镇，向东被都仁乌力吉断层所截断，其规模大、发育时间长、深度大。川井-化德推测深断裂带位于内蒙古地轴与海西晚期褶皱带的过渡带上。大断裂控制着次一级断裂的分布，在次一级的断裂中，有的被脉体充填，有的呈挤压破碎带形式展布，为金矿体的生成提供了通道和场所。

预测区内的中小型断裂比较发育，以东西向、北东向断裂为主，其次为北西向、南北向。北西向和东西向断裂为主要控矿构造。断裂带上、岩体接触带上动力变质作用和接触变质作用发育，与成矿关系密切。

根据影像图解译了31个环形构造，环形构造影像特征主要是：影纹纹理边界清楚，花岗岩区植被发育，纹理光滑，构造隆起成山。构造穹隆引起的环形构造影像上，整个块体隆起，呈椭圆状，主要由环形沟谷及盆地边缘线构成，边界清晰，山脊和山沟以山顶为中心向四周呈放射状发散。

(3) 矿床成因：毕力赫金矿产于侏罗系钙碱性中酸性火山-次火山杂岩体中，矿体严格受次火山岩体-花岗闪长玢岩内外接触带构造、断裂构造控制。主要矿体在空间上呈上大下小、不规则的柱状体，自北西向南东倾伏。容矿岩石主要为花岗闪长玢岩及其接触带附近沉凝灰岩-凝灰质砂岩，少量火山熔岩安山岩。主矿体产于花岗闪长玢岩隆起上部及其北东部、浅成侵入岩体内外接触带；南东部深部矿体则产于岩体上部与围岩接触带内侧以及岩体中北西走向、北东倾向的一组裂隙密集发育带中。可见，次火山岩体及开放的断裂构造是本区成矿的关键因素，属浅成低温热液-斑岩型金矿。

(四) Ⅲ-8 林西-孙吴铅锌铜钼金成矿带

该成矿带位于我国东部最鲜明的嫩江-太行山-武夷山重力梯级带（这部分在 ETM741 遥感影像图中由于林区覆盖断裂构造表现并不明显）的西侧，成矿带各部分的深部地壳结构具有很明显的起伏和差异，如北东边缘部分即大兴安岭中段东坡是个幔坎，其东侧松辽平原是莫霍面较浅(35km)的幔隆区，矿带主体(黄岗梁—甘珠尔庙一线)地壳厚度大，达 $47\sim49km$。此带在向南穿越西拉木伦河时，发生西向

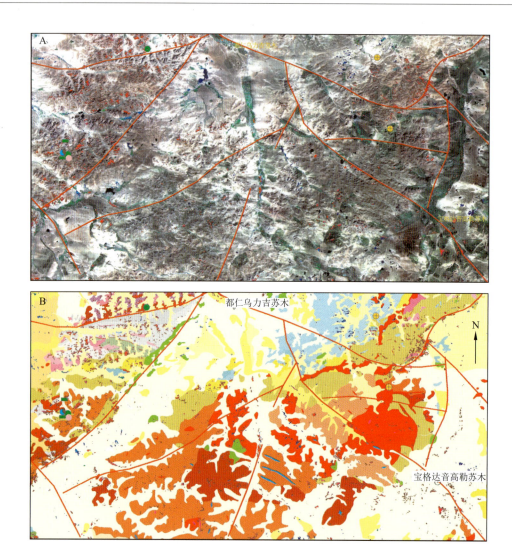

图 5-38 内蒙古苏尼特右旗毕力赫侵入岩型金矿遥感影像图(A)和遥感综合信息图(B)

偏转,在西拉木伦河南侧形成一个连续的东西向重力梯级带。

整个成矿带被两条东西向深断裂划分为3个块段(图5-39)。从南至北分别如下。

黄岗梁-甘珠尔庙块段:北有汉乌拉-洪浩尔坝-扎鲁特旗北断裂截切,该断裂北曾作右行扭动(走滑),在晚侏罗世早期,其北侧下沉,构成宝石晚侏罗世火山岩盆地的南缘断裂。

突泉块段:北界为乌拉盖-科右前旗深断裂。

索伦块段:在区域重、磁异常图上,黄岗梁-甘珠尔庙块段及北部的索伦块段均为莫霍面起伏较大的块段,显示二者有较好的、相似的成矿地质条件,而中间的突泉块段除其东部幔坎窄带状地区以外,大部分为地壳厚度大、莫霍面平整的地区,显示其成矿条件较差。

整个矿带分布于海西晚期褶皱带内。该带的主构造层下二叠统大石寨组系两大板块的俯冲对接时产生的张性断陷带环境下形成的类岛弧型火山岩,其岩性以中性岩为主,酸性岩次之,锡、锌、铁等成矿元素丰度较高,为燕山期的成矿作用提供了部分物质来源,是重要的"初始矿源层"。矿带在构造上受到黄岗梁-乌兰浩特复背斜及其轴部深断裂的控制,该复背斜的北西翼下二叠统有较厚的碳酸盐岩沉积,导致了以矽卡岩型矿化为主的黄岗梁-甘珠尔庙锡铅锌多金属矿带的形成;复背斜的南翼,下二叠统以碎屑岩为主,缺少碳酸盐岩沉积,其莲花山-孟恩套力盖-布敦花成矿区的矿床类型以热液型为主。

本成矿带又可分为莲花山-布敦花铜多金属成矿区和黄岗梁-白音诺尔-甘珠尔庙锡铅锌多金属成

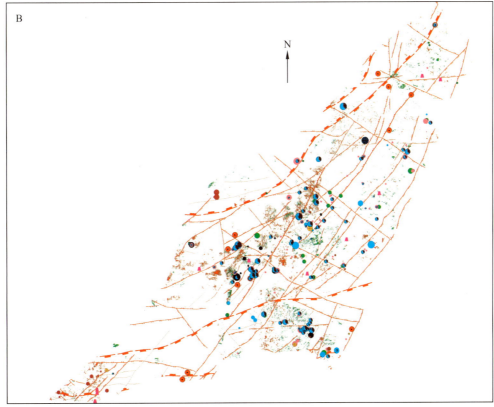

图 5-39　林西-孙吴铅锌铜钼金成矿带遥感影像图(A)和遥感综合信息图(B)

矿带,二者分别分布于黄岗梁-乌兰浩特复背斜的东翼和西翼。它们除上述共同的构造控矿条件外,还有各自的构造特征,现分析如下。

(1)莲花山-布敦花铜多金属成矿区的构造控制。该成矿区包括莲花山铜矿床、孟恩套力盖银铅锌矿床和布敦花铜矿床,以及一些多金属矿点、矿化点等,虽然成矿种类各异,但在构造控制上具有以下共同特点。

(2)黄岗梁-白音诺尔-甘珠尔庙锡铅锌多金属成矿带的构造控制。该成矿带是大兴安岭中南段乃至内蒙古东部最重要的成矿带。地质背景复杂,成矿条件优越,远景巨大。现已探明大型锡铅锌矿产地4处,中、小型矿床、矿点、矿化点多处。

(3)翁牛特旗少郎河铅锌多金属成矿区的构造控制。该成矿区主要受东西向少郎河断裂的控制。该断裂带西起红山子,东至敖包山,断续矿化长逾150km。其东段硐子—敖包山一带,长约50km,多金属矿化集中。该断裂系西拉木伦河深断裂的南侧次一级断裂,基本上沿着西拉木伦河南侧古元古代变质岩东西向残块的南缘形成。与西拉木伦河相反,少郎河断裂在燕山期曾发生右行扭动,移距达15km。在该断裂的东段恰与两条北东向断裂(西为大庙-乌丹断裂、东为老府-大木头沟-旗杆庙断裂)交会复合,又与少郎河东西向断裂扭动所派生的北西向断裂交会在一起,构成一套复杂的格子状断裂系统,因而导致了集中矿化地段的出现。在该成矿区已发现大型矽卡岩型铅锌矿床(小营子)1处、中型铅锌(铜)矿床5处。

在该成矿带内我们选择了7个典型区域作为具体研究对象。

1. 内蒙古东乌珠穆沁旗小坝梁式火山岩型铜多金属矿遥感地质特征分析

该预测工作区位于内蒙古东乌珠穆沁旗新庙和西乌珠穆沁旗,共解译出线要素68条。主要区域性控矿构造带有1条,即大兴安岭主脊-林西深断裂带北带,该断裂带在图幅北部边缘呈北东向展布,横跨整个图幅;构造显示明显的断续北东向延伸特点,线性构造两侧地层体较复杂,线性构造经过多套地层体。

构造以北东向构造为主,解译出1条巨型板块缝合带,即二连-贺根山断裂带,正断层痕迹,走向北东,线性影像,直线状水系分布,负地形,沿沟谷、凹地延伸,山前断层三角面清楚,线性展布特征明显(图5-40)。其次在近东西向构造中,胡尔勒-巴彦花苏木断裂带表现出压型构造特点,影像判断线性构造两侧地层体较复杂,线性构造经过多套地层体,影像线性纹理清晰。西南方向、图幅中部断裂交会部位是重要的铜成矿地段。

区内的环形构造比较发育,共解译出31个,在预测区西部分布密集,东部分布稀少。

2. 内蒙古克什克腾旗拜仁达坝热液型银铅锌矿遥感地质特征分析

该预测工作区的构造有40条,由西到东依次为嘎尔迪布楞-芒罕乌罕构造、白音乌拉-乌兰哈达断裂带、锡林浩特北缘断裂带、扎鲁特旗深断裂带、巴彦乌拉嘎查-塔里亚托构造、翁图苏木-沙巴尔诺尔断裂带、新林-白音特拉断裂带、白音乌拉-乌兰哈达断裂带、大兴安岭主脊-林西深断裂带、新木-奈曼旗断裂带、额尔格图-巴林右旗断裂带、额尔敦宝拉格嘎查-那杰嘎查近东西向断裂、图力嘎以东构造、宝日格斯台苏木-宝力召断裂带、嫩江-青龙河断裂带,除新木-奈曼旗断裂带、宝日格斯台苏木-宝力召断裂带沿北西向分布外,其他大型构造走向基本为近北东向分布,不同方向的大型构造在区域内相交错断,形成多处三角形及四边形构造,部分构造带交会处成为错断密集区,总体构造格架清晰(图5-41)。

环形构造非常密集,其成因为中生代花岗岩类引起的环形构造、古生代花岗岩类引起的环形构造、与隐伏岩体有关的环形构造、基性岩类引起的环形构造、构造穹隆或构造盆地、成因不明、火山口、火山机构或通道。环形构造主要分布在预测区的中部和东部,西部相对较少。与隐伏岩体有关的环形构造在相对集中的几个区域中集合分布,且大型构造带的交会断裂处及大中型构造形成的构造群附近多有环要素出现。

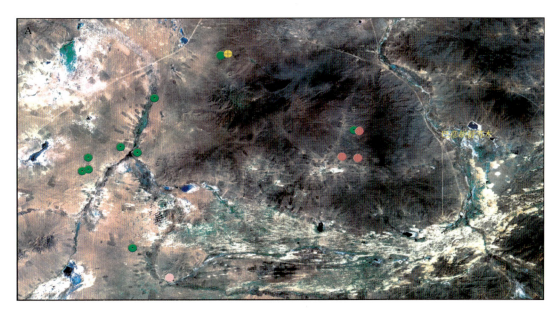

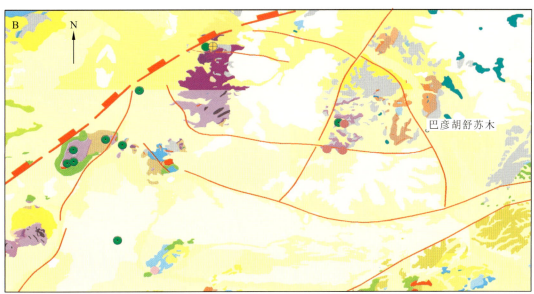

图 5-40 内蒙古东乌珠穆沁旗小坝梁式火山岩型铜多金属矿遥感影像图(A)和遥感综合信息图(B)

含矿地层即遥感带要素主要为古元古代和石炭纪地层,该地层主要集中在本区中部,位于北东向罕乌拉苏木-崩崩台大型断裂带形成的狭长区域内,沿北东向分布,部分区域被南北向翁图苏木-沙巴尔诺尔大型断裂带截断。该区含矿地层的形成与构造运动有很大的关系,尤其是深断裂活动为成矿物质从深部向浅部运移和富集提供了可能的通道。

3. 内蒙古克什克腾旗黄岗梁矽卡岩型铁锡矿遥感地质特征分析

(1)地质概况:该矿区中心点坐标为东经117°28′08″,北纬43°39′05″。该区分布的地层如下。

下二叠统由黄岗梁组、大石寨组和青凤山组组成,出露矿区中部,呈带状分布,走向北东-南西向,倾向北西,倾角60°～70°。①青凤山为一套砂泥质碎屑沉积。②大石寨组岩相、岩性变化剧烈,分上下两部,下部东段为火山碎屑岩,向西逐渐相变成海底火山喷发熔岩,与青凤山组地层为整合接触;上部为黑色凝灰质砾岩、凝灰质粉砂岩、凝灰质角砾岩、安山质晶屑凝灰岩互层,中夹粉砂岩,顶以灰绿色厚层

 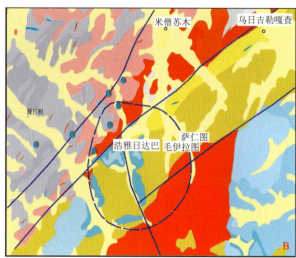

图 5-41　内蒙古克什克腾旗拜仁达坝热液型银铅锌矿遥感影像图(A)和遥感综合信息图(B)

状安山岩及辉石安山岩为主。③黄岗梁组主要分布在矿区中部偏北侧,由一套碳酸盐-火山碎屑沉积岩夹薄层火山熔岩组成,又分两个岩性段,下段为厚层状白色大理岩、灰岩、含砾结晶灰岩、硅质大理岩夹薄层凝灰岩和复成分砾岩;上段为黑色、灰黑色厚层状粉砂岩、含钙凝灰质粉砂岩夹砂砾岩、砾岩、凝灰质角砾岩、凝灰岩、中基性火山岩薄层组成。

上二叠统仅林西组(P_2l)在查木罕河以北地段零星出露,岩性为灰黑色、灰绿色砂岩、粉砂岩和凝灰质粉砂岩。

中侏罗统与上侏罗统,前者广泛分布于矿区南东部,厚 1079m,后者零星出露于北西侧,厚 689m,主要由一套正常火山碎屑岩-火山碎屑沉积岩组成,与下二叠统和上二叠统常见断层或不整合接触。

岩体主要为燕山早期第二阶段第二次侵入的钾长花岗岩、少量黑云母钾长花岗岩。钾长花岗岩除 Ⅰ 区岩体外,其余均呈北东向断续分布在矿区北西侧,全长 15.4km,宽 1.5~2km,按地表出露分 4 个岩体,Ⅰ 区岩体出露面积仅 0.18km²;Ⅱ 区岩体面积最大 4.6km²,岩体顶面波状起伏,两侧陡立,在由陡变缓处对成矿有利;Ⅲ 区岩体地表产状北缓南陡,钻探证明,深部花岗岩顶面凸凹部位都是矿体赋存的有利部位;Ⅳ 区岩体沿北东向条带状分布,地表多被第四系覆盖,形态同 Ⅲ 区岩体。脉岩不发育,有花岗斑岩、伟晶岩脉、流纹斑岩、闪长岩、细晶闪长岩及闪长玢岩和煌斑岩脉等,均呈脉状不同方向分布于矿区南侧的中生代地层中,与成矿关系不大。

(2)遥感矿产地质特征:该区位于黄岗梁复式背斜北西翼,属单斜构造,与区域构造线基本一致,总体倾向北东。断裂构造发育,根据断裂走向分为:①北东向压性兼扭性断裂,该组断裂长期多次活动,为成岩、成矿提供了有利条件,是控矿、导矿、容矿的主要构造;②北西向张性为主兼扭性断裂,该组断裂由于围岩条件不利,所以控矿性能不如北东向断裂;③近东西向正断层、北北东向平推断层,该组断裂属成矿晚期断裂,但对矿体影响不大(图 5-42)。

该区环形构造发育,矿床处于一隐伏岩体引起的环形构造边缘,富含碱质及挥发组分的钾长花岗岩及期后气水溶液交代了围岩中有益成分并在有利部位富集成矿。

4. 内蒙古克什克腾旗小东沟斑岩型钼矿遥感地质特征分析

(1)地质概况:该矿区范围坐标为东经 117°40′44″~117°46′07″,北纬 42°59′50″~43°03′07″。该区地层区划属内蒙古草原地层区,以西拉木伦河为界,北为锡林浩特-磐石地层分区,南为赤峰地层分区。北部出露地层有下二叠统寿山沟组类复理岩建造、中二叠统大石寨组海相火山岩和哲斯组滨浅海相碎屑

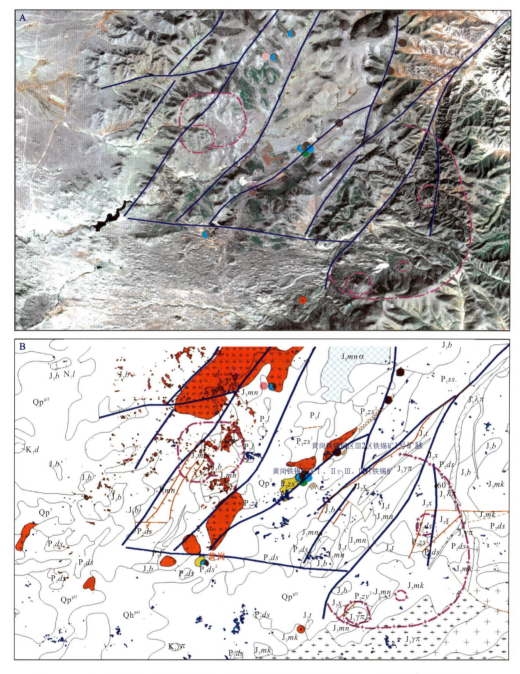

图 5-42 内蒙古克什克腾旗黄岗梁矽卡岩型铁锡矿遥感影像图(A)和遥感综合信息图(B)

岩-碳酸盐岩建造。南部出露地层有中二叠统于家北沟组海陆交互相沉积,岩性为灰绿色凝灰质砂岩、砂砾岩、砾岩、粉砂岩夹板岩、中性火山熔岩及碎屑岩。中生代地层为上侏罗统满克头鄂博组、玛尼吐组和白音高老组陆相中酸性火山岩。本矿区地层出露中二叠统于家北沟组砂砾岩夹中性火山岩、上侏罗统满克头鄂博组酸性火山岩和第四系。铅锌矿化主要赋存于于家北沟组火山岩中。

该区侵入岩均为燕山期侵入岩,燕山早期主要有花岗闪长岩、斑状花岗岩和中细粒斑状花岗岩;燕山晚期主要有花岗岩、二长花岗岩、黑云母花岗岩和花岗斑岩。该区岩浆岩较发育,以中粒黑云母花岗岩、斑状花岗岩和细粒花岗岩为主,属燕山晚期产物,在矿区内呈岩株状产出。其中小东沟斑状花岗岩为主要的钼矿赋矿地质体。脉岩有花岗斑岩、闪长岩、石英斑岩和正长岩脉等。

(2)遥感矿产地质特征:该区位于东西向多伦复背斜与北北东向大兴安岭构造-岩浆岩带的叠加部位,区域北东东向道营水-双庙-八里庄复式背斜北翼,主要构造形迹为海西晚期和燕山期产物,主要有海西晚期三岔口背斜褶皱构造,断裂构造方向有北东向、北西向及早期近东西向西拉木伦河断裂。

该区处于区域道营水-八里庄复式背斜北翼,褶皱构造发育,由李家营子-东沟脑背斜、小东沟向斜和小东沟背斜组成。断裂构造有北北西向和北西向两组。该区断裂构造与成矿关系密切,断裂构造控制着岩体内钼矿化体的方向(图5-43)。北北西向与北西向断裂构造对岩浆的侵位及矿液的运移富集起到了控制作用,是主要的控矿构造。岩浆控制为燕山期斑状花岗岩体。矿床成因为斑岩型矿床。

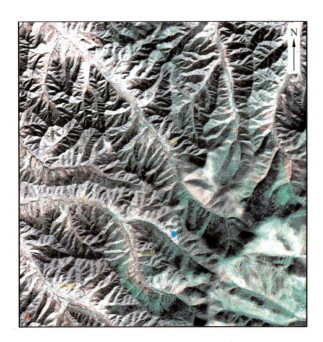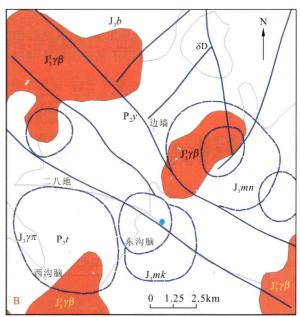

图5-43　内蒙古克什克腾旗小东沟斑岩型钼矿遥感影像图(A)和遥感综合信息图(B)

结合区域构造演化史,对小东沟斑岩型钼矿的成因做出如下解释:在早白垩世大兴安岭开始隆升,岩石圈拆沉,软流圈(层)物质上涌、基性岩浆的底侵以及地幔流体的加入,引起下地壳岩石的熔融,随后更多的地幔含矿流体进入岩浆房。岩浆携带来自地幔的含矿流体,沿着区域性的东西向、北东向深大断裂上侵定位,并在此过程中演化形成富硅、富钾质的花岗岩,最后沿近南北向的断裂侵位于二叠纪地层中,沉淀形成矿床。

5. 内蒙古林西县大井子花岗岩型锡矿遥感地质特征分析

(1)地质概况:该矿区中心点坐标为东经118°15′41″,北纬43°41′31″。矿区内大面积分布第四系,地层出露有志留系片麻岩、片岩夹大理岩,二叠系砂板岩,上侏罗统满克头鄂博组、玛尼吐组、白音高老组。主要出露地层为上二叠统林西组,岩性下部主要为暗色砂、板岩段,上部为杂色含泥灰岩砂、板岩段(图5-44)。

该区无较大的岩体出露,但酸性、中性、基性岩脉非常发育,主要有霏细岩脉、英安斑岩脉、安山玢岩脉、玄武玢岩脉和煌斑岩脉,除煌斑岩脉属浅成侵入岩体外,其余均属次火山岩。脉岩经钾氩法年龄测定相当于燕山早期。

(2)遥感矿产地质特征:该区内断裂构造发育,对整个矿区的成岩成矿有着明显的控制作用。断裂是本区主要的控矿因素,主要发育北东向、北西向、近南北向、北西西向和北东东向断裂,规模较大的北东向断裂在宏观上控制了矿化产出部位。北西向和北西西向断裂为本区主要的容矿构造,直接控制了

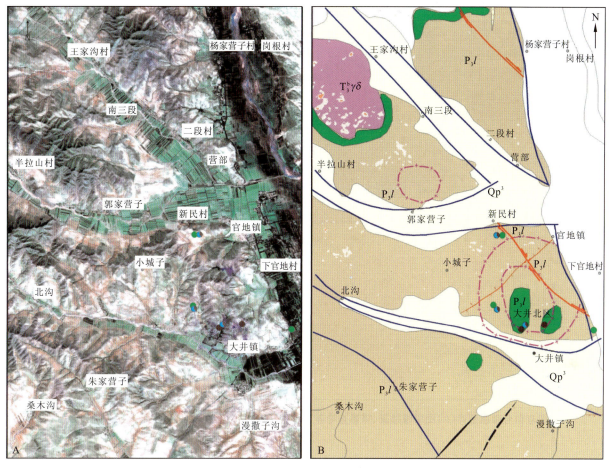

图 5-44 内蒙古林西县大井子花岗岩型锡矿遥感影像图(A)和遥感综合信息图(B)

矿体的赋存部位及其规模、形态、产状;近南北向和北东东向断裂为次要的容矿构造;此外层间破碎带也是区内较重要的容矿构造之一。

北西向断裂十分发育,多被中酸性脉岩及矿脉充填,其控岩、控矿作用十分明显,是主要的容矿构造。发育于脉岩之中或脉岩与围岩接触带造成脉岩破碎的北西向断裂时有所见。单条断裂的规模一般较小,延长十几米至数十米断裂主要向北东倾,倾角中等—较陡。北北西向断裂很少单独存在,多作为北西向断裂的一部分。北东向和近南北向断裂较发育,常有脉岩、矿脉充填其中,也有破坏脉岩的现象。断裂规模大小不一,小者延长十几米,大者延长数千米可形成断距较大的断层。

环形构造在该区十分发育,大型环形构造多为隐伏岩体引起,而小型环形构造多数为次火山岩体引起。次火山岩广泛发育,成矿和成岩物质系由同一岩浆所提供,岩浆物质的上侵、定位不仅为随之而来的矿液活动开辟了通道,而且强化了原有的一些岩石破裂,从而为成矿提供了有利空间。该区的次火山活动对成矿起着重要的、直接的控制作用。

在综合信息图解译中,所有已知的金属矿点都与环形构造有关,且均分布于环的边部,环形构造出现在二叠纪地层中,属于隐伏岩体引起的环形构造。由此推断,该部位的左上方也有一环形构造,是该区的成矿有利部位。

6. 内蒙古翁牛特旗余家窝铺接触交代型铅锌铜矿遥感地质特征分析

(1)地质概况:该矿区中心点坐标为东经118°51′46″,北纬42°51′53″。根据地质资料,该矿的形成与北沟花岗岩体的侵入活动有关。岩体侵入早期,与志留系中的碳酸盐岩石发生接触交代作用形成矽卡岩,同时伴随有铅锌矿化;岩浆演化晚期,由于残余岩浆酸度增加,形成了边缘相石英斑岩,同时残余岩浆中铅、锌等成矿元素进一步富集,并在构造有利部位充填成矿,形成相对较好的工业矿体,因此后者才是本区的主要成矿阶段。

(2)遥感矿产地质特征:该区断裂构造主要有北西向和近东西向断裂,后期发育有北东向断裂,以及向北西凸出的弧形构造,这组弧形构造与其相交的北西向构造(F_1)组成帚状构造,控制矿体分布,越向F_1断层靠近,成矿越有利(图5-45)。

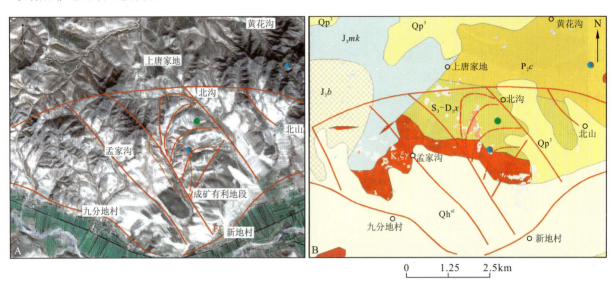

图5-45 内蒙古翁牛特旗余家窝铺接触交代型铅锌铜矿遥感影像图(A)和遥感综合信息图(B)

环形构造特点是,余家窝铺矿区接触交代型铅锌铜矿基本发育在大型环形构造盆地内,其内部又发育多组侏罗统火山岩体环形构造。

7. 内蒙古赤峰市官地中低温热液型银金矿遥感地质特征分析

(1)地质概况:该矿区中心点坐标为东经118°32′31″,北纬42°35′22″。出露地层有下二叠统于家北沟组、上侏罗统白音高老组、中新世昭乌达组及第四系。于家北沟组为一套轻变质砂板岩、变火山岩建造,可分为两个岩性段:下段为深灰色-灰紫色酸性凝灰岩、板岩夹少量砂岩,出露厚度大于105m;上段为灰白-淡绿色中酸性凝灰岩,灰绿色蚀变安山岩、流纹岩、砂岩、板岩互层,厚度大于500m。白音高老组主要岩性为酸性凝灰岩、凝灰质角砾岩等。昭乌达组主要岩性为青灰-暗灰黑色玄武岩夹砂岩。第四系主要为黄土、砂砾岩等。

(2)遥感矿产地质特征:该矿区断裂构造发育,除本不吐北北东向断裂以外,其他断裂均属柴达木火山构造的放射状和环状断裂系统。

该区最重要的火山构造为官地五级火山机构,它控制了官地银金矿床的产出。其内部断裂十分发育,以北西向断裂为主,是主要容矿构造,其次为北东向断裂(图5-46)。

环形构造分为三种:第一种是中生代岩浆活动引起的环形构造,主要为中二叠统酸性火山岩,如安山岩、流纹岩、凝灰岩,燕山期侏罗纪白音高老组酸性火山岩,其岩性有流纹岩、酸性凝灰岩等,与北西向断裂带走向一致。

第二种是隐伏环形构造,均为燕山期早期侵入岩。岩浆侵入活动频繁剧烈,具有多期性,主要侵入于官地和温德沟五级火山构造中。主要岩性有闪长岩、安山玢岩、流纹斑岩和隐爆角砾岩,其次有闪长玢岩、花岗斑岩、石英脉等岩脉。其中流纹斑岩与银金矿化在空间上、时间上、成因上有密切关系。

第三种是火山口或火山通道的环形构造,北东向火山基底隆起带与火山盆地交接部位靠隆起一侧,是火山热液的有利地段,可作为区域找矿标志。在地表铁锰帽及铁锰染硅化带是找矿的直接标志。

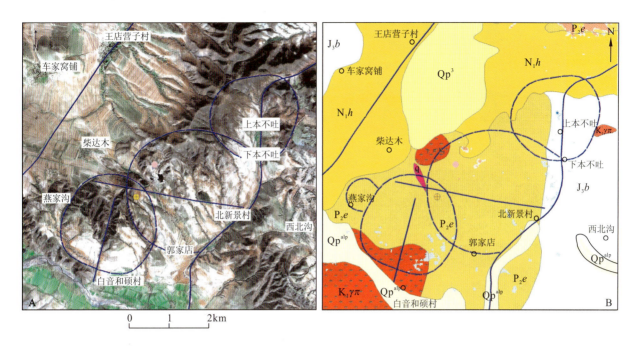

图 5-46 内蒙古赤峰市官地中低温热液型银金矿遥感影像图(A)和遥感综合信息图(B)

二、Ⅱ-13 吉黑成矿省

该成矿省中主要介绍Ⅲ-9松辽盆地油气铀成矿区。

该成矿区北界为内蒙古槽台间深断裂,它纵贯矿区,对基底的切割深度不一,并曾长期多次活动。至中生代以后,它又被新华夏系的北北东向断裂构造所切割、移位,形成较复杂的构造图像,越往东部,这种现象越加明显。该深断裂南北两侧分布出露的构造层也有很大差别,断裂南侧,地台基底上的第一套盖层——中新元古界白云鄂博群在太仆寺旗以东即告消失;断裂北侧,地槽区第一个增生带——加里东地槽褶皱带西段仅分布于黑沙图至温都尔庙东那青之间(图5-47)。

槽台深断裂在此处被中生代北东向断裂反复切截,分为4截,以金为主的矿化集中区均位于槽台深断裂南侧,自东向西有贝子府-金厂沟梁、撰山子南、安家营子-十家和红花沟-老府4段金矿化集中区。除安家营子-十家成矿区外,其余3个矿化区的基底岩石均为太古宇建平群深变质的绿岩带。槽台间深断裂诱发的次一级东西向断裂及韧性剪切带等导致绿岩中金物质的活化,后期燕山期高挥发组分的酸性侵入岩提供充分的热源、热液和部分矿质,使含金物质进一步活化迁移;新华夏系北东向断裂的复合,提供了容矿的构造空间。由于基底岩性对成矿物质来源的特殊制约作用,上述4个矿化区的矿化作用均以金为主,金的成色均很高,极少数含金矿物为银金矿。

槽台间深断裂在燕山期曾发生过左行剪切运动,产生一系列北北东向张性裂隙,燕山期高硅富碱花岗岩株沿此裂隙侵入,呈斜列式排列,与主干断裂呈"入"字形构造。在花岗岩株内部及围岩构造裂隙中,发生热液脉状黑钨矿成矿作用,形成一个钨矿成矿区。

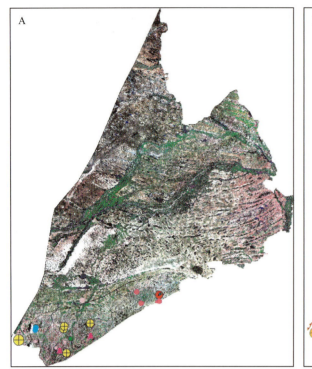
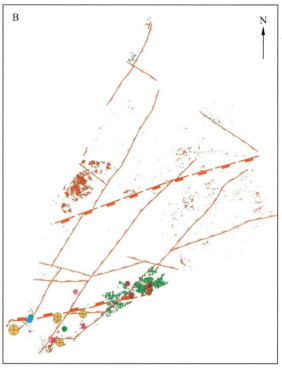

图 5-47 松辽盆地油气铀成矿区遥感影像图(A)和遥感综合信息图(B)

三、Ⅱ-14 华北成矿省

(一)Ⅲ-10 华北陆块北缘东段铁铜钼铅锌金银锰磷煤膨润土成矿带

与赤峰市南部以金为主的成矿带相对应,在深断裂北侧有一个以银为主的多金属成矿区。

该成矿带出露地层有下古生界、上古生界和晚侏罗世火山岩。整个成矿带位于受新华夏系北北东向断裂所控制的燕山期岩浆岩分布区,矿化与岩浆岩及北北东向断裂派生的次一级裂隙有关(图 5-48)。矿化种类以银为主,可形成工业矿床,如赤峰市四棱子山(金)银矿床、翁牛特旗官地银矿床等,伴生少量金或含有金银矿物;在控矿构造下切较深时可见到以金为主的矿化,如敖汉旗奈林沟火山热液型银金矿床、赤峰市喇嘛山金矿,其共同特征是金的成色较低,金矿物含银较高,甚至是银金矿。可以认为,深断裂北侧以银为主的矿床中的金,系由东西向深断裂所活化的南侧古老绿岩带中的金物质被中生代北东向断裂及酸性岩株再次活化,运移运动深断裂北侧所致。而银的物源深度则较浅,它主要来自上地壳,与断裂北侧地槽区较厚的硅铝层结构有关。

(二)Ⅲ-11 华北陆块北缘西段金铁铌稀土铜铅锌银镍铂钨石墨白云母成矿带

该成矿带可分为 3 个成矿亚带。

(1)Ⅲ-11-①白云鄂博-商都金铁铌稀土铜镍成矿亚带:世界级特大型白云鄂博铁铌稀土矿田的成因极其复杂,断裂构造对于其原生含铁层的沉积以及后期铌稀土成矿作用曾起到决定性的作用现已初步查明。

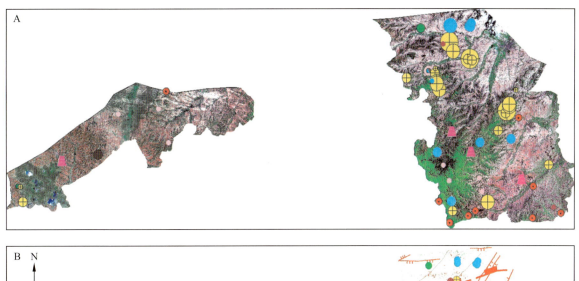

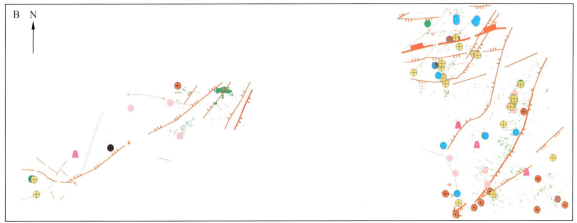

图 5-48 华北陆块北缘东段铁铜钼铅锌金银锰磷煤膨润土成矿带遥感影像图(A)和遥感综合信息图(B)

同生断裂控制了含铁建造的沉积。白云鄂博地区的白云鄂博群，在尖山组 H5 岩段沉积之后，曾发生一次和缓的构造逆动，形成宽缓的宽沟背斜，随即在其南翼上产生两条东西向断裂，北侧为高位断裂，南侧为东勒格勒断裂，尖山组以后，两条断裂所夹地块下沉，形成一个槽状潟湖盆地，断裂外侧的广大地块，则相对抬升，出露地表，接受剥蚀，由于北侧高位断裂下切较深，近侧地块下降较快，形成了一个向北倾斜的箕状潟湖。哈拉霍疙特组时期，在潟湖以外的广大地区，沉积了 H6～H8 岩组以碎屑岩为主的深海相沉积，形成了 H5 与 H6 岩组间的不整合，在潟湖盆地内沉积了以白云岩为主夹铁质碳酸盐岩（原生铁矿层）及石英砂岩的厚大 H8 岩组，此铁质碳酸盐岩在后期岩浆活动的热力影响下，变成磁铁矿层或赤铁矿层，主矿、东矿等矿田内最厚大矿体，即沉积在该潟湖盆地的最宽阔处。

多组方向深断裂的复合控制与铌稀土有关的含矿岩体的侵位。矿田北侧有北西向的槽台间深断裂通过，该深断裂形成于元古代末，造成深部莫霍面埋深相差 2km；矿田东部为北东东向延展的白云鄂博背斜轴部所在，沿轴部有北东向大断裂通过，上述两条断裂与高位同生断裂、东介勒格勒同生断裂在矿田东端复合，形成一个切割很深的软弱破碎带，它在延深上呈现筒形，构成岩浆活动的有利通道，加里东期富含铌稀土矿质的辉绿玢岩-碳酸盐岩岩浆和深部的碱性岩岩浆沿通道侵位于浅部及深部，侵位深部的碱性岩岩浆在下地壳下部形成一个较低密度的岩浆房，侵位浅部的碱性岩岩浆沿着形张复合的高位断裂、东介勒格勒断裂及东西向剪切带等分布就位，以热液充填为主的方式将铌-稀土成矿作用叠加在先成铁矿体及其顶底板围岩之上。上述分布于白云鄂博背斜轴部的北东向大断裂活动，延续时间很长，直到中生代仍控制着矿田南部白女羊盘白垩纪火山岩的喷溢，其中粗面岩的稀土含量很高，达 620×10^{-6}。

由上述可知，该矿田东西向同生断裂造成的箕状潟湖盆地控制了原始含铁建造的沉积，加里东期三个方向的深大断裂的复合,导致含矿基性-酸性岩浆的侵位及铌、稀土成矿作用,相隔时间很长的两期断裂作用是特大型铁铌稀土矿田的重要控矿因素(图5-49)。

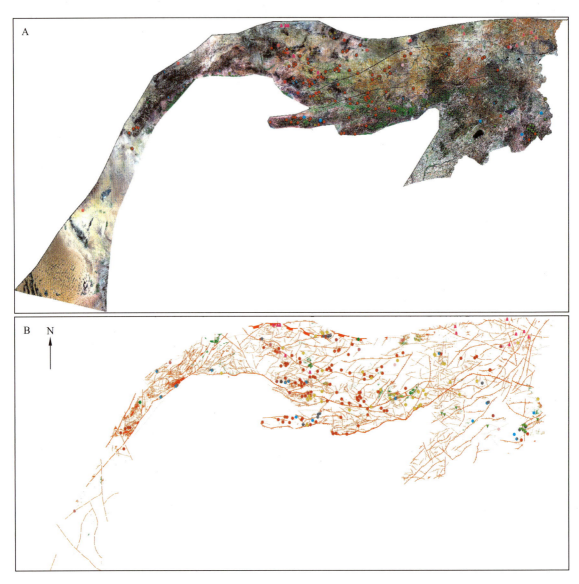

图5-49 华北陆块北缘西段金铁铌稀土铜铅锌银镍铂钨石墨白云母成矿带遥感影像图(A)和遥感综合信息图(B)

(2)Ⅲ-11-②狼山-渣尔泰山铅锌金铁铜铂镍成矿亚带:内蒙古台隆北侧由渣尔泰山群和白云鄂博群所组成的裂陷型带状盆地是中元古代由初始大洋板块活动所形成的裂谷系,两者基本上属于同期异相沉积,其间由近东西向的西斗铺古老隆起所分隔,南侧的渣尔泰山群有重要的成矿作用,其形成的矿床类型是层控型的海底热卤水喷溢矿床,受到沉积相和基底同生断裂的双重控制。

西斗铺同生断裂:发育在西斗铺隆起的南侧,近东西向展布,在渣尔泰山群沉积的初期—书记沟组—增隆昌组期,该隆起带基本上淹没于潮汐带以下。因此,渣尔泰山裂谷南北两侧,两组的岩相基本相似,至阿古鲁沟组初期,该断裂下切加深,导致深源卤水等成矿物质上涌,北侧地块也急剧上升至潮汐面之上,成为真正的中间隆起,裂谷北侧所沉积的阿古鲁沟组岩相变浅,大都为三角洲相,甚至河流相。中元古代末期,此同生断裂转换成韧性剪切带,破坏了渣尔泰山裂谷沉积的完整性。

裂谷内横向同生断裂:对渣尔泰山群岩相分析及重磁资料的研究,在渣尔泰山裂谷内至少可以辨认出两个横向同生断裂:一是在甲生盘矿区以东为茅脑亥同生断裂,呈北西向;二是在红壕与什布广格之间的红壕-刘洪湾同生断裂,呈北东向。这两条同生断裂与北侧西斗铺同生断裂的联合作用,控制了甲生盘地区阿古鲁沟组深水盆地的形成及其中的热卤水海底喷溢沉积作用,在两个横向同生断裂间形成了甲生盘大型锌硫矿床和三片沟大型硫矿床。

北东向的狼山层控型硫多金属成矿区也是渣尔泰山裂谷的一部分,形成的大、中型矿床在层控型矿床中具有重要的地位。其中是否有同生断裂控制作用,尚待研究查明。

(3) Ⅲ-11-③乌拉山-集宁-固阳金银铁铜铅锌石墨白云母成矿亚带:乌拉山-集宁在深部物理场上为东西向带状高磁高重力异常带,反映以中基性火山岩及碎屑岩为主的中高级变质岩(乌拉山岩群、集宁岩群、兴和岩群),厚度很大,莫霍面埋深一般为48km。在这一带状高磁高重力带南北两侧,莫霍面逐渐抬升,显示出乌拉山-大青山-蛮汗山是华北地台北缘上的一条隆起带,自晚古生代以来,其内发育有多条韧性剪切带,使太古宙绿岩带的金得到了初始的活化和富集。

此台隆成矿带南北两侧被乌拉特前旗-呼和浩特深断裂和临河-固阳-集宁深断裂带所夹持,前者在发育早期为韧性剪切带,至中期随着地块抬升,转换为脆性剪切带,在与印支期北东向断裂复合及大桦背岩体的影响下,形成乌拉山-哈达门沟大型金矿田;后者是冀北最重要的控金深断裂——张家口-隆化深断裂的西延部分,它发生于中元古代末期,在固阳—察右中旗一带表现为韧性剪切带,切割很深。经历了多次活动,控制了元古代、海西期、印支期岩体的分布;在中生代初期,演变为一系列的推覆构造,在印支期岩体的参与作用下,形成一些受推覆构造或次级剪切带控制的金矿床(如摩天岭金矿床、新地沟金矿点等)。

在该成矿带内我们选择了10个典型区域作为具体研究对象。

1. 内蒙古磴口县盖沙图矽卡岩型铜(铁)矿遥感地质特征分析

在ETM741遥感图像上表现为北东走向,主构造线以压型构造为主;北西向构造为辅,两构造组成本地区的菱形块状构造格架,其构造块体内短小构造密集呈现(图5-50)。

该预测区内解译出两条巨型断裂带:一是大兴安岭主脊-林西深断裂带,沿大兴安岭主峰及其两侧分布,向南延入河北省境内。断裂带较宽,且多表现为张性特征,带内有糜棱岩带和韧性剪切带,表现为先张后压的多期活动特点。断裂带形成于晚侏罗世,白垩纪继续活动,形成大兴安岭主脊垒、堑构造体系,北东向冲沟、陡坎及洼地。二是伊列克得-加格达奇断裂带,正断层痕迹,线性影像,直线状水系分布,负地形,沿沟谷、凹地延伸,地壳拼接断裂带。

该预测区共圈出15个环形构造。环形构造分布不均,只在山区内较密集,西北由于进入山前平地后环形构造均没有显示。其中苏呼河环形构造和平原林场环形构造是与隐伏岩体有关的环形构造。

该区共解译出色要素18处,有两处为青磐岩化引起,在遥感图像上均显示为深色色调,呈细条带状分布,从空间分布上看,色要素明显与断裂构造和环形构造有关,在西南部断裂交会部位,色要素呈不规则状分布。有16处为角岩化引起,在遥感图像上均显示为深色色调,呈细条带状分布,从空间分布上看,色要素明显与断裂构造有关。

该区共解译出带要素65处,均为奥陶系多宝山组变质粉砂岩、大理岩、矽卡岩、安山岩等。矿体多呈似层状、脉状、不规则状产出,矿体产状和岩体与地层接触带及矽卡岩的产状一致。

已知铜矿点与羟基异常吻合的有巴升河铜矿、敖尼尔河北山铜矿、巴林镇巴林铜矿。已知铜矿点与铁染异常吻合的有:乌布尔宝力格巴伦莫铜矿、新巴尔虎左旗罕达盖林铜矿。

2. 内蒙古乌拉特后旗霍各乞式喷流沉积型铜矿遥感地质特征分析

(1)地质概况:该矿区中心点坐标为东经106°40′15″,北纬41°16′30″,位于预测工作区西部。矿区出露地层主要为中、新元古界渣尔泰山群的第二、三岩组,从上到下为:第三岩组主要出露于矿区的北部大敖包一带和南部摩天岭一带,分两个岩性段,上段为中厚层纯石英岩夹薄板状石英岩;下段为石英片岩、片状石英岩类,与下伏第二岩组整合接触,不含矿。第二岩组分三个岩性段,上段为二云母石英片岩、碳

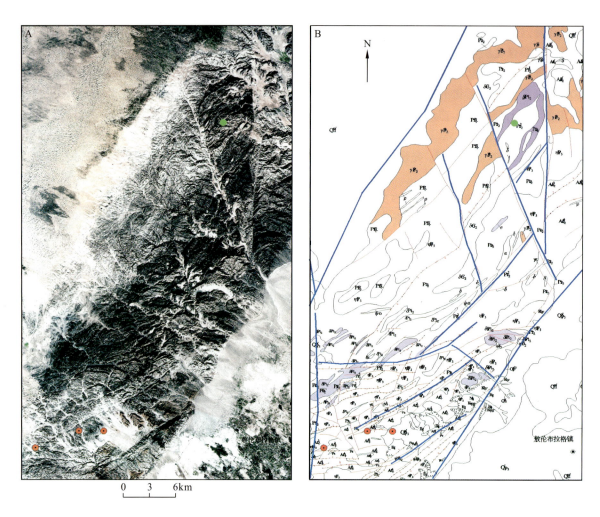

图 5-50　内蒙古磴口县盖沙图矽卡岩型铜（铁）矿遥感影像图（A）和遥感综合信息图（B）

质二云母石英片岩、碳质千枚状石英片岩，不含矿；中段为碳质板岩、碳质千枚岩、碳质条带状石英岩、含碳石英岩、黑色石英岩、透闪石岩、透辉石岩及其相互过渡岩类，是铜、铅矿床的赋存层位；下段的上部为黑云母石英片岩类、红柱石二云母石英片岩、含碳云母石英片岩夹角闪片岩，下部为碳质千枚岩、碳质千枚状片岩、碳质板岩夹钙质绿泥石片岩、绿泥石英片岩及结晶灰岩透镜体，不含矿。

（2）遥感矿产地质特征：矿区内断裂发育，大小断裂几十条，表现为多期性和继承性的特点。北东向断裂与北西向断裂构成整个矿区的构造格架，北东东向断裂以压扭性为主，其次为张扭性（图 5-51）。

按成矿期划分有成矿期断裂——深断裂，是控矿构造；成矿期后断裂——逆断层、裂隙构造，对矿体有破坏作用。褶皱构造总体表现为继承了原始沉积的古地理格局，即背斜核部为古隆起部位，向斜核部为古凹陷位置。裂隙构造十分发育，与矿体有关的主要是层内裂隙构造及层间滑动裂隙。

矿区内一个显著的特点为断裂控制褶皱，后期构造继承和叠加，并将前期构造进行改造。

总体构造环境：二岩组沉积过程是次一级海盆环境，形成互层矿带。成矿期断裂构造、后期构造发生变化，形成现今构造形迹和展布。

控制矿体的直接因素为地层，即渣尔泰山群。这套含矿的所谓"黑色地层"受控于华北地台北缘的中新元古界渣尔泰山裂陷槽霍各乞-千德曼断陷盆地的次一级盆地。这里接受了渣尔泰山群陆缘碎屑和碳酸盐岩类复理石式沉积。由于同生盆缘断裂活动海底火山喷发不断发生，为矿床的形成提供了场所和物质条件，以后的热液活动，为矿床提供了改造条件。因此矿石结构主要是沉积特征，也具有热液

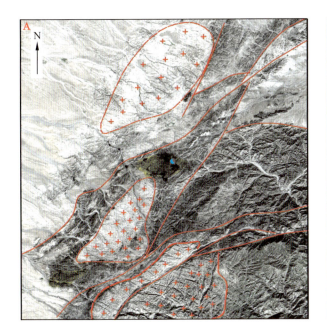 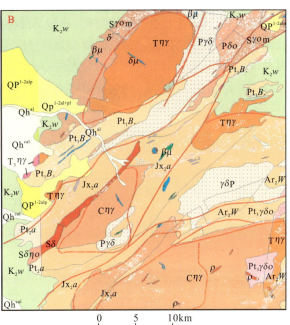

图 5-51 内蒙古乌拉特后旗霍各乞式喷流沉积型铜矿遥感影像图(A)和遥感综合信息图(B)

活动的特点,霍各乞式铜矿为层控型层状矿床。

通过遥感分析认为,该矿虽然是沉积型,但通过岩浆作用、后期改造十分明显,即位于透镜状岩体的北北东角部,具有相同对称部位的岩体南南西端是寻找同类矿床的有利部位。

3. 内蒙古白云鄂博多金属成矿带遥感地质特征分析

(1)地质特征:在内蒙古乌拉山-大青山成矿带预测区,地层发育齐全,岩浆活动频繁,成矿条件好,矿产资源丰富。如Ⅲ-58华北地台北缘西金铁铌稀土铜铅锌银镍铂钨石墨白云母成矿带,Ⅳ-581白云鄂博-商都金铁铌稀土铜镍成矿亚带,Ⅴ-581-1白云鄂博铁、稀土、金矿集区(Pt)。

围岩地层为中元古界白云鄂博群变质岩系,包括H1～H9的岩石序列,一岩段(H1)为灰白色变质含砾粗粒长石石英砂岩;二岩段(H2)为白色、灰白色中粒石英岩;三岩段(H3)为黑色、灰黑色碳质板岩夹粉砂岩;四岩段(H4)为暗灰色、灰白色变质中细粒含长石石英砂岩夹碳质板岩;五岩段(H5)为黑色、灰黑色碳质板岩夹碳质粉砂岩和石英岩;六岩段(H6)为灰白色、灰色变质中粒钙质长石石英砂岩夹暗色板岩和白云岩透镜体;七岩段(H7)为灰白色、褐黄色、暗灰色长石石英砂岩、泥晶白云岩及暗色板岩;八岩段(H8)为钙质云母板岩、砂岩或石英岩透镜体,泥晶、内碎屑、外碎屑结构和藻生物结构,交代残余层理、不规则纹理、条带状层理和透镜状层理,厚度390～634m,铁铌稀土矿体产于该岩段中;九岩段(H9)为黑色、灰色泥碳质板岩夹薄层石英岩,底部夹白云岩薄层或透镜体。

(2)矿床的地球物理特征:主矿钍最高0.064%,最低0.012%,平均0.038%,萤石化块状磁铁矿、赤铁矿石最高,其次含易解石脉的磁铁矿石。放射强度一般在100～200nT(本区底数为40nT),较高者300～600nT,最高4000nT,以主矿上盘最高。钍除形成铁钍石、方钍石的独立矿物外,其他还少量存在于易解石类和黄绿石、独居石、氟碳铈矿等矿物中。高磁异常矿体位于主矿南约0.5km,矿体赋存于向斜南翼的白云岩中,产状陡,北倾同主矿体南北对应产出,全为盲矿体。

西矿放射性强度不高,一般为100～150nT,放射性检验结果均为钍引起,空间分布与易解石、独居石有密切关系。

(3)遥感矿产地质特征:该区解译出1条巨型断裂带,即华北陆块北缘断裂带。该断裂带横跨整个预测工作区；影纹穿过山脊、沟谷断续东西向分布；显现较古老线性构造，影像上判断线性构造两侧地层体较复杂，线性构造经过多套地层体，并且是两套地层的分界线，控制南部台区贵金属、多金属的分布。

在图5-52中，矿区包括东西向、南北向两大构造体系。东西向构造包括宽沟背斜、两翼向斜和宽沟大断裂，以及次一级东西向的褶皱断裂。南北向构造包括南北向褶皱、断裂。由于东西向构造与南北向构造的直交重合，控制了不同部位的矿体，具有不同的特征和岩矿石的复杂变化。东西向褶皱构造根据岩石层序和产状特征，矿区的褶皱构造由北至南依次有北矿背斜、文果疙各向斜、宽沟背斜、矿区向斜、矿区南背斜、白云向斜、白云南背斜。整个褶皱的特点表现为线状紧闭，有时倒转。矿区南的部分褶皱因后期岩浆活动影响遭到肢解破坏，原褶皱形态均已模糊不清。南北向褶皱构造一般规模小，分布范围几十米或几百米，由于南北横向褶皱的存在，岩层走向呈波状起伏，西矿的铁矿体大约在两三千米距离内含隐伏1次。主东矿呈两大透镜状产出，是在东西向构造基础上由于南北构造的直交重合，矿体变厚。南北向的褶皱构造对铁的聚集或铁透镜体的分布变化具有重要的控制作用。矿区为多序幕的褶皱构造，最早形成东西向褶皱，之后南北向褶皱直交于东西向褶皱之上，构成东西、南北复合褶皱构造体系。东西向断裂包括宽沟断裂、宽沟背斜北翼逆冲断层、矿区向斜南翼逆冲断层；北东、北西向断裂；在

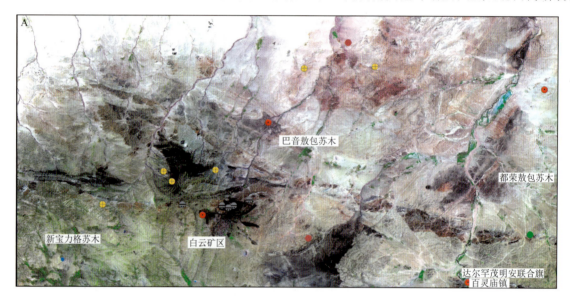

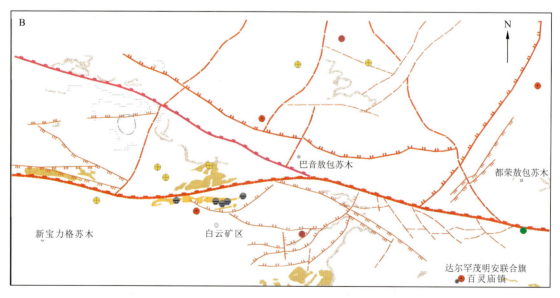

图5-52 内蒙古白云鄂博多金属成矿带遥感影像图(A)和遥感综合信息图(B)

南北应力作用下,产生规模不大的北东、北西两组共轭断裂。两组断裂与上述东西向断裂具有密切关系,是前者派生的次一级断裂,规模不大但范围较广,控制铁矿群的空间分布。原完整连续的地层和矿体被挤压成不同大小的透镜体,呈串珠状排列,并规律性地膨大或缩小。矿区透镜状体的形成反映矿体的分布受东西、南北向两组应力作用的控制。

预测区内对各种金属矿产的形成是非常有利的,预测区中西部由于白云鄂博铁稀土矿的发现,地质工作程度较深。其他地区地质工作程度都有待提高,尤其是偏东南、西及偏西南地区与白云鄂博矿区同类别成矿的可能性极大。据遥感解译特征分析,该区发现深埋大型矿产的概率是非常大的。

该区的环形构造比较发育,共圈出 35 个环形构造。它们在空间分布上具有明显的规律,主要分布在不同方向断裂交会部位。

该区共解译出色调异常 14 处,其中 1 处为绢云母化、硅化引起;6 处为青磐岩化引起;它们在遥感图像上均显示为深色色调异常,呈细条带状分布;7 处为角岩化引起,在遥感图像上显示为亮色色调异常。从空间分布上看,区内的色调异常明显与断裂构造及环形构造有关,在北东向断裂带上及其与其他方向断裂交会部位以及环形构造集中区,色调异常呈不规则状分布。

该区共解译出带异常 50 处,均为蓟县系哈拉霍圪特组灰色变质中细粒钙质石英砂岩与灰色粉砂岩、泥晶灰岩互层构造。

(4)遥感异常分布特征:已知矿点与本预测区中的羟基、铁染异常吻合的有白云鄂博铁铌稀土矿。

综合上述遥感特征,内蒙古白云鄂博地区划分出 3 个白云鄂博式稀土矿遥感预测区。新宝力格苏木西北部预测区:位于东西向脆韧性变形构造通过区附近,北西向与东西向断裂交会部位,遥感浅色色调异常区,有铁染异常分布。白云矿区预测区:有 2 个最小预测区在北西向与北东东向断裂通过区,白云鄂博铁铌稀土矿在此预测区中,遥感羟基、铁染异常相对集中区,2 个环形构造在此预测区分布。

4.内蒙古巴彦淖尔盟东升庙-甲生盘沉积变质型硫多金属矿遥感地质特征分析

该预测区内解译出 5 条大型断裂带,其中集宁-凌源断裂带走向部分较有特点,该断裂带在南部近东西展布,横跨整个图幅(图 5-53)。构造在该区域显示明显的断续东西向延伸特点,线性构造两侧地层体较复杂,线性构造经过多套地层体。其他几条断层均分布在预测区的西部地区,北东走向。

该区的中小型断裂比较发育,共解译出 800 多条,并且以北西向和北东向为主,其次为近南北向断裂,局部见近东西向断裂。不同方向断裂交会部位以及北西向弧形断裂是重要的铁多金属矿成矿地段。

该区的环形构造比较发育,共圈出 200 多个环形构造。它们在空间分布上具有明显的规律,主要分布在不同方向断裂交会部位。

5.内蒙古四子王旗小南山岩浆岩型银铜镍矿遥感地质特征分析

(1)地质概况:该矿区中心点坐标为东经 $111°24'04''$,北纬 $41°45'35''$。本区出露地层有白云鄂博群石英岩及变质砂岩、变质石英砂岩与黑灰色泥质板岩互层、灰黑色石英岩夹薄层钙质板岩、灰绿色变质砂岩、灰黑色红柱石化板岩等,上侏罗统腔向胜旦岩组砂岩及泥岩,夹薄煤层,第四系风积黄土及残破积碎石(图 5-54)。

该区岩浆岩以辉长岩为主,其次为石英闪长斑岩、花岗闪长斑岩等,为海西晚期至燕山早期的产物。

(2)遥感矿产地质特征:该区的断裂构造以北东向、北西向、北西西向和近南北向为主。其中北东向和北西西向两组压扭性断裂严格控制与成矿关系密切的辉长岩体,而沿北东向发育的一组近平行状韧性剪切带也与成矿关系十分密切。

该区中部有一较大隐伏岩体引起的环形构造,而小南山铜镍矿正发育在此环的边部。沿此环边部及其与韧性剪切带相交部位,是寻找新镍矿的有利地段。

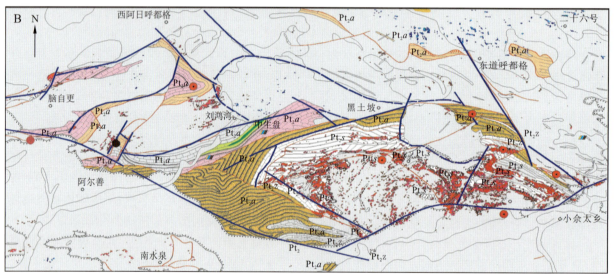

图 5-53　内蒙古巴彦淖尔盟东升庙-甲生盘沉积变质型硫多金属矿遥感影像图(A)和遥感综合信息图(B)

6. 内蒙古卓资县大苏计式斑岩型钼矿遥感地质特征分析

(1)地质概况：该矿区范围坐标为东经112°40′26″~112°48′40″,北纬40°42′05″~40°46′37″。矿区地层：①中太古界集宁岩群片麻岩组,主要分布于矿区的中南部,由于太古代晚期花岗岩侵入,使地层的完整性受到破坏,呈捕虏体存在于花岗岩之中,出露规模很小,长几十米至几百米,宽几十米,面积不足 0.01km²。走向近东西,倾向南,倾角约55°。②汉诺坝组玄武岩,主要在矿区东部、北部大面积出露。岩石呈灰黑色,气孔发育,偶见辉石斑晶,气孔内充填着碳酸盐矿物,隐晶质结构,杏仁构造,产状平缓,厚度不大,玄武岩不整合于太古宙斜长花岗岩、石英斑岩、次花岗斑岩之上。③第四系分布于沟谷及两侧、山坡和低洼地带,以风成黄土为主,其次为残坡积物、冲洪积物。

该区侵入岩主要为中新太古界陆壳改造型石榴石花岗岩类、角闪辉长岩和紫苏麻粒岩类,印支期二长花岗岩、正长花岗岩、浅成石英斑岩、花岗斑岩、正长斑岩、石英脉和花岗伟晶岩脉等。

该区岩浆岩发育,主要有太古代晚期碎裂斜长花岗岩、碎裂钾长花岗岩、印支期石英斑岩、花岗斑岩、正长花岗(斑)岩以及基性、酸性岩脉类。

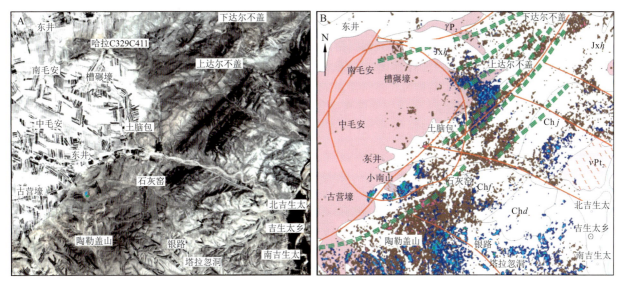

图 5-54 内蒙古四子王旗小南山岩浆岩型银铜镍矿遥感影像图(A)和遥感综合信息图(B)

(2)遥感矿产地质特征:矿区构造上处于明星沟火山盆地的东缘。北西向构造是控制含矿斑岩体的主导性构造,该区控矿构造有两套:一是斑岩体顶部碎裂构造带;二是斑岩体接触角砾构造带(图5-55)。含矿斑岩体受纵向向上强烈拱挤,顶部及附近围岩遭受强烈爆破的碎裂,大量垂直裂隙与其他构造和冷缩裂隙相交切,使斑岩体顶部构成十分密集的裂隙网,并形成碎裂构造带。主要表现为岩石节理、裂隙极发育,有张性的,也有压剪性的;有垂直的,也有横向、斜交的,裂隙宽1~10mm,沿节理、裂隙常发生二次破碎,见角砾岩、镜面擦痕及糜棱岩。这些网状裂隙系统是矿液的良好通道,又是金属矿物和其他脉石矿物沉积的有利空间。钼多金属矿多以石英-硫化物脉形式沿裂隙侵入。根据钻探工程揭露,该碎裂构造带呈面状分布。斑岩体接触构造带上主要发育有构造角砾岩,角砾岩成分多为石英斑岩,呈条带状展布。

图5-55中粉色环形构造是太古代晚期碎裂斜长(钾长)花岗岩,在矿区内及其外围大面积出露,为该矿区的构造-岩浆岩基底。紫色环形构造是隐伏构造,出现在矿区中部及深部,形成于印支期,呈小岩株状产出,是主要含矿岩石之一,为浅成侵入岩相,侵入在太古代晚期碎裂斜长(钾长)花岗岩中。在钻孔深部,局部见少量角闪石,已蚀变为黑云母。根据钾长石和斜长石所占的比例及角闪石(黑云母)含量的多少,局部过渡为二长花岗岩或石英闪长岩,它们之间均没有明显的界线。

在矿区北部,石英斑岩呈小岩株状产出,侵入到太古宙混合花岗岩及正长花岗(斑)岩中,呈椭圆形展布,出露面积不足$0.4km^2$,多呈碎裂状,形成碎裂石英斑岩。在矿区南部,石英斑岩呈岩脉状形式产出,侵入到太古宙混合花岗岩中,岩脉展布方向近北北西向,具雁列式排列,平行摆布。

综观全区,在老花岗岩基底之上,至少发育有两期火山-岩浆活动。第一期分两个阶段,两个阶段构成一个完整的岩浆旋回:第一阶段为浅成相,正长花岗(斑)岩侵入;第二阶段为喷出相-次火山岩相,形成石英斑岩、流纹斑岩,石英斑岩为钼成矿母岩,由于成矿空间、成矿流体的物化条件改变,使岩体碎裂富矿,根据岩石化学分析研究,其与基底岩石成分相当,为壳源改造型产物。第二期为超浅成相(次花岗斑岩),基本不含矿,对石英斑岩的改造机制尚需研究。

与金属矿床成矿关系密切的侵入岩主要为燕山期酸性次火山-超浅成岩类和相关脉岩类,主要侵入于太古宙岩体中,发育有伟晶岩脉、石英岩脉、辉绿岩脉、石英斑岩脉等,这些岩脉常与金、银、铅等矿产有关。

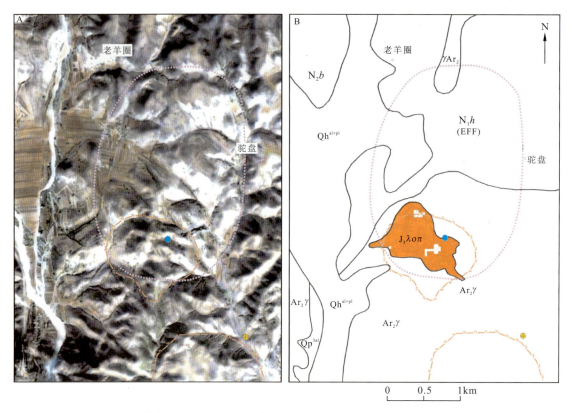

图 5-55　内蒙古卓资县大苏计式斑岩型钼矿遥感影像图(A)和遥感综合信息图(B)

7. 内蒙古察右前旗李清地低温热液型银锰等多金属矿遥感地质特征分析

(1)地质概况：该矿区中心点坐标为东经 113°00′30″，北纬 40°57′30″。矿区出露地层主要有集宁岩群大理岩组、白音高老组陆相酸性火山-次火山岩，其他地层单元呈零星分布。集宁岩群大理岩组岩性为黑云斜长片麻岩、大理岩、铁白云石大理岩。大理岩呈厚层状产出，层理不明显，岩石中节理裂隙发育，局部蚀变为蛇纹石化大理岩，岩石呈浅绿色(图 5-56)。

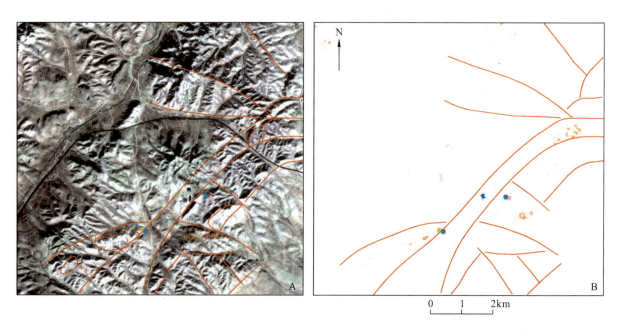

图 5-56　内蒙古察右前旗李清地低温热液型银锰等多金属矿遥感影像图(A)和遥感综合信息图(B)

该区主要侵入体以燕山期花岗岩为主,呈北东向带状展布,岩性为浅肉红色中粒或中粗粒似斑状花岗岩,呈岩脉或岩株状产出。花岗岩与同类岩石相比,SiO_2偏低,碱度偏高。

(2)遥感矿产地质特征:该区断裂构造总体格局为走向北东的紧密线性褶皱带、沿褶皱枢纽大致平行发育的挤压破碎带以及北西向断裂叠加构造。断裂构造主要为北东向和北西向断裂,这两组断裂对矿床的形成有着重要作用,北东向断裂为层间断裂,在大理岩中比较发育,后期被矿液充填交代形成北东向矿体;而北西向断裂呈大致等间距平行排列,切穿大理岩和片麻岩,构成北西向矿体。

通过遥感解译,该区圈出4个成矿有利部位,已在影像图中标示。这4个部位多与构造相关,重点是与异常信息相关。

该区由隐伏岩体引起的环形构造较多,多分布在北东向褶皱带中。隐伏岩体引起的环形构造是早期岩浆活动留下的痕迹,为矿床的叠加成矿作用提供了成矿热源和物源。

8. 内蒙古乌拉特前旗十八顷壕层控内生型多金属矿遥感地质特征分析

(1)遥感矿产地质特征:该区解译出3条大型断裂带,以北东走向毛呼都格-大毛忽洞断裂带和北西向查干楚鲁-扫格图山前断裂带为主,将该区划分为南北两大块,是成矿前期构造,对成矿没有影响;而小井沟-东部北村断裂带则位于工作区的北部,也不是控矿构造,只是构造格架(图5-57)。

该区解译出的小型断裂多达百余条,以东西向或北西西向断裂为主干断裂,北北东向和北东东向断裂次之。东西向或北西西向断裂控制区内岩浆活动和金矿化。

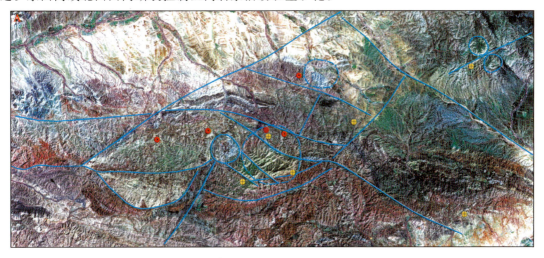

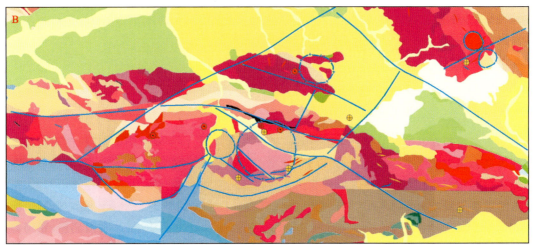

图5-57 内蒙古乌拉特前旗十八顷壕层控内生型多金属矿遥感影像图(A)和遥感综合信息图(B)

该区在近南北向压应力作用下,形成了轴线近东西向或北西西向的韧性剪切带。该韧性剪切带对十八顷壕金矿的形成、赋存具有非常重要的作用,并被晚期的北东向、近南北向断裂所切穿破坏。

该区的环形构造不发育,仅圈出3个环形构造,由中生代花岗岩类引起的环形构造有1个、由古生代花岗岩类引起的环形构造有2个,对成矿没有什么作用。

该区共解译出色调异常20处,均为角岩化和青磐岩化引起,遥感图像上均显示为深色色调异常,呈细条带状分布。带要素31处,主要是太古宇五台群,混合岩化角闪斜长片麻岩、辉石斜长角闪片麻岩,是区内的主要金成矿目的层位。

(2)遥感最小预测区:该区根据其综合特征,圈出5个最小预测区。

行海沟南约60km最小预测区:位于北西向断裂与北西西向断裂的交会处,是成矿有利地段。

德日斯太东最小预测区:位于北西向断裂和北北西向断裂的交会处,是成矿有利地段。

十八顷壕西南最小预测区:以东西向或北西西向断裂为主干断裂,控制区内岩浆活动和金矿化。而蚀变带沿其走向和倾向呈"S"形展布,被北东东向断层切断。金矿体一般产于构造破碎蚀变带中岩体与地层的接触带上。

十八顷壕南最小预测区:该区以北东向和北西向交会为重点地段,是成矿有利地段。

北召沟两个最小预测区:以东西向或北西西向断裂为主干断裂,控制区内岩浆活动和金矿化。金矿体多产于破碎蚀变带中岩体与地层的接触带上。

9. 内蒙古乌拉山式复合内生型金矿(铁钼稀土等多金属矿)遥感地质特征分析

(1)地质构造环境:大地构造位置属华北陆块区狼山-阴山陆块,固阳-兴和古陆核。Ⅲ-58华北地台北缘西段金铁铌稀土铜铅锌银铂钨石墨白云母成矿带;Ⅲ-58-3乌拉山-集宁金银铁铜铅锌石墨白云母成矿亚带;Ⅳ58-31乌拉山-大青山金银铁白云母成矿亚带(Ar、Pt、V、Y);Ⅴ58-31-1乌拉山金矿集区(Pt、Vl)。

(2)地球物理特征:赋存于乌拉山岩群中的磁铁石英岩磁性最强,磁化强度可达$n\times10^4\sim n\times10^6$(CGSM),较其他岩石磁性高数倍以上。当地层中含有较多磁铁石英岩时,则引起高值异常区。组成乌拉山岩群的各类片麻岩,大多没有明显磁性,但随岩性不同,差异较大,含磁铁矿较多的片麻岩强度达$n\times10^4$(CGSM)。混合岩化作用使磁性减弱,金矿化多与钾长石化、硅化有关,所以磁性也弱。辉绿岩脉、辉长岩体等基性侵入岩体也具有较高的磁性,磁化强度为$n\times10^3$(CGSM),略强于一般片麻岩。花岗岩类的磁性均非常微弱。因此,乌拉山岩群一般有$2\times10^3\sim5\times10^3$(CGSM)的磁异常,而与金矿化有关的岩石磁性很低。

(3)地球化学特征:黑云角闪斜长片麻岩、黑云角闪二长片麻岩、含榴石黑云斜长片麻岩等金含量为克拉克值的数倍以上,片麻岩中铅相对较高,钼、碲在黑云斜长片麻岩、黑云二长片麻岩、斜长角闪岩中含量相对较多。

主要脉岩含金性特征:金在角闪岩、花岗伟晶岩、闪长岩中含量较高,其他脉岩含量低。通过取样分析,发现矿区的各种岩石中,只有太古宇乌拉山岩群基性火山岩的变质岩中含金最高,相关元素Pb、Sn、Bi、Mo、Te含金量亦高,是金的初始矿源层。

(4)遥感矿产地质特征:该区共解译出百余条断裂带,其中解译大型构造有3条,即红旗队-二相公窑村山前构造和古城湾乡-东沟(大青山前)构造,走向北东东向,在预测区南部通过(图5-58)。这两条构造实际上是一条山前断裂带,区域地质上称乌拉特前旗-呼和浩特深大断裂带,是凉城断隆与阴山断隆的分界,它控制着乌拉山岩群分布,以西为内蒙古台隆与鄂尔多斯台坳界线,现在为河套断陷北界,是现代地震活动带。另一条是西色气口子-上八分子构造,这条断裂与地质临河-武川深大断裂带吻合(图5-59),方向近东西向,断裂经历了张性—压性—张性的多次转变,断层面北倾,为一条逆冲推覆构造带。其北侧控制色尔腾山群、渣尔泰山群,沿断裂带有多期岩浆侵入,古太古代南侧向北逆冲,中生代时南侧侏罗纪逆冲于北侧老地层之上,而侏罗纪末期北侧又下沉控制固阳盆地和武川盆地,南侧则上升

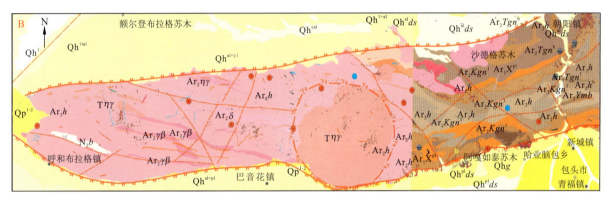

图 5-58　内蒙古乌拉山式复合内生型金矿(铁钼稀土等多金属矿)遥感影像图(A)和遥感综合信息图(B)

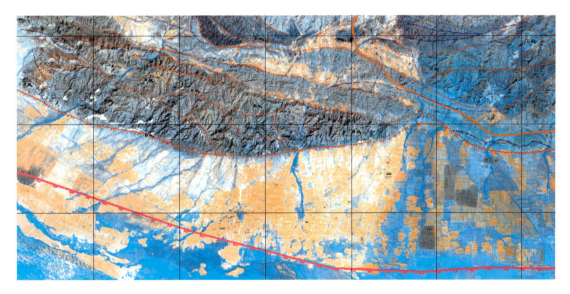

图 5-59　临河-武川山前构造影像图

逐渐形成现在高耸的乌拉山和大青山。

　　该区断裂构造比较发育,均为深大断裂的次一级断裂,按其展布特点可以分为:①近东西向断裂,断层面呈舒缓波状,向南倾斜,该组断裂原为压扭性的,后因应力场的变化改为张扭性。这组断裂在预测区内分布极为广泛,大部分的金矿脉均充填在这一组断层破碎带中。②北东向压扭性断裂,一般充填辉绿岩脉和含金石英脉。③北西向张扭性断裂。

该区的环形构造不发育,仅圈出两个环形构造,可分为两种类型:中生代花岗岩类引起的环形构造和古生代花岗岩类引起的环形构造。

该区共解译出色调异常23处,均为角岩化和青磐岩化引起,在遥感图像上均显示为深色色调异常,呈细条带状分布。带要素106处,为中太古界乌拉山岩群脑包山组的中上部,岩性为斜长角闪岩、黑云角闪斜长片麻岩,夹少量紫苏麻粒岩和磁铁石英角闪岩,原岩为一套中基性火山岩夹碎屑岩建造,是区内的主要金成矿围岩层位。近矿找矿标志104处,多为伟晶岩、石英脉、石英钾长石脉和花岗岩脉。石英脉、石英钾长石脉多为含金矿脉。

(5)遥感最小预测区:该区根据其综合特征,圈出15个最小预测区。

明安乡北最小预测区:区内以近东西向断裂为主,断层面呈舒缓波状,该组断裂原为压扭性的,后因应力场的变化改为张扭性。大部分的金矿脉均充填在这组断层破碎带中。同时有两个环形构造,说明有岩浆活动,带要素提供了矿源层。该区羟基、铁染异常分布较均匀,有很好的一级、二级和三级套合分布。

忽鸡沟乡北偏西最小预测区:断裂行迹简单,以近东西向为主,南北向断裂与之交会。该区是综合考虑了羟基和铁染异常分布、物探和化探异常区而圈定的。

阿嘎如泰苏木最小预测区:以近东西向断裂为主,是大型断裂的次一级断裂带,北西向断裂和北东向断裂与之交会,是成矿有利地段。该区西部有1个环形构造,说明有岩浆活动,带要素提供了赋矿层位。另外区内还有2个大型金矿床和2个小型矿床分布。

朝阳镇南最小预测区:以近东西向断裂为主,北西向断裂和北东向断裂与之交会,是成矿有利地段。带要素提供了矿源层。羟基、铁染异常分布较均匀,有很好的一级、二级和三级分布。

五当召镇正西最小预测区:以近东西向断裂为主,北西向断裂和北东向断裂与之交会,是成矿有利地段。带要素提供了矿源层。该区羟基、铁染异常分布较均匀,有很好的一级、二级和三级分布。

下湿壕乡正西2个最小预测区:以近东西向断裂为主,是大型断裂的次一级断裂带,北西向断裂和北东向断裂与之交会,是成矿有利地段。带要素提供了赋矿层位。区内有1个小型矿床分布。

哈拉合少乡南最小预测区:以近东西向断裂为主,是大型断裂的次一级断裂带,北西向断裂和北东向断裂与之交会,是成矿有利地段。该区西部有1个环形构造,说明有岩浆活动,带要素提供了赋矿层位。区内有2个小型矿床分布。

哈拉合少乡正南最小预测区:以北西向断裂带为主,近东西向断裂与之交会。北西向断裂一般是张性断裂,可作为矿液运移的导矿通道;而近东西向断裂则成为良好的储矿空间。

把什乡北西最小预测区:以北西向断裂带为主,近东西向断裂与之交会。北西向断裂一般是张性断裂,这些断裂可作为矿液运移的导矿通道;而近东西向断裂则成为良好的储矿空间。

毕克齐镇正北2个最小预测区:区内断裂复杂,以近东西向断裂带为主,北西向断裂次之。近东西向断裂断层面呈舒缓波状,向南倾斜,该组断裂原为压扭性的,后因应力场的变化改为张扭性。这组断裂在区内分布极为广泛,大部分的金矿脉均充填在这组断裂破碎带中,而北西向张扭性断裂提供了矿液运移的导矿通道。

纳令沟乡正北2个最小预测区:断裂行迹简单,以近东西向为主,北东向断裂次之。该预测区是综合考虑了羟基和铁染异常分布、物探和化探异常区而圈定的,区内有1个小型矿床分布。

大青山乡东南最小预测区:断裂行迹简单,以近东西向为主,近南北向断裂次之。该预测区是综合考虑了羟基和铁染异常分布、物探和化探异常区而圈定的。

(6)矿床成因:武警黄金研究所在该区做了一定的专题性研究工作,提出了老变质岩区构造控矿,多期热液活化作用,以交代为主形成硅化、钾长石化蚀变岩型金矿-哈达门沟金矿的成矿模式。

从现有资料分析,哈达门沟金矿床产于太古宙中-高级变质相的火山-碎屑岩建造中,受区域深大断裂的次一级断裂构造所派生的容矿断裂带(群)控制,矿床成因与多期的混合热液作用过程中的钠质和钾质交代密切相关,成矿是在晚期的硅化、钾长石化阶段。

10. 内蒙古乌拉特中旗库伦敖包-刘满壕侵入岩型萤石矿遥感地质特征分析

(1)地质特征：矿区内几乎没有地层出露。出露的岩浆岩主要为海西晚期钾长花岗岩和黑云母花岗岩，其次为萤石石英脉，萤石矿即产于萤石石英脉中。矿区总的构造线方向为北东向，呈单斜构造，向北及北东倾斜。该构造在图面上未表示出来。

(2)遥感矿产地质特征：该区解译出巨型断裂带，即华北陆块北缘断裂带，在图幅北部边缘近东西展布，横跨过图幅的北部边缘地区，呈现明显的断续东西向延伸特点，线性构造两侧地层体较复杂且经过多套地层(图5-60)。

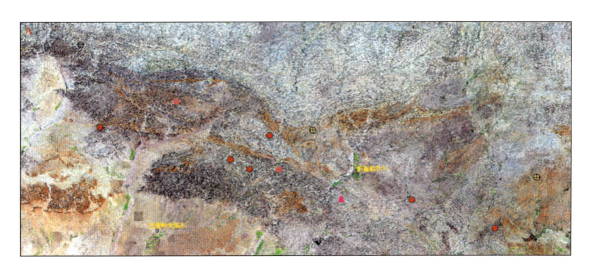

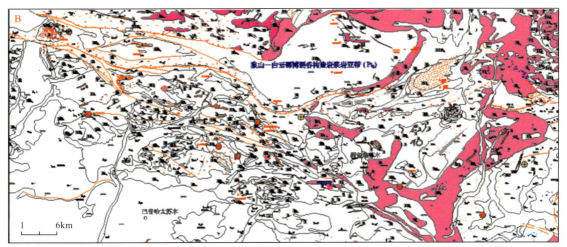

图5-60 内蒙古乌拉特中旗库伦敖包-刘满壕侵入岩型萤石矿遥感影像图(A)和遥感综合信息图(B)

该区内共解译出大型构造1条，即集宁-凌源断裂带，位于图幅西南角处。

该区共解译出中小型构造近百余条，北部的中小型构造主要集中在华北陆块北缘断裂带以南的地区，构造走向以北东向和近东西向为主；中部的中小型构造走向以近北西向和北东向为主；南部的中小型构造分布较密，且走向分布规律不明显。

该区的环形构造非常发育，共解译出环形构造近百个，其成因为中生代花岗岩类引起的环形构造、古生代花岗岩类引起的环形构造、与隐伏岩体有关的环形构造、火山口、火山机构或通道、构造穹隆或构造盆地、褶皱引起的环形构造、断裂构造圈闭的环形构造。环形构造在空间分布上有明显的规律，北部的环形构造较少，大部分环形构造集中在中部和东南部，且华北陆块北缘断裂带以北有零星分布，华北陆块北缘断裂带以南分布密集。

(3)遥感异常分布特征：已知萤石矿点与该区中的羟基异常吻合的有要代萤石矿、库伦敖包萤石矿、乌卜尔宫萤石矿、巴音哈太萤石矿。

(4)遥感矿产预测分析：该区共圈定出6个最小预测区。

乌兰苏木最小预测区：若干小型构造线和环形构造在该区内相交，已知3处萤石矿位于该区，区内遥感羟基、铁染异常较强。

乌兰苏木区以东最小预测区：乌兰呼都格-棚吉太压型中型构造从该区通过，其他小型构造线呈北西向分布，中生代花岗岩类环形构造与该区较吻合，遥感羟基、铁染异常零星分布于该区内。

新忽热苏木以北最小预测区：小型构造线和环形构造在区域内交错分布，遥感铁染异常呈条状分布，少量羟基异常零星分布于该区内。

新忽热苏木以西最小预测区：若干小型构造在该区内相交挫断，零星遥感羟基异常散布于该区内。

新忽热苏木以北最小预测区：中生代花岗岩类引起的环形构造通过该区，已知萤石矿位于该区，少量遥感羟基异常分布于该区内。

石哈河镇最小预测区：小型构造线和环形构造在区内交错分布，小块状遥感羟基、铁染异常分布于该区内，已知萤石矿位于该区内。

(三)Ⅲ-12鄂尔多斯西缘(台褶带)铁铅锌磷石膏芒硝成矿带

该成矿带是贺兰山被动陆缘盆地，是鄂尔多斯陆块古生代强烈沉降的地区(图5-61)。盆地基底由中太古界变质岩系构成，其上沉积中—新元古界浅海陆棚砾屑岩、泥页岩、白云质碳酸盐岩、冰碛砾岩建造。下古生界寒武系为浅海相砂页岩、生物屑碳酸盐岩；中下奥陶统滨-浅海相长石砂岩、粉砂岩、泥岩、碳酸盐岩建造。晚古生代以来，该区进入与鄂尔多斯陆核同步发展阶段，即晚古生代为陆表海盆地沉积和中—新生代地陷盆地沉积。代表性矿床有察干郭勒铁矿、千里沟铁矿、正目观磷矿和代兰塔拉铅锌矿等。

在该成矿带内我们选择了1个典型区域作为具体研究对象，即分析内蒙古代兰塔拉式侵入岩型铁铅锌银矿遥感地质特征。

(1)遥感地质特征解译：该区共解译出大型构造两条，即北东向的贺兰山西缘深断裂带、南北向的鄂尔多斯西缘断裂带(图5-62)。

该区共解译出中小型构造百余条，其中中型构造为北北西向的大龙山井以东构造、北北东向的恰布嘎图以西构造和北东东向的磨里沟构造。大龙山井以东构造将贺兰山西缘深断裂截断，形成北北西向的大龙山井以东构造、北北东向的恰布嘎图以西构造和鄂尔多斯西缘断裂带之间的南北向狭长构造带。小型构造主要分布于该带区域内，同时在预测区南部也有较密集的小型构造成片分布，构造格架清晰。

该区解译出环形构造1个，成因为中生代花岗岩类引起的环形构造。

该区含矿地层即遥感带要素主要为寒武系、奥陶系，该地层主要分布在预测区的中部，呈带状沿南北方向延展，位于鄂尔多斯西缘断裂带以西至大龙山井以东构造之间，分布有较大面积的含矿地层，在大龙山井以东构造西部区域中，有若干中小型构造相交错断形成的构造夹角处，分布有较大面积的含矿地层。该区的带要素走向与构造格架相一致，在分布区域有密集的中小型构造相交错断，构造情况复杂，形成多边形构造区间，有利于该地层含矿物质的富集。该区含矿地层的形成与构造运动有很大的关系，深断裂活动为成矿物质从深部向浅部的运移和富集，提供了可能的通道。

(2)遥感异常分布特征：该区的羟基异常集中于图幅西南部，东南部也有较密集的异常带分布，其他区域零星分布，铁染异常呈零星分布。

(3)遥感矿产预测分析：综合上述遥感特征，该预测工作区共圈定出12个最小预测区。

昌呼克最小预测区：北北东向的恰布嘎图以西构造在该区南部边缘被小型构造截断，若干小型构造

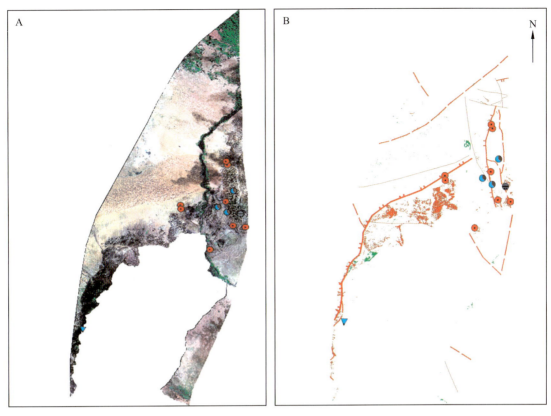

图 5-61 鄂尔多斯西缘(台褶带)铁铅锌磷石膏芒硝成矿带遥感影像图(A)和遥感综合信息图(B)

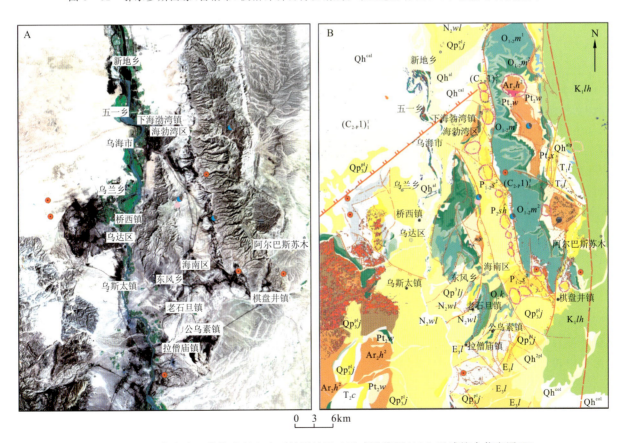

图 5-62 内蒙古代兰塔拉式侵入岩型铁铅锌银矿遥感影像图(A)和遥感综合信息图(B)

在区内相交,构造情况较有利。

东哈尔努德以西最小预测区:北北东向的恰布嘎图以西构造通过该区,若干北西向小型构造止于该构造,构造情况较有利。

阿门乌苏以北最小预测区:若干小型构造在该区内分布延伸,区域南部紧邻中生代花岗岩类引起的环形构造。

海勃湾区以东最小预测区:位于贺兰山西缘深断裂被大龙山井以东构造错断形成的夹角以南,由一组近平行的小型构造围成,形成狭长区域。

卡布其尔以南最小预测区:若干小型构造穿过或位于该区,小型构造相对密集,条带状异常沿岩体走向分布。

河源村以东最小预测区:该区内两组平行的小型构造相互错断,若干小型构造穿过或位于该区,构造相对密集。

桥西镇以东最小预测区:若干小型构造穿过或位于该区,构造之间相交,相互作用明显。

乌达区以东最小预测区:若干小型构造在区域内或周边相交错断,形成多边形构造区间,该区部分位于区间上。

海南区西北最小预测区:若干小型构造在区域内或周边相交错断,形成多边形构造区间,该区部分位于区间上,小型构造比较密集。

塔拉敖包以西最小预测区:若干小型构造在区域内或周边相交错断,形成四边形构造区间,该区部分位于区间上,该区及周围异常信息较强。

拉僧庙镇最小预测区:小型构造贯穿该区,岩体走向明显,边界清晰。

脑力根图最小预测区:若干小型构造在区域内或周边相交错断,条带状异常信息沿该区走向分布,强度较高,边界明显。

(四) Ⅲ-13 鄂尔多斯(盆地)铀油气煤盐类成矿区

鄂尔多斯盆地是华北陆块区最稳定的地质构造单元。现代地貌属海拔 800～2000m 的高原地带(图 5-63)。从古老变质岩系来看,其基底是由中太古界兴和岩群、集宁岩群、千里山岩群和同期变化深成体构成古老的陆核。其上沉积了古生代陆表海砂屑岩碳酸盐岩建造,进入中生代,该区受中国东部滨太平洋活动陆缘影响,发生强烈塌陷,沉积了巨厚的河湖相砾屑岩建造。该区古生代侵入岩不发育。

鄂尔多斯内陆坳陷型盆地,在印支早期西缘下降,形成南北向坳陷,使古生代盆地中心西移。早—中侏罗世在原来的基础上又渐下坳,接受陆相沉积,气候为亚热带-温带气候环境,植被繁茂,尤其在东胜地区,森林级为茂密,震荡的构造环境成为聚煤成煤的最佳条件,所以形成厚而稳定的煤层和生油层。煤和生油层形成的构造条件是中心西移的坳陷型内陆盆地和适宜的古气候、古植物等条件。

(五) Ⅲ-14 山西断隆铁铝土矿石膏煤煤层气成矿带

该成矿带出露陆表海盆地相寒武系和奥陶系的碳酸盐岩、砂页岩和海陆交互相的硅泥铁铝质、碳质、黏土质页岩建造、含煤碎屑岩建造,二叠系则为含砾粗砂岩、杂砾岩-泥岩建造。三叠系、侏罗系和白垩系为地陷盆地相的砾屑岩建造(图 5-64)。

本溪组是该区主要沉积地层,是地台上经过晚奥陶世—早石炭世长期沉积间断后,在剥蚀面上的第一次沉积,为一套海陆交互相沉积的陆源碎屑岩、泥灰岩和煤线,与下伏奥陶系马家沟组呈平行不整合接触。在清水河地区本溪组下部为铝土岩和泥灰岩,上部为灰白色砂岩夹煤线;在准格尔地区本溪组下部为紫红色铁质泥岩、灰白色高岭土黏土岩和铝土质页岩,上部为砂质黏土质页岩及灰岩,厚 48m。

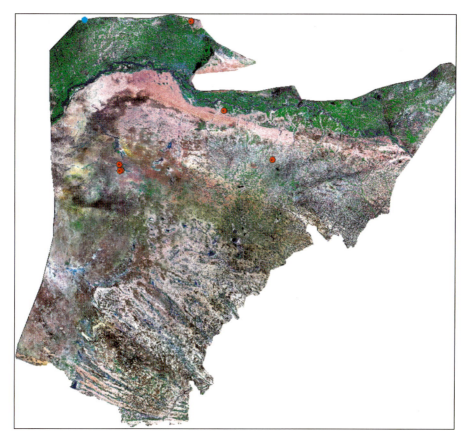

图 5-63　鄂尔多斯(盆地)铀油气煤盐类成矿区遥感影像图

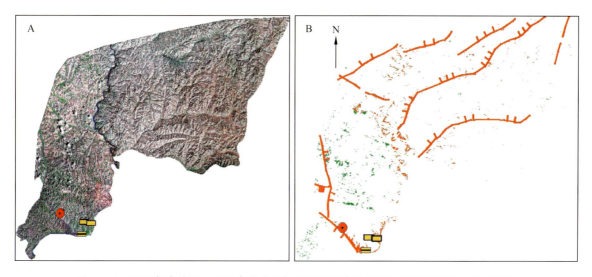

图 5-64　山西断隆铁铝土矿石膏煤煤层气成矿带遥感影像图(A)和遥感综合信息图(B)

本溪组下部是该区重要的赋存高铝黏土矿的层位。目前在本溪组底部发现了准格尔旗龙王沟、焦稍沟、喇嘛洞等小型高铝铁矾土矿床；所谓的准格尔旗城坡、清水河县城湾梁-宽滩、高家背等"铝土矿床"因铝硅比达不到工业要求，只能视为高铝耐火黏土。

在该成矿带内我们选择了1个典型区域作为具体研究对象，分析解译内蒙古清水河铝土矿遥感地质特征。

根据线要素解译分析,该区构造格局以北东向的山前断裂为主。主要断裂为舟山山前断裂,遥感影像显示,线性影像平直,切断山脊,断裂两侧色调、影像有较大差别,断裂迹象明显。

该区解译环形构造2个,成因主要是褶皱引起的环形构造、与浅层—超浅层次火山岩体引起的环形构造和与隐伏岩体有关的环形构造。该区褶皱引起的环形构造主要分布在窑沟乡南部,推测形成于中奥陶统马家沟组,呈近圆形山,山脊和山沟以山顶为中心向四周呈放射状发散。与浅层—超浅层次火山岩体引起的环形构造1个,推测形成于中生代,环内出露地层为龙华河群会理组、寒武系、奥陶系、吕梁期辉绿岩,呈近圆形,环绕细窄沟谷、河流,错断山梁。

解译出带要素8个,带要素的类型仅1种,为沉积岩,岩性主要为上石炭统本溪组,与矿有关的岩性为铝土岩和铝土页岩,矿种为铝土矿(图5-65)。

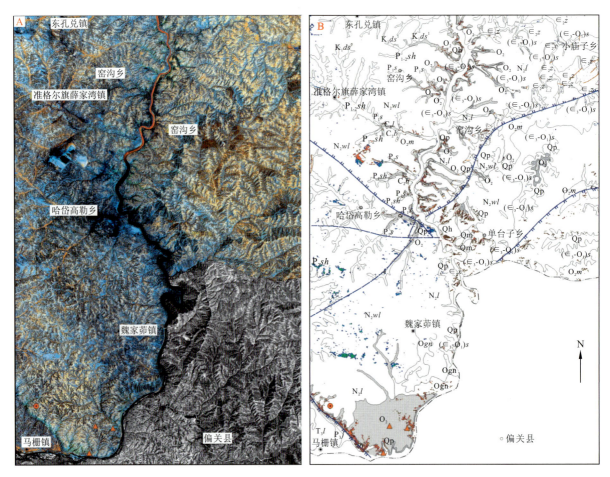

图5-65　内蒙古清水河铝土矿遥感影像图(A)和遥感综合信息图(B)

据地质资料可知,铝土矿产于中奥陶世灰岩侵蚀面上,侵蚀面古地形的高低起伏变化,对铝土矿矿体的形态、厚度等变化起一定影响和控制作用,铝土矿常富集在局部相对低凹地段,主要赋存在上石炭统本溪组下部,含矿岩系的中上部。本溪组是一套海陆交替沉积的含铁铝岩建造,主要由泥质岩、砂岩和夹1~3层灰岩组成,厚度0~60m,变化趋势呈北东部厚,南西部薄。

(六)第四纪盐湖型钾盐成矿

钾盐属我国紧缺资源,作为世界人口最多的农业大国,钾盐对我国农业生产至关重要,因为所有复合肥料都离不开钾肥。目前我国钾肥自给率仅30%,全国缺钾耕地面积超过全部耕地的一半。对国际矿业资本而言，控制钾盐相当于控制中国农业命脉之一。

(1) 在超大型盆地，甚至一些中小型盆地不断发现有第四纪钾盐矿床。我国查明钾盐资源主要分布在青海柴达木盆地及达尔罕盐湖钾盐矿床，其次是新疆罗布泊北洼地、塔里木、准格尔和艾丁湖，其余分布在云南、山东、四川和甘肃等地，就连新疆的库米什小盆地、青海小苏干湖、甘肃玉门山前洼地、山西运城盆地中小洼地等都发现并可采有第四纪盐湖型钾盐资源。

从矿床类型看，我国以现代盐湖钾盐为主，青海柴达木盆地及新疆、甘肃等地的钾盐矿均属此类型；云南、山东钾盐矿为古代沉积矿床；四川自贡邓井关为地下卤水钾盐矿，数量极少。

我国盐矿床的主要成盐时代为震旦纪、三叠纪、白垩纪、古近纪和新近纪，其次是中奥陶世、早二叠世、侏罗纪和第四纪。而第四纪是我国主要成盐期之一，在青海、内蒙古、新疆、西藏、宁夏和山西等地形成为数众多的现代湖盐矿床；也有次生、变形岩盐矿床和滨海地下卤水矿床形成。

(2) 遥感技术在第四纪钾盐矿床发现中的作用。内蒙古在第四纪为主要成盐期，由于气候的不断变化，致使内蒙古中西部降雨量连年降低，蒸发量不断加大。内蒙古又是地质历史发展过程中形成众多湖泊的区域，由于气候因素，是寻找钾盐矿的有利地区。内蒙古人少地广，戈壁遍布，沙漠广袤，靠常规地质勘探几乎无法完成。钾盐矿的寻找，借助遥感技术是最能体现投入少、目标准、机会多、成功性大的特点。利用遥感方法可以调查内蒙古盐湖盆地第四纪地质、地貌特征，调查盐湖形成演化规律，查明钾盐矿床成矿条件，分析其找矿远景。

钾铀钍在寻找钾盐矿床中的作用是：利用航空物探钾铀钍方法，可以圈定成矿有利部位。

盐湖型钾盐矿床的工业品位指标要求不断下调，随着生产和开采技术的不断发展，盐湖型钾盐矿床的工业品位指标下降为：固体矿工业品位$\geqslant 5\%$、卤水$\geqslant 0.5\% \sim 1\%$；固体矿边界品位$\geqslant 3\%$、卤水$\geqslant 0.3\% \sim 0.5\%$。

目前，我们在内蒙古自治区地质勘查基金管理中心已经确立了"内蒙古自治区阿拉善盟盐湖型钾盐资源遥感综合调查"，项目周期为2013—2014年。

第六章　矿产特征遥感综合研究

第一节　金属矿遥感找矿模型与找矿线索分析

一、铁矿

内蒙古铁矿分布广泛,已经发现矿化点以上产地达912个。其中矿床91个、矿点254个、矿化点567个。在91个矿床中,大型矿床2个、中型矿床22个、小型矿床67个,累计探明储量近22×10^8t。占全国铁矿总储量的3%,居第7位。

依据矿产资源潜力评价技术要求,内蒙古共划分了25种矿产预测类型(表6-1)。由于不同的矿产预测类型在空间上重叠以及可以划归为同一成因类型,如三和明式铁矿和耗赖沟式铁矿主要分布在包头—集宁地区,空间上有重叠,但均属于沉积变质型铁矿。因此本次成矿规律总结以成因类型为主进行概述。

表6-1　内蒙古主要铁矿类型成矿时代演化

成矿时代		矿床类型	沉积变质型	沉积型	矽卡岩型	火山岩型	热液型	岩浆岩型	风化淋滤型
新生代	第四纪	喜山期		+					+
	古近纪+新近纪			+					
中生代	白垩纪	燕山期			++		+		
	侏罗纪				+		+		
	三叠纪	印支期			+				
古生代	二叠纪				+			+	
	石炭纪	海西期		+	++	++	+		
	泥盆纪								
	志留纪	加里东期							
	奥陶纪								
	寒武纪								
元古代	新元古代					++			
	中元古代			+++					
	古元古代								
太古代	新太古代		+++						
	中太古代		++						
	古太古代		++						

注:+++为重要成矿时代,++为较重要成矿时代,+为次要成矿时代

(1)在空间位置上,内蒙古铁矿主要集中分布在包头—集宁、二道井—红格尔、罕达盖—梨子山、黄岗梁—神山和黑鹰山—索索井5个地区,每个地区铁矿的成因类型、形成时代等都各有特点。

包头—集宁地区:出露有太古宙变质表壳岩,变质程度为麻粒岩相—绿片岩相。古太古界兴和岩群构成该区的古老陆核,中太古界乌拉山岩群和新太古界色尔腾山岩群形成绿岩带。在上述地层沉积过程中均伴随有铁矿的成矿作用,经变质作用形成硅铁建造,成矿作用以新太古代最强。在中新元古代,该区形成白云鄂博和渣尔泰山两个裂陷槽,在海底火山喷发和接受沉积的过程中,伴随有铁多金属的成矿作用,形成海底喷流沉积型(sedex)铁多金属矿,经变质作用成为沉积变质型铁矿,该时期铁矿成矿作用强烈,但空间上分布局限。

二道井—红格尔地区:以中元古界温都尔庙群为赋矿围岩的海相火山岩型铁矿为主,发生了高绿片岩-低角闪岩相变质作用。区域上覆盖比较严重,铁矿潜力非常大。

罕达盖—梨子山地区:以矽卡岩型铁铜多金属矿为主,成矿时代为海西中期(石炭纪)。近年矿产勘查有较大突破。

黄岗梁—神山地区:以矽卡岩型和热液型铁锡铅锌铜多金属矿为主,成矿时代为燕山晚期,是内蒙古重要的有色金属及贵金属基地。

黑鹰山—索索井地区:以海相火山岩型和矽卡岩型铁矿为主,成矿时代为石炭纪和海西期。

(2)内蒙古铁矿的形成时代跨度比较大,从太古代至新生代均有不同程度的分布。其中以太古代、元古代为主,古生代、中生代次之。太古代以鞍山式沉积变质型铁矿为主,矿床主要产出于太古宙变质含铁建造中,由于地层大部分以后期侵入岩的捕虏体存在,以及变质变形都很强,所以矿床规模以中小型为主。元古代矿床数量虽然少,但是大型矿床主要形成于这个时期。例如,白云鄂博铁矿、霍各乞铁铜多金属矿等,仅白云鄂博一个铁矿就占内蒙古铁矿总资源量的50%以上。古生代在不同的构造部位形成不同类型的铁矿,以海相火山岩型和矽卡岩型铁矿为主。中生代则以热液型和矽卡岩型铁矿为主。

(3)成矿物质的变化一般与成因类型关系密切。太古宙沉积变质型铁矿多形成单一铁矿,金属矿物以磁铁矿为主,随变质程度的深浅变化,磁铁矿的粒度有变化,古太古界和中太古变质程度相对较深,达麻粒岩相,磁铁矿粒度较粗,新太古界变质较浅,磁铁矿粒度较细,一般全铁含量30%左右,富铁矿少,均为需选磁铁矿石。中太古代台区沉积变质铁矿(原为海底喷流沉积型)多形成铁铜铅锌多金属矿(渣尔泰山群)和铁铌稀土矿(白云鄂博群),前者为铁矿单矿体或铁铅锌矿体,铁多为中型,铜铅锌多形成大型,后者铁、稀土均为超大型,尤其稀土矿规模为世界级的超大型矿。海相火山岩型铁矿金属矿物多为磁铁矿、赤铁矿、穆磁铁矿等,相对比较单一的铁矿,部分形成富铁矿如黑鹰山铁矿,谢尔塔拉铁矿伴生有锌矿。矽卡岩型铁矿多为铁多金属矿,不同的大地构造部位由于围岩的不同和侵入岩类型的差别,共伴生的元素也不太一样,如黄岗梁铁矿伴生有锡等,朝不楞铁矿伴生有铜等,梨子山铁矿伴生有钼等元素。陆相沉积型铁矿多为赤铁矿。热液型铁矿一般也多为多金属矿。

(4)主要控矿因素。从宏观方面讲,大地构造背景(现在不同的大地构造单元、构造位置)是控制铁矿分布的主要因素,同一构造单元内不同建造类型及不同构造控制着矿床分布。华北地台北缘出露有太古宙基底岩系,控制着内蒙古绝大部分沉积变质型铁矿的分布,古太古界兴和岩群的含铁变质建造控制了壕赖沟式沉积变质型铁矿的分布,中太古界乌拉山岩群的含铁变质建造控制了贾格尔其庙式沉积变质型铁矿的具体分布,新太古界色尔腾山岩群含铁变质建造控制着三合明式沉积变质型铁矿的分布。中元古界狼山-渣尔泰山裂谷和白云鄂博裂谷含铁建造分别控制了霍各乞式和白云鄂博式铁矿的分布,其内的三级盆地又控制了具体矿床的分布。大兴安岭岩浆岩带控制了多数中生代热液型和矽卡岩型铁矿的分布。喜桂图弧后盆地石炭系莫尔根河组火山岩含铁建造控制了谢尔塔拉式铁矿分布;北山石炭系岛弧火山岩系内分布有黑鹰山式海相火山岩型铁矿。

根据内蒙古已探明的各种与沉积岩有关的铁矿床含矿地层时代和层位的关系、成因和成矿的特殊性、区域地质特征等,把内蒙古含铁建造划分为含硅铁建造、火山岩型含铁建造、台区沉积(轻微变质)含铁建造和沉积型含铁建造。

1. 含硅铁建造

从广义上讲,这种含硅铁建造的特点是铁矿物经常与燧石、碧玉、石英条带相伴生,并交替出现。内蒙古多数含铁建造都具有这种特点。狭义的含硅铁建造是指前寒武系鞍山式铁矿,即条带状含铁沉积(火山沉积)变质建造(即所谓 BIF 建造)。

内蒙古的含硅铁建造主要形成于太古宙变质地层之中,即太古宙除集宁岩群以外的兴和岩群、迭布斯格群、乌拉山岩群、建平群、千里山群、阿拉善群和色尔腾山群成矿条件最好,成矿规模较大。如达茂旗的三合明、黑敖包、高要海,固阳县的公益明、乌拉特前旗的书记沟、东五分子等大中型矿床。同位素年龄时限在 2800Ma 以前。多分布于内蒙古中部包白线两侧,这类矿床铁矿石总储量达 4×10^8t,占内蒙古铁矿总储量的 24%。这套含硅铁建造是内蒙古重要的含铁建造。

(1)兴和岩群含硅铁建造。以包头市郊区壕赖沟铁矿床为代表。根据含矿岩系的组合,自下而上可划分 4 个岩组:①石榴黑云辉斜片麻岩夹薄层辉斜片麻岩;②二长片麻岩夹辉石二长片麻岩及黑云二长片麻岩;③辉斜片麻岩;④二长片麻岩、辉斜麻粒岩互层夹石榴辉斜片麻岩及铁矿层。兴和岩群总厚 2000m。其中含矿岩系厚 300m。磁铁石英岩(矿层)赋存于麻粒岩、片麻岩或斜长角闪岩中。

兴和岩群含硅铁建造,原岩主要为拉斑玄武岩、钙碱质火山岩及碎屑岩,经高温、中压区域变质作用和混合岩化作用后,变成一套暗色岩系,变质相为麻粒岩相,以重熔为特征。

铁质来源为火山喷发,形成了近火山源浅水环境,即形成于大洋浅水盆地或陆棚环境之中。铁矿沉积于火山喷发的间歇期,属于近源火山沉积。由于火山喷发间歇时间短,又属于近源,铁质没有充分时间淋滤出来,所以成矿规模为中小型,品位也不高。

(2)乌拉山岩群含硅铁建造。原岩为中基性海相火山岩、火山碎屑岩的绿岩建造。赋存有小型鞍山式铁矿床,如乌拉特前旗的寒忽洞、贾格尔其庙、别落托拉沟和乌落托沟等中小型鞍山式铁矿床矿点等。

对区域性乌拉山岩群可划分为 4 个岩组,自下而上:第一岩组以条带状、混合质黑云角闪片麻岩为主,夹石榴斜长片麻岩、斜长角闪岩、变粒岩、透辉石岩和磁铁石英岩,厚 1000m;第二岩组以条带状混合质斜长角闪岩为主,夹斜长角闪片麻岩、透辉角闪斜长变粒岩,厚 1500m;第三岩组下部为含石墨片麻岩、变粒岩夹透辉透闪大理岩、斜长角闪岩,上部为含石墨橄榄透辉大理岩夹硅线石石英片岩、片麻岩,厚 700m;第四岩组为厚层状长英质石英岩、变粒岩、浅粒岩夹大理岩,厚 700m。

第一、第二岩组总体属绿岩建造,原岩为基性火山岩(拉斑玄武岩、钙碱质火山岩)-火山碎屑岩,铁矿层均赋存于这两个岩组的下部层位。第三、第四岩组为陆源碎屑岩和碳酸盐岩。

铁质来源于火山喷发,属近火山源浅水环境沉积。

与乌拉山岩群相当的建平群、千里山群、阿拉善群含硅铁建造控矿条件与乌拉山岩群相同,如建中的敖汉旗兰仗子、王家营子、前石头梁等小型铁矿床等。

(3)色尔腾山群含硅铁建造。新太古界色尔腾山群是内蒙古鞍山式铁矿床的最主要赋矿层位,形成了如达茂旗三合明等大、中型矿床多处。

以达茂旗三合明铁矿为例,含矿岩系厚 1200m,自下而上可划分为 5 个岩性段。①下角闪岩段,下部为中细粒角闪岩夹石英岩扁豆体,上部为磁铁透闪片岩夹斜长黑云片岩、条带状磁铁石英岩(矿层);②下磁铁石英岩段(矿层),为条带状含磁铁石英岩夹磁铁透闪片岩、石英岩扁豆体,是这套岩系主矿体赋存层位;③片岩段,由磁铁透闪片岩夹石英岩及薄磁铁矿层、石榴透闪片岩组成;④上磁铁石英岩段,为巨厚的斜长角闪片岩夹磁铁石英岩及片岩等;⑤上角闪岩段,为巨厚的斜长角闪岩夹石英岩及片岩等。

色尔腾山群原岩为中基性火山岩(拉斑玄武岩系列)及碎屑岩,后经强烈的区域变质作用和混合岩化作用(以钾交代为主的混合岩化作用)变成含铁的变质岩系。第二岩段成为主要赋矿层位。

色尔腾山群含铁矿特征是铁矿层位稳定,下、上两个含矿层位中间间隔 300m 厚的角闪岩,矿层上、下也是角闪质岩石。角闪岩原岩为火山岩,含硅铁建造与中基性火山岩及以后形成的绿岩带有密切的关系。

色尔腾山群含硅铁建造系海底大规模的火山活动之后向正常海相沉积作用转化环境下形成的。由于火山喷发间歇时间比兴和岩群、乌拉山岩群的时间长，有充分的时间进行铁质淋滤作用，并分异、运移，所以能够形成厚层的铁矿层。铁矿层产于距火山源较远处，属于远源深水环境。

以新太古界兴和岩群、乌拉山岩群和色尔腾山群及其对比的地层中，含硅铁建造均有相似的特征。内蒙古鞍山式铁矿，即太古宙含硅铁建造，在总体分布、成矿特征方面有如下规律：①含硅铁建造赋存于太古宙除集宁岩群以外的地层中，以色尔腾山群成矿、控矿条件为最佳，时控、层控、岩性控矿条件明显；②分布范围广泛，从东部的赤峰—中部的大青山、乌拉山、色尔腾山—西部的阿拉善地区均有分布，即内蒙古台隆、阴山断隆北缘地区，但相对集中于中部的包白铁路两侧；储量相对分散，从东到西 50 个大、中、小型矿床，矿石储量有 4×10^8 t；③控矿岩性为角闪质、透辉石质、黑云质、石英质钾长斜长片麻岩互层，矿体与底、顶板围岩或在走向上与围岩均呈渐变关系，矿层和围岩属同源、同期、同地质环境下形成的。

2. 潟湖相碳酸盐岩铁建造

内蒙古仅有白云鄂博铁矿。白云鄂博群哈拉霍疙特组 H8 岩段白云岩中赋存的磁铁矿-赤铁矿层，其原始矿质可能是含铁碳酸盐岩类，是在中新元古代大陆斜坡上受该期同生断裂控制的局部性槽状潟湖中沉积的，后经热变质作用含铁碳酸盐转变为磁铁矿及赤铁矿。因此，它是在特殊的构造和沉积盆地条件下的产物，表现在分布上的独特现象。

3. 火山岩型含铁建造

火山岩型含铁建造在内蒙古分布很广，无论是台区，还是槽区均有分布，元古代—古生代均可能形成这种含铁建造。下面以成矿时代和建造类型为序由老到新分别论述。

(1) 华北地台北缘渣尔泰山群含铁建造。在华北地台北缘受狼山-渣尔泰山裂陷槽控制的渣尔泰山群中，赋存有浅海相含铁碎屑岩-碳酸盐岩夹中基性—中酸性火山岩型含铁建造。后经区域变质和多次热液叠加、改造，使原含铁建造富集成矿床。如乌拉特后旗霍各乞与铜铅锌伴生的铁矿床，铁矿产于增隆昌组碎屑岩-碳酸盐岩所夹基性—中酸性火山岩建造中。铁矿呈层状产于透辉透闪岩或含透辉石、透闪石的白云岩中。铁矿层有时因地区不同，也有产于阿古鲁沟组二岩段顶部暗色板岩中者，铁矿呈层状、似层状，矿层与围岩产状一致，矿石呈浸染状或致密块状。金属矿物主要为磁铁矿，少数赤铁矿，其特点是与硅质岩共生。含铁建造的特点是建造内的铁矿物与硅质和硅质岩关系密切。铁质来源于中基性火山喷发物形成的含矿层，后经改造、富集成矿。

(2) 槽区下寒武统温都尔庙群含铁建造。内蒙古北部槽区温都尔庙-翁牛特旗加里东期地槽褶皱带西段，即温都尔庙红格庙一带下寒武统温都尔庙群是铁矿的重要含矿岩系。铁矿中的含铁矿物和硅质的石英、碧玉、玉髓关系密切，实际上是以硅铁建造的形式出现。这种硅铁建造是由桑达来音组第二岩段顶部和哈尔哈达组下部组成，包括绿色岩段的顶部和硅铁质岩段的下部。其剖面特征：底层是方解绿帘绿泥片岩和绿帘绿泥大理岩；铁矿层是硅铁质层和富铁火山碎屑岩互层；顶层是薄层—中厚层硅质岩或黏土硅质岩等。

硅铁建造中铁质的沉积与硅质的沉积有密切的关系，含铁层内见到的富铁蚀变凝灰岩与条带状含铁石英岩互层，一个矿层的下部 20cm 为铁化蚀变凝灰岩，上部 70cm 为含铁石英岩；在条带状蚀变凝灰岩中见有火山碎屑岩经蚀变交代作用形成的单矿物玉髓层。含铁碧玉岩型铁矿是以赤铁矿微粒分散于氧化硅中为特征；而含铁石英岩型铁矿是含铁矿物、玉髓、石英颗粒分别集中的。

温都尔庙群沉积建造的总体特征是：下部为绿岩建造；上部为深(远)海富硅铁质建造。在绿岩建造上部普遍存在一层紫红色赤铁角斑质凝灰岩，常与铁矿伴生，表明在地槽发展过程中虽有大量基性熔岩喷发，但也有中酸性火山岩喷发。铁质来源于海底火山喷发。

成矿环境是由富碳酸盐岩的基性、中酸性火山-沉积向富硅质正常化学沉积转变的过渡环境，且是成矿有利的条件。

温都尔庙群含铁建造的主要控矿因素是温都尔庙群含有中基性—中酸性火山岩的沉积建造。含矿建造形成后，经区域变质和各种热液的多次叠加、改造，形成一批温都尔庙式铁矿床。如集二线苏尼特右旗白云鄂博（大敖包）、温都尔庙、白音车勒、卡巴白音敖包和苏尼特左旗的宝尔汉喇嘛庙、阿巴嘎旗红格尔庙等中小型铁矿床，探明铁矿总储量为 $1.8\times10^8 t$，占内蒙古铁矿总储量的 0.5%。

（3）槽区下石炭统含铁建造。早石炭世北部槽区局部处于优地槽构造环境，火山活动强烈，形成了浅成相含铁矿的碎屑岩-碳酸盐岩夹中基性—中酸性火山岩建造，形成中小型铁矿床，含铁矿物以磁铁矿为主。

形成这种含铁矿建造以额尔古纳地区的兴安地槽莫尔根河组和北山地槽区的白山组为代表。含铁建造形成之后，经区域变质和多次的热液叠加改造，局部地区富集成矿床。如额尔古纳地区的谢尔塔拉、红旗沟铁锌矿床和额济纳旗黑鹰山、碧玉山铁矿床，均为中小型铁矿床。

这种控矿沉积建造以夹有中基性—中酸性火山岩为重要的控矿条件。成矿物质来源于火山喷发，矿体和围岩整合接触，并属同生或伴生关系，热液蚀变特征明显。矿石中含铁矿物与硅质岩、碧玉岩有密切的共生关系。兴安盟科右前旗各站和哈达铁矿也属火山岩型含铁建造控矿，成矿时代为二叠纪，矿床规模不大。

上述几处矿床虽相距很远，但有相似的成矿环境，在成矿时代、含矿岩系和矿床成因等方面均有相似之处，属同一种沉积建造的控制矿床。探明铁矿总储量为 $0.7\times10^8 t$，占内蒙古铁矿总储量的 4%。

4. 台区沉积（轻微变质）含铁建造

（1）含赤铁矿建造。分布于内蒙古西部台区中、新元古界渣尔泰山群书记沟组中，为一套肾状或鲕状构造的细粒含磷较高的含赤铁矿-镜铁矿的碎屑岩建造，被称为宣龙式铁矿床。形成于靠近古陆的浅海湾地区，后经构造变动，轻微的区域变质作用，其铁质来源于南侧古陆。属于该建造类型的铁矿床有乌拉特前旗西德岭、王成沟等小型矿床，探明铁矿总储量为 $800\times10^4 t$，占内蒙古铁矿总储量的 0.5%。

（2）含褐铁矿建造。此类含铁建造在内蒙古内少见，仅出露于鄂尔多斯盆地古生界含煤地层之中。为一套含褐铁矿的细碎屑岩、泥质岩沉积建造。形成的矿产均为小而富的产地，如准格尔旗西磁窑沟、鄂托克旗雀儿沟、棋盘井、黑龙贵等小型矿床，品位高，规模小，储量甚微。

二、铝土矿

内蒙古铝土矿分布较少，且无成型矿床，主要分布在鄂尔多斯古陆块准格尔洪水沟地区，为沉积型铝土矿。

三、钨矿

内蒙古跨华北陆块和兴蒙造山系两大构造单元，地质构造活动强烈，成矿作用复杂。钨矿分布在塔里木陆块区、敦煌陆块、柳园裂谷（C-P）。依据矿产资源潜力评价技术要求，内蒙古钨矿仅划分了 1 个侵入岩型矿产预测类型（表 6-2）。

内蒙古钨矿主要集中分布在二连浩特—东乌珠穆沁旗、库伦旗大麦地、镶黄旗—太仆寺旗白石头洼、石板井—东七一山 4 个地区，每个地区钨矿的成因类型、形成时代等都各有特点。

二连浩特—东乌珠穆沁旗地区：出露地层主要是下奥陶统乌宾敖包组、中下泥盆统泥鳅河组砂泥岩、上石炭统—下二叠统宝力高庙组砂泥岩及中酸性火山岩、火山碎屑岩。侵入岩主要为晚古生代中酸性侵入岩和燕山期酸性侵入岩。构造线总体为北东向，成矿主要与燕山期花岗岩、北东向构造带有关系，形成热液型钨矿床。

表 6-2 内蒙古钨单矿种预测类型和预测方法类型

预测方法类型	矿产预测类型	预测工作区
侵入岩型	沙麦式	沙麦式侵入岩型钨矿沙麦预测工作区
	白石头洼式	白石头洼式侵入岩型钨矿白石头洼预测工作区
	七一山式	七一山式侵入岩型钨矿七一山预测工作区
	大麦地式	大麦地式侵入岩型钨矿大麦地预测工作区
	乌日尼图式	乌日尼图式侵入岩型钨矿乌日尼图预测工作区

库伦旗大麦地：主要出露晚古生代花岗岩类和燕山期花岗岩类。由于燕山期花岗岩的大规模侵入，形成热液型钨矿床。

镶黄旗—太仆寺旗白石头洼地区：出露地层主要是白云鄂博群，侵入岩主要有海西晚期、印支期和燕山期中酸性花岗岩类。

石板井—东七一山地区：主要出露二叠系岩类及中酸性火山岩、火山碎屑岩类，侵入岩主要是海西晚期和燕山期花岗岩类，构造线方向为北东向。由于燕山期花岗岩的侵入，形成了大量热液型钨矿床。近几年在该带上发现了新的矿产地，具有较好的找矿远景。

四、锑矿

内蒙古仅有小型锑矿 1 处，储量为 4880.40t，分布在阿拉善右旗阿木乌苏地区。锑矿床形成的地质构造背景和成因类型简单，主要为低温热液型，成矿时代为中二叠世—早白垩世。

五、金矿

内蒙古地域辽阔，出露地层齐全，由于多期次的构造变动和频繁的岩浆活动影响，形成了极为复杂的构造格架。岩浆活动表现为多旋回、多期次的特点，特别是海西期、燕山期大规模的酸性—中酸性岩浆岩分布广泛，是形成金矿产的重要因素。

内蒙古原生金矿具有多来源、多成因类型叠加的特点。根据各类矿床生成的地质条件、成矿作用、岩石建造和矿床特征等因素，将内蒙古金矿划分为岩浆热液型、火山岩型、斑岩型、绿岩型和砂金等，其中岩浆热液型是金矿的主要成因类型。

1. 岩浆热液型金矿床

该类型金矿与侵入岩体有着密切的关系，矿体赋存在距岩体一定距离的围岩地层中或直接赋存在岩体内或岩体的内外接触带。矿体和近矿围岩具有较强烈的热液蚀变现象和较复杂的矿石矿物共生组合。该类型金矿化较普遍，在陆块区、造山带均有分布，具有工业价值和较有远景的矿点，主要集中分布在陆块区。陆块区内太古代—元古代含金元素较高的地层受加里东期—燕山期岩浆活动的影响，在地层中富集成矿，赋存太古宙变质地层中的金矿主要有乌拉山岩群中的金厂沟梁金矿、乌拉山金矿和色尔腾山岩群中的十八顷壕金矿；元古宙地层中的金矿主要有白云鄂博群中的赛乌素金矿、浩尧尔忽洞金矿和渣尔泰山群中的朱拉扎嘎金矿；造山带中的岩浆热液型金矿主要形成于古生代地层中，如巴音温都尔金矿、碱泉子金矿和巴音杭盖金矿等。

与金矿化有关的侵入岩，在内蒙古陆块及其北缘增生带与大兴安岭中生代火山-侵入岩带的复合地区,主要为燕山早期花岗岩、花岗闪长岩、花岗斑岩及杂岩体。在内蒙古中部、西部地区,少数与海西期、印支期花岗岩类有关。

岩浆热液型金矿床主要为不同的围岩在不同时期岩浆热液的作用下形成的受一定层位控制的矿床,其矿石类型主要有含金石英脉型、含金蚀变岩型,反映了不同物源、不同构造和不同温压条件下形成的内生金矿床的共同特征。

(1)含金石英脉型:是最常见的金矿类型。矿体形态变化多端,多数受一定裂隙控制,具有膨胀、收缩、分支复合、尖灭再现或尖灭侧现现象。呈透镜状、扁豆状、脉状含金石英脉多含一定的硫化物,并且形成含不同硫化物组合的石英脉矿石。该类矿石是各类型矿床中含金最富的矿石,但含金品位往往变化较大,含微量金至特高金品位。

(2)含金蚀变岩型:纯蚀变岩型金矿体,仅见于少数矿区的个别矿脉。其典型矿脉为金厂沟梁矿区26号脉。矿石由富含浸染状黄铁矿的各蚀变矿物组成。矿脉按蚀变矿物组分,分为绿泥石型、高岭土型、硅化绢云母型等。

(3)含金石英脉-蚀变岩混合型:多数矿脉系由含金石英脉和含金蚀变带共同组成。以含金石英脉为主体的矿脉中,在石英脉的两盘或两个石英脉扁豆体之间的空间,都由蚀变带相连接。一般矿体厚度大,且连续性较好。石英脉-蚀变岩混合型矿脉,已成为工业矿石的主要来源。

2. 火山岩型金矿床

火山岩型金矿床分布于大兴安岭地区,处于古亚洲构造成矿域与环太平洋构造成矿域的叠加、复合部位,成矿地质条件优越,成矿期次多、强度大。

该类型金矿与中生代火山活动,尤其是晚侏罗世火山活动有着密切的联系。主要形成于火山爆破角砾岩筒内,与火山机构关系密切。矿体(矿化)直接赋存在火山岩内,可见玉髓状非晶质胶体石英及角砾状、梳状、晶洞晶簇状构造,碳酸盐、萤石、冰长石等低温矿物。其蚀变现象为典型的青磐岩化,金呈不均匀窝状富集。目前已发现的矿点、矿化点虽然不多,探明的含量也不大,如四五牧场金矿、古利库金矿、陈家杖子金矿等;但是中生代火山活动强烈,火山岩分布广泛,该类型矿床具有浅成低温热液的特征、良好的成矿地质条件和进一步找矿前景。

3. 斑岩型金矿床

哈达庙、毕力赫等斑岩型金矿分布在锡林浩特岩浆弧内,燕山期东西向和北东向深大断裂构造的复活和上地幔安山质熔浆上涌所引起的区域热流值升高,造成基底岩石(地层)——早古生代优地槽火山喷发沉积岩的深熔,进而形成大面积分布的闪长玢岩、石英闪长岩和花岗闪长岩。岩浆的结晶分异作用、气液分异作用和多期次侵位,不仅使石英闪长岩内广泛分布有花岗岩岩株、岩枝、岩脉和火山角砾岩脉群,而且可促使金在一些斑岩体顶部富集。岩体附近的围岩白乃庙群、温都尔庙群金的平均丰度值很高,发生深熔作用后,提供了金矿的物质来源。在花岗斑岩与石英闪长岩的接触带上,由于岩浆的冷凝收缩可产生大量的张裂隙构造,特别是岩浆期后多期次构造活动使这样的张裂隙系统更为发育,为含矿热液的上升和沉淀富集创造了良好的条件。同时广泛发育的硅化、电气石化、绢英岩化和黄铁矿化,形成了中温热液斑岩型金矿床。

4. 绿岩型金矿

华北陆块区大青山东段油篓沟、新地沟等金矿床(点)属层控(顺层)绿岩型金矿床,主要赋存在色尔腾山岩群柳树沟岩组绿泥绢云石英片岩、糜棱岩、千糜岩、花岗质糜棱岩中。色尔腾山岩群中含金丰度值比其他时代地层高出数倍,变异系数和离差较高,为重要的含金层位。早期顺层剪切使矿源层内金元素活化并初步富集,形成矿化层,随后该矿化层发生了叠加褶皱变形;后期较浅层次下韧性-韧脆性剪切带的形成及绿片岩相退变质和构造作用形成的大量流体活动,为从矿源层中汲取有用组分提供了极好的条件,而带内的张性空间为矿液的沉淀提供了有利场所。韧性剪切变形既是控矿构造,又是容矿构造。韧性剪切变形之后,地壳抬升,构造运动以脆性断裂和宽缓褶皱为主,海西晚期至燕山期推覆构造均对矿体产生破坏作用。

该类型矿床具有矿体规模大、品位低的特点。含矿岩石为绿泥石英片岩,顶底板为薄层大理岩。矿体呈层状、似层状、脉状、似脉状及透镜状,与容矿围岩呈渐变过渡关系,矿体产状与岩层产状完全一致,随岩层产状变化而变化,随岩层褶皱而褶皱。矿体多数分布在褶皱翼部近核部附近。蚀变主要有硅化、黄铁矿化、绢云母化等。矿化带较连续,但带内成矿期后小断裂褶皱较发育,使矿体连续性受到破坏。

5. 砂金

砂金主要集中在内蒙古中部和呼伦贝尔市北部额尔古纳河一带。砂金分布及富集具有以下特征。

(1) 砂金的分布与富集严格受砂金的物质来源及有利于形成砂金的地貌控制,即山间碟形、勺形洼地出水口附近的冲沟,其次是第四系堆积地貌区。

(2) 砂金的富集与河谷的宽窄、谷底的起伏有关。河谷转弯处,缓坡沉积物堆积岸;河谷变宽处,沉积陡崖侵蚀岸;河谷出口处,均为砂金分布及富集地区。

(3) 有的砂金的形成与冰碛层有关。冰碛层普遍含金,但因品位低未能形成工业矿体,而在冰碛层分布的沟谷发育区则形成了再沉积的砂金矿床,距含金冰碛层由近到远,砂金品质由富变贫。

(4) 受外部营力作用控制,沉积物近距离搬运,有利于砂金富集。含金砂砾层的砾级越粗或分选性越差,砂金品位有变富的趋势。

六、铜矿

内蒙古铜矿床分布广泛,截至2009年已探明储量的铜矿床有109个。其中大型矿床2个、中型5个,多数为共生和伴生矿床,独立铜矿床很少。空间上,大、中型铜矿床主要分布在德尔布干、大兴安岭中南段、达茂旗-白乃庙和狼山4个地区,这些地区同时也是贵金属和多金属集中分布区。时间上,铜矿床的形成主要在中新元古代、晚古生代、三叠纪至早白垩世。中新元古代形成的铜矿床集中分布在华北陆块北缘西段,三叠纪至早白垩世形成的铜矿床主要集中分布在德尔布干、大兴安岭中南段。

内蒙古铜矿床成因类型较多,有沉积型、斑岩型、喷流-沉积改造型、火山-次火山岩型、热液型、矽卡岩型、与超基性岩有关的铜镍硫化物型。其中以沉积型、斑岩型、喷流-沉积改造型、火山-次火山岩型和热液型为主要类型,其他成因类型多为小型矿床、矿点及矿化点。

(一) 沉积型铜矿

沉积型铜矿是内蒙古重要的铜矿床类型,已查明铜资源储量占内蒙古铜矿石总量的31%。矿床形成的时代为中元古代及海西晚期,主要分布在华北陆块北缘及北缘增生带上狼山-渣尔泰山地区,赋存在中新元古界渣尔泰山群阿古鲁沟组中。主要有霍各乞铜多金属矿、东升庙铅锌铜硫矿和炭窑口铜锌矿等。

(1) 霍各乞式沉积型铜矿:主要分布在狼山-渣尔泰山中元古代裂陷槽内。含矿岩系为渣尔泰山群阿古鲁沟组碳质板岩砂岩,矿体呈似层状(板状)产出。矿石中有用元素主要有铜、铅、锌,可综合利用银、铟、铁、硫。金属矿物主要有铜矿、方铅矿、铁闪锌矿、磁黄铁矿、黄铁矿、磁铁矿。次要矿物有方黄铜矿、斑铜矿、砂和其他氧化物。矿石结构有变晶结构、交代结构、固溶体分离结构、文象结构、塑性变形结构等。矿石构造主要有条带状构造、细脉—网脉状构造、斑杂—团块状构造,另外还有块状构造、花纹状构造、角砾状构造。

(2) 白乃庙式沉积型铜矿:位于温都尔庙俯冲增生杂岩带上,赋矿围岩为新元古界白乃庙组岛弧火山-沉积岩系,受区域变质作用底部绿片岩建造,其原岩为海底喷发的基性—中酸性火山熔岩、凝灰岩夹正常沉积的碎屑岩和碳酸盐岩。

主矿体呈似层状较稳定产出，走向为东西向，倾向南，倾角45°～65°。Ⅱ-1矿体长160m，厚度0.87～18.41m，矿体最大控制斜深760m，垂深570m，还有延伸趋势。矿石类型有花岗闪长斑岩型铜矿石(钼矿石)、绿片岩型铜矿石(钼矿石)。绿片岩型矿石结构有晶粒状结构、交代溶蚀结构，矿石构造主要为条带状构造、浸染状构造、脉状构造。花岗闪长斑岩型矿石结构有半自形晶粒结构、他形晶粒结构、包含结构、交代结构、压碎结构，主要构造为浸染状、细脉浸染状、脉状、片状构造。矿石矿物为黄铜矿、黄铁矿、辉钼矿。矿床成因为海相火山沉积-斑岩型复成因矿床。

此外，还有分布于温都尔庙俯冲增生杂岩带上，赋存于下石炭统本巴图组中的查干哈达庙式沉积型铜矿。

(二)斑岩型铜矿

斑岩型铜矿床主要有乌努格吐山式铜钼矿、车户沟式铜钼矿和敖脑达巴式铜矿床，华北陆块及大兴安岭弧盆系均有分布，主要形成于中生代。例如，乌努格吐山式铜钼矿，大地构造上位于额尔古纳岛弧，矿区位于北东向额尔古纳-呼伦深断裂的西侧，矿床的形成与早侏罗世火山-侵入活动有关，与次火山斑岩体关系密切。主矿体主要赋存于斑岩体的内接触带，受围绕斑岩体的环状断裂控制。在剖面上矿体向北西倾斜，铜矿体向下分支。南矿带矿体形态不规则，以钼为主，矿带为一长环形，总体倾向北西，倾角从东向西由85°至75°，南北两个转折端均内倾，倾角为60°；北矿段环形中部有宽达900m的无矿核部，南矿段环形中部有宽达150～850m的无矿核部。整个矿带呈哑铃状、不规则状、似层状。矿石矿物有黄铜矿、辉铜矿、黝铜矿、辉钼矿、黄铁矿、闪锌矿、磁铁矿、方铜矿。

此外，还有分布于大兴安岭弧盆系锡林浩特岩浆弧中晚侏罗世浅成石英斑岩体中的敖脑达巴式斑岩型铜矿床和冀北大陆边缘岩浆弧中侏罗纪—白垩纪正长斑岩体中的车户沟式斑岩型铜矿床。

(三)接触交代-热液型铜矿床

该类型包括接触交代型(矽卡岩型)铜矿床和热液型铜矿床，是在内蒙古分布最广泛的成因类型。成矿时代以古生代和中生代为主。

1.接触交代(矽卡岩)型铜矿床

矿体主要产于中性、中酸性或酸性中浅成侵入体与碳酸盐岩或火山-沉积岩系围岩的接触带矽卡岩或附近围岩中，近矿围岩碱质交代现象显著。一般呈透镜状、似层状、脉状或不规则状产出。除大兴安岭外，在华北陆块北缘也有分布，主要有罕达盖铁铜矿、宫胡洞铜矿和盖沙图铜矿。

根据矿床所处大地构造环境及与成矿有关的侵入体岩性组合，可大致划分为以下两类。

(1)与海西期中性侵入体有关的矽卡岩铜矿(罕达盖铁铜矿)。位于扎兰屯-多宝山岛弧(O)，成矿岩体为海西期石英二长闪长岩，围岩为下奥陶统多宝山组含大理岩的各类火山-沉积建造，矿体赋存于石炭纪石英二长闪长岩和奥陶系多宝山组地层外接触带的矽卡岩中。铜矿体均呈透镜状、脉状、不规则囊状赋存于矽卡岩中。矿层顶板为大理岩，底板为安山岩，与围岩界线清晰，呈透镜状、脉状产出，矿体走向延长为100m，倾向延伸为145m，厚度7.65m，矿体产状为335°∠35°。铜品位0.34%～2.19%，平均品位0.9%。矿石结构主要为半自形粒状结构、粒状变晶结构、碎裂结构、交代残留结构。矿石构造主要为块状构造、浸染状构造、细脉浸染状构造。矿石矿物成分主要为磁铁矿、黄铜矿、黄铁矿、赤铁矿，另见少量磁黄铁矿、辉钼矿、闪锌矿。

(2)与海西期中酸性侵入岩有关的铜矿(盖沙图铜矿、宫胡洞铜矿)。

盖沙图铜矿位于狼山-白云鄂博裂谷，成矿岩体为二叠纪花岗闪长岩和二长花岗岩，围岩为渣尔泰山群增隆昌组,矿体位于岩体内外接触带,走向NE50°~60°,倾角65°~70°,与围岩产状一致,矿体呈透镜状。矿石矿物有黄铜矿、磁黄铁矿、方铅矿和闪锌矿。矿石结构为浸染状结构、脉状结构。矿石构造为条带状构造和角砾状构造。围岩蚀变类型有透辉石化、透闪石-阳起石化、孔雀石化,铜平均品位为0.87%。

宫胡洞铜矿位于温都尔庙俯冲增生杂岩带和狼山-白云鄂博裂谷过渡带上,矿体赋存于白云鄂博群呼吉尔图组与二叠纪斑状黑云母花岗岩内外接触带中。矿体产状与围岩基本一致,走向NE50°~70°,倾向北西,倾角65°~80°,呈透镜状、似层状,沿走向或倾向有分叉、尖灭或膨胀收缩现象。矿石矿物有黄铜矿、斑铜矿、闪锌矿、辉钼矿、黄铁矿、磁黄铁矿。矿石结构为自形晶、半自形晶和他形粒状、雨滴状、乳浊状结构。矿石构造有浸染状、细脉浸染状构造。铜平均品位为0.99%。

与矽卡岩型铜矿床有关的岩浆岩存在着较明显的成矿专属性,随着成矿岩体酸度的变化,石英二长闪长岩到花岗闪长岩和花岗岩,铜矿伴生的金属元素组合相应依次发生变化,从银、金—铅、锌—钼。

2. 热液型铜矿床

热液型铜矿床对围岩基本无或有一定的选择性,主要受不同时代侵入岩(花岗岩)及断裂构造控制。成矿时代为海西期、印支期和燕山期。空间上主要有分布在锡林浩特岩浆弧上的布敦花中低温热液型铜矿床、道伦达坝中高温热液型铜矿床;内蒙古西部红石山裂谷上的珠斯楞中高温热液型铜矿床、哈布其特岩浆弧上的欧布拉格中低温热液型铜矿床;内蒙古中东部温都尔庙俯冲增生杂岩带上的白马石沟中温热液型铜矿床。

(1)布敦花热液型铜矿床。围岩地层为下二叠统寿山沟组、中侏罗统万宝组和晚侏罗世黑云母花岗闪长斑岩。赋矿围岩主要为角岩化的变质砂岩、板岩、黑云母角岩及闪长玢岩等。矿体以不规则弯曲的脉状为主,在大脉旁侧围岩中有广泛的网脉状矿化。矿脉自南向北近于左列雁行排列。矿石矿物有黄铜矿、磁黄铁矿、闪锌矿、方铅矿、毒砂、斜方砷铁矿、黄铁矿等。内蒙古广泛发育一套高温到中低温的蚀变,包括钾长石化、黑云母化、电气石化、硅化、绢云母化、绿泥石化、碳酸盐化、高岭土化等。矿石含铜品位为0.3%~0.5%。

(2)道伦达坝热液型铜矿。矿区地层主要为上二叠统林西组粉砂质板岩、粉砂质泥岩、粉砂岩和细粒长石石英杂岩夹少量泥质胶结的中—细粒长石石英砂岩。岩浆岩主要为印支期黑云母花岗岩,受区域构造控制,多呈50°左右延伸。侵入到砂板岩,呈岩基状产出,在接触带处有云英岩化、角岩化等围岩蚀变。构造上位于米生庙-阿拉腾郭勒复背斜北东段南东翼的第三挤压破碎带内,褶皱和断裂构造极发育,其中汗白音乌拉背斜和北东向成矿前断裂是矿区内主要的控矿和容矿构造,直接控制矿体的形态和分布,走向为NE20°~67°,倾角5°~60°,倾向北西-南东,铜平均品位1.15%。矿体形态为脉状,具有膨胀收缩、分支复合、尖灭再现特征,矿体受北东向褶皱和北北东向断裂构造控制。矿石矿物有磁黄铁矿、黄铜矿、黑钨矿、毒砂、自然银。矿石结构为交代熔蚀、他形粒状、半自形晶粒结构,矿石构造有脉状、网脉状、交错脉状、团斑状、条带状、浸染状、团块状构造。林西组的砂板岩是矿体的直接围岩,近矿围岩蚀变现象有硅化、黄铁绢云岩化、碳酸盐化、绿泥石化、高岭土化、钾长石化、云英岩化、萤石化、电气石化。

(3)珠斯楞热液型铜矿床。出露地层主要为泥盆系中统伊克乌苏组、卧驼山组。侵入岩主要为海西中期闪长花岗岩、斜长花岗岩和海西晚期二长花岗岩。闪长花岗岩侵入于泥盆系粉砂岩、钙质粉砂岩中,矿区构造以北西向断裂为主,倾角70°~80°,北东向构造次之,平移断裂多为北西向和东西向,规模一般较小,平移几米至几十米。矿体与北西-南东向构造关系密切,是主要的控矿构造。矿区褶皱规模小,与主构造线方向一致,北西向分布,倾向NE20°~40°,倾角59°~74°,呈脉状、不规则状、透镜状。矿体厚度1.83~15.42m,主要矿物为黄铜矿、闪锌矿、方铅矿,脉石矿物有绿泥石、绿帘石、石英、钾长石、角闪石、绢云母及少量的石英。矿石结构多为半自形—他形晶粒结构,部分矿石呈固熔体结构、包含结构。构造以浸染状、斑点状构造为主,偶见团块状、网脉状构造。主要为青磐岩化,矿体的赋矿岩石为蚀变闪长玢岩、蚀变花岗闪长岩、蚀变花岗斑岩和强蚀变的长石石英砂岩。铜平均品位为0.63%。

(四) 火山岩型铜矿

火山岩型铜矿包括与陆相火山-次火山活动有关的铜矿床和与海相火山活动有关的块状硫化物型矿床。

1. 陆相火山岩型铜矿床

在内蒙古此类铜矿床主要有奥尤特小型铜矿，位于扎兰屯-多宝山岛弧上，成矿时代为晚侏罗世。赋矿围岩为上侏罗统玛尼吐组中性火山熔岩-碎屑岩建造。矿体呈细脉型、浸染型、斑杂型、蜂窝型和角砾型。矿石矿物主要为蓝铜矿、孔雀石、褐铁矿、赤铜矿、黑铜矿、辉铜矿，铜氧化矿平均品位为1%～3%，最高11.77%，硫化矿品位0.47%～0.66%。

2. 海相火山岩型铜矿床

此类铜矿床主要有小坝梁铜金矿，位于扎兰屯-多宝山岛弧上，赋矿围岩为下二叠统格根敖包组安山质凝灰岩、石英角斑岩、凝灰质砂岩、凝灰质粉砂岩及少量的粗安岩。矿体呈透镜状、似层状，总体走向近东西向，倾向南，倾角62°～83°，剖面上呈楔状或漏斗状。矿石矿物主要为黄铜矿，围岩蚀变有绿泥石化、绢云母化、次闪石化、硅化、碳酸盐化、青磐岩化，其中以绿泥石化为主。铜平均品位1.05%。

(五) 与基性—超基性侵入杂岩体有关的岩浆熔离型铜矿床

该类矿床多分布在基性—超基性岩体内，矿体多呈脉状或囊状。此类矿床主要有狼山-白云鄂博裂谷中的小南山式铜镍矿。成矿时代为中新元古代，矿床规模为小型。

小南山铜镍矿位于狼山-白云鄂博裂谷，主要赋矿围岩为白云鄂博群哈拉霍圪特组石英岩、泥灰岩和变质砂岩，含矿侵入体为辉长岩矿体。陡倾斜不规则，走向NW325°，倾角60°～80°，呈脉状、透镜状。辉长岩底部为辉长岩型矿体，外接触带为泥灰岩型矿体。矿石矿物主要有黄铜矿、磁黄铁矿、蓝辉铜矿、紫硫镍铁矿。矿石品位为镍0.636%、铜0.458%。矿石结构有交代结构、他形粒状结构、假象交代结构和残晶结构。矿石构造有细脉浸染状构造、斑点状构造、网脉状构造、块状及角砾状构造。围岩蚀变表现为次闪石化、绿泥石化、钠帘石化、绢云母化。

七、铅锌矿

在内蒙古以铅锌银矿为主，达到大中型规模的金属矿床多处。成因类型主要有矽卡岩型、热液型（狭义）、海底火山喷流沉积型等。

1. 矽卡岩型铅锌矿

内蒙古已发现的矽卡岩型矿床有头道井金铜银矿（小型）、下护林铅锌银矿（小型）、谢尔塔拉铁锌矿（中型）等，主要分布于德尔布干成矿带；向南延至东乌珠穆沁旗朝不楞铁锌多金属矿床（中型）、查干敖包铅锌矿（大型）等。矿化类型有铁锌矿、铜金矿、铅锌多金属矿等。

该类矿床常与斑岩型矿床共生，构造上通常产于基底隆起和断陷火山盆地交接带的基底隆起一侧或隆坳交接带位置，矿体产于中酸性侵入体与碳酸盐岩地层接触带或层间构造带、滑脱带的矽卡岩中，部分受北西、北东向断裂构造控制，主要容矿围岩为不纯碳酸盐岩和碎屑岩、泥岩互层的地层（如额尔古纳河组大理岩、晚古生代火山沉积岩）。控矿岩体为燕山期浅成、高位、中性—酸性小岩体（闪长玢岩、花岗闪长斑岩、花岗斑岩）等。成矿时代以燕山期为主，可能有晚古生代成矿。

2. 热液型铅锌矿

热液型是本区分布最广泛的矿床类型,可进一步划分为以下几种类型。

(1)与燕山期中酸性侵入-火山杂岩有关的热液型铅锌矿床。代表性矿床如甲乌拉、查干布拉根、得耳布尔、二道河铅锌多金属矿。矿床产于隆坳交接带附近,北东和北西向断裂构造系统控制。成矿与酸性、浅成、浅剥蚀的侵入-火山杂岩体有关,矿脉周围发育强烈的硅化、铁锰碳酸盐化、绢英岩化蚀变。

(2)与层控火山热液有关的同成火山岩型铅锌矿床。由火山喷发相的爆发亚相上喷作用而形成的火山碎屑岩及凝灰岩。由于在火山侵入活动中,火山喷发时火山热液携带了成矿物质,因此在凝灰质角砾岩与凝灰岩中形成了矿(矿化)体。物质的喷发与火山成矿热液同时上升(喷),经搬运,在重力作用下聚集成矿。而硫化物如 PbS、ZnS 的生成,除与温度有关外,尚有两个因素起决定性作用:一是金属元素相对的溶解度;二是金属元素对硫的亲合力。后一种金属硫化物还原前一种金属硫化物,使前一种金属硫化物先沉淀。金属元素对硫的亲合力,大者先沉淀,先沉淀者成矿部位较深,后沉淀者成矿部位逐浅。经光片鉴定,矿物生成顺序为黄铅锌矿—闪锌矿—黄铜矿—方铅矿。硫来源于火山作用,以 H_2S 形式在火山喷发时遇到氧化环境,使其转换与金属元素化合,形成了金属硫化物矿,所以金属硫化物矿在火山口附近与火山岩或火山碎屑岩共生。这就是在火山碎屑岩中常见到黄铜矿、方铅矿、闪锌矿等存在的原因。

扎木钦矿区铅锌矿在凝灰质角砾岩中见矿情况较凝灰岩好,而且矿体赋存部位也较凝灰岩深,可能更接近火山口。

(3)与海西期中酸性岩浆岩有关的铅锌矿床。在大兴安岭中南段东坡成矿带上分布有孟恩陶勒盖、长春岭等热液脉型铜铅锌多金属矿床,成矿特征及成矿机理可概述如下:①孟恩陶勒盖铅锌矿床处于中生代隆起和坳陷区的交接部位,偏向隆起一侧;②燕山早期和晚期的酸性侵入岩是主要的成矿母岩。岩体向上突起的隐伏部位是形成斑岩型铜矿的有利部位。岩株、岩脉及其外围接触带是形成热液脉状铅锌矿体的有利场所;③北西向和南北向断裂构造是岩浆活动的主要通道。北东向和北西向断裂构造的复合部位是成岩成矿的有利构造部位;④花岗闪长岩、斜长花岗斑岩是斑岩型铜矿的直接围岩。闪长玢岩、英安质角砾熔岩和二叠系大石寨组凝灰质砂岩、火山碎屑岩是形成热液脉状铜银矿的有利围岩;⑤绿帘石-阳起石化、电英岩化、绿泥石化和绢英岩化是寻找该类铜银矿床的重要围岩蚀变标志;⑥孟恩陶勒盖铅锌矿床属于燕山期成矿。

(4)华北地块北部过渡区沿深断裂与中酸性火山-侵入岩有关的铅锌矿床。矿床分布在华北地块北缘,成矿与燕山晚期超浅成-浅成中酸性火山-侵入岩有关,成矿时代为 130~115Ma,代表性矿床有六支箭铅锌银矿、太仆寺旗金豆子山铅锌矿。

(5)大陆褶皱带与陆相中酸性火山-侵入岩有关的铅锌矿床。矿床分布在大陆褶皱带的中生代火山盆地,发育有燕山期陆相中基性火山岩,构成与陆相中基性火山岩-次火山岩有关的铅锌金属矿床成矿系列。代表性矿床有李清地铅锌矿、大青山东段九龙湾银多金属矿、内蒙古成堂地铅锌银矿。

(6)稳定区边部活化区铅锌矿床。矿床分布在华北板块北缘西段桌子山台隆,铅锌矿脉赋存于下奥陶统三道坎组与桌子山组厚层石灰岩层间断裂。

3. 海底火山喷流沉积型铅锌矿

矿床产于华北板块北缘中元古代裂陷槽(裂谷)内。赋矿地层为渣尔泰山群阿古鲁沟组碳质砂板岩。矿体呈似层状、透镜状产出,矿床有用元素组合自西向东为铜(铅锌)(霍各乞)变化为锌多金属,铜>铅(炭窑口)变化为锌多金属,铜≈铅(东升庙)变化为铅、锌、硫,无铜(甲生盘),并且与裂谷双峰式岩浆活动的演化顺序相符,基性火山岩活动(霍各乞)变化为酸性火山岩活动(炭窑口、东升庙)、火山凝灰岩(甲生盘)。成矿时代的变化为 1900Ma(霍各乞)→1900~1800Ma(炭窑口)→1805Ma(东升庙)→1679.65Ma。上述表明,该矿床成矿系列的演化在时空演化上完全受裂陷槽的变化所控制。

八、稀土矿

内蒙古稀土矿的形成时代跨越比较大,新太古代、元古代、中生代均有分布,其中以中元古代为主。新太古代以三道沟式晚期岩浆岩裂稀土矿为主,矿床主要产出在侵入于中太古界集宁岩群变质建造的含磷透辉伟晶岩中,呈脉岩群产出,受多期构造变形及变质作用的影响,矿脉也变形,矿床规模为小型。仅发现桃花拉山一处古元古代小型矿床。中元古代是内蒙古最重要的稀土成矿期,形成白云鄂博超大型稀土矿,占内蒙古稀土总量的99%。中生代晚期为岩浆岩型稀土矿,以巴尔哲大型铌稀土矿为代表(表6-3)。

表6-3 内蒙古主要稀土矿类型成矿时代演化

成矿时代			沉积变质型	沉积型	岩浆岩型
中生代	白垩纪	燕山期			+++
	侏罗纪				
元古代	中元古代			+++	
	古元古代		++		
太古代	新太古代				++

注:+++为重要成矿时代,++为较重要成矿时代,+为次要成矿时代

稀土矿床主要形成于古元古代、中元古代、早白垩世。稀土矿的成因类型主要有沉积变质型、沉积型、晚期岩浆岩型。

1. 沉积变质型稀土矿床

沉积变质型稀土矿不是内蒙古重要的稀土矿床类型,目前还没有查明稀土资源储量,以铌矿的伴生元素存在。矿床形成的时代为古元古代。

阿拉善右旗桃花拉山稀土矿分布于阿拉善陆块,赋存于古元古界龙首山群塔马沟组中,条带状大理岩是矿体围岩。

2. 沉积型稀土矿床

沉积型稀土矿是内蒙古重要的稀土矿床类型,已查明稀土资源储量占内蒙古稀土总量的99%以上。矿床形成时代主要为中元古代。

白云鄂博稀土矿分布在华北陆块北缘,朱日和—白灵庙一带白云鄂博群中为海底喷流沉积型铁矿床。白云鄂博稀土矿为超大型矿床,出露在华北陆块北缘中新元古代裂陷槽内。赋矿围岩为白云鄂博群哈拉霍圪特组白云岩、砂岩和板岩。矿区内侵入岩比较发育,有古元古代钾长花岗岩、含钠闪石正长岩,加里东期花岗岩、辉绿岩、闪长岩,海西期花岗岩,印支期花岗岩,燕山期花岗岩。此外,分布有较多的方解石碳酸盐岩及白云石碳酸盐岩侵入体。矿体受褶皱构造(向斜)控制明显。矿体与围岩产状一致,呈层状产出。有用矿物有磁铁矿、赤铁矿、铌矿物和稀土矿物等。目前发现的元素有70多种。

九、银矿

内蒙古银矿床集中分布在新巴尔虎右旗、突泉—林西—官地、武川县—察右旗等地,在内蒙古中西部地区有零星的伴生银矿床分布。截至2009年,已探明储量的银矿床有150处,其中大型矿床5处、中

型17处、小型56处、矿（化）点72处。累计探明银矿床总储量3.3321×10^4 t，其中主矿种银储量2.3383×10^4 t，其他矿种伴生银矿床储量9.938×10^3 t。

大兴安岭地区是内蒙古重要的贵金属成矿区，在德尔布干断裂北西大型银、银多金属矿床有比利亚谷、三河、甲乌拉、查干布拉根、额仁陶勒盖等银多金属矿床，大兴安岭中南段分布有拜仁达坝特大型银铅锌矿床和黄土梁、白音诺尔、花敖包特等大中型银多金属矿床。该区是在古亚洲构造域之上叠加了滨太平洋构造域，该区银矿化多数与燕山期花岗质岩浆活动有密切成因关系，中生代是该区构造岩浆活动的高峰，岩浆活动主要集中在晚侏罗世和早白垩世，在大兴安岭中南段亦有少量海西期的银多金属矿床分布。大兴安岭地区的银、银多金属矿的成因多为与燕山期有关的火山热液型（比利亚谷和三河银多金属矿）、次火山热液型（额仁陶勒盖银矿、官地银金矿和花敖包特银多金属矿）、岩浆热液（脉）型（拜仁达坝和孟恩陶勒盖银多金属矿）、矽卡岩型（白音诺尔和浩布高银多金属矿床）。

内蒙古中部察右旗一带的火山-次火山热液型银多金属矿床（李清地和九龙湾等银多金属矿床）多分布在中太古界集宁岩群大理岩组中，与燕山期的岩浆活动关系密切。

1. 火山-次火山热液型银多金属矿床

该类型矿床包括以下三种。

（1）德尔布干断裂西北部与燕山晚期火山-次火山岩等浅成斑岩有关的铅锌银和银矿。该类型矿床主要分布在大兴安岭北部德尔布干成矿带南西段，矿床主要受次一级北西向断裂构造控制。该类型矿床主要有比利亚谷、三河、甲乌拉、查干布拉根银铅锌矿，额仁陶勒盖银矿等，矿床均产于中—晚侏罗世火山岩系中，成矿与火山-次火山岩浅成斑岩体有关，岩性为闪长玢岩、花岗闪长斑岩、石英斑岩和长石石英斑岩等，同位素年龄为120～110Ma，属燕山晚期产物。成矿岩体的化学成分以高硅、富碱贫钙镁铁为特征，K_2O+Na_2O为7.5%～9%，$K_2O>Na_2O$，δ为3.5～1.2，稀土元素配分曲线呈右倾"V"形曲线，δEu平均为0.4。矿体呈脉状产出，严格受断裂构造控制。围岩蚀变为硅化、绿泥石化、绢云母化和高岭土化。矿床中金属矿物主要为方铅矿、闪锌矿、黄铜矿、黄铁矿、磁黄铁矿和硬锰矿，主要工业银矿物为自然银、辉银矿（螺状硫银矿）、银黝铜矿、深红银矿和辉锑银矿等，脉石矿物为石英、绿泥石、菱锰矿、绢云母和冰长石等。成矿物质来自深源，成矿热液为岩浆水和大气降水混合流体。

（2）大兴安岭中南段与次火山热液活动有关的热液型银多金属矿。该类型矿床主要有花敖包特、张家沟银铅锌矿等。与铅锌银成矿有关的复式岩体有花岗闪长岩、黑云母斜长花岗岩、二长花岗岩和细粒花岗岩等，成矿时代为140～155Ma。成矿主要与复式岩体分异晚期的细粒花岗岩有关，二者时间上接近，空间上密切伴生。成矿岩体以富硅、富碱、贫Fe、Mg、Ti为特点，SiO_2一般为73%～76%，Na_2O+K_2O为8%，A/NKC 1.0～1.2，$DI>88$。微量元素Pb、Zn、Ag、Sn、W、Mo富集，铁族元素亏损。矿床的成矿元素为Ag、Pb、Zn，伴生组分有Cu、Cd、Sn、As、Sb、Mn等。金属矿物主要有闪锌矿、方铅矿、黄铁矿、黄铜矿、深红银矿、银黝铜矿、硫锑铜银矿、螺状硫银矿和自然银等。脉石矿物为绢云母、绿泥石、石英、锰菱铁矿。矿床系多阶段形成，早期为锌成矿阶段，晚期为铅银成矿阶段，成矿元素在空间分布上也有一定的规律性，按远离成矿岩体方向，依次为Sn→Cu→Zn→Pb→Ag。

（3）分布于太古宙大理岩中的与燕山期火山热液有关的银多金属矿。矿区分布主要有太古宇集宁岩群结晶基底，包括片麻岩、大理岩、混合花岗岩、麻粒岩等，遭受强烈的混合岩化，总体构造线走向NE50°左右，由于强烈的变质作用，多种地质体间分布规律性差。其上发育中生代、新生代的盖层，其中中生界晚侏罗统陆相酸性火山岩，包括流纹岩、凝灰岩，以及一些与之有同源关系的石英斑岩、花岗岩等。与铅、锌、银成矿活动关系密切的岩浆岩主要是燕山期花岗岩及火山-次火山岩。

矿体大部分产于大理岩中，少量产于片麻岩或混合花岗岩中。含矿岩石平均化学成分SiO_2为10.08%、Al_2O_3为0.945%、CaO为34.56%、MgO为13.05%、$FeO+Fe_2O_3$为0.965%、MnO为0.019%，为成分不纯的含镁碳酸盐岩。金属矿物主要有黄铁矿、闪锌矿、方铅矿、白铅矿、菱锌矿、褐铁矿，次为菱锰矿、菱铁矿、赤铁矿、白铁矿、针铁矿，脉石矿物主要有白云石、方解石、石英、铁白云石、锰白云石等。

2. 岩浆热液(脉)型银多金属矿

该类型矿床主要分布于大兴安岭中南段，包括拜仁达坝、孟恩陶勒盖、长春岭、双山、黄土梁等银多金属矿床。矿床形成于燕山早期构造-岩浆活化作用的晚期，主要受控于燕山早期形成的北东向断裂次级配套的东西向压扭性断裂，以及同期的北东向次级的北西向张性断裂。并且在矿体形成后，受到北西向断裂破坏。

成矿与燕山早期的岩浆活动有关，岩浆活动为成矿提供部分热源，并在其上侵的过程中部分熔融了富含 Ag、Pb、Zn 等成矿元素的二叠纪基底地层，带来了主要的成矿物质。在岩浆活动晚期又有大量的酸性岩浆上侵，形成了成矿期前的霏细岩脉，为成矿提供了主要的热源，并吸收大量浅部地表水参加热对流循环，从基性围岩中萃取了部分活化的 Ag、Sn、Cu 等金属组分。这些富含成矿元素的热液在较封闭、还原的、中低温条件下，以液态紊流的方式在近东西向和北西向的断裂和构造裂隙中运移沉淀。成矿热液中含有的大量有机质主要是从围岩中萃取而来的。成矿深度较大(7.08km)，盐度较低(2%～8%)。成矿具有多阶段、多期次叠加的形式。因此本类型矿床是断裂构造控制的与岩浆热液有关的中低温热液脉型矿床。

氧化矿中金属矿物主要为褐铁矿、铅华，其次为孔雀石、蓝铜矿，局部见残留的方铅矿、闪锌矿、黄铁矿、磁黄铁矿团块，非金属矿为高岭土、石英、绢云母、长石、碳酸盐等。硫化矿中金属矿物主要为磁黄铁矿、黄铁矿，其次有毒砂、铁闪锌矿、黄铜矿、方铅矿、硫铅矿、黝铜矿等。主要载银矿物为黄铜矿、方铅矿、黄铁矿、铁闪锌矿、磁黄铁矿、毒砂等。

3. 矽卡岩型银多金属矿床

该类型矿床主要产于白音诺尔—浩布高一带。矿床均产于中生代火山凹陷与二叠系隆起交接处的隆起一侧。在花岗岩类岩体与石灰岩接触处常形成矽卡岩型矿床，如白音诺尔银铅锌矿床。产于硅铝质岩石中则形成脉状矿床，如浩布高银锡多金属矿床。

白音诺尔银铅锌矿床矿体产于花岗闪长斑岩与大理岩接触带的矽卡岩中，呈透镜状、似层状、脉状。矿石矿物为闪锌矿、方铅矿、黄铁矿、黄铜矿、银黝铜矿和螺状硫银矿等。成矿元素为 Pb、Zn，伴生有益组分为 Ag、Cd 和 Cu 等，特征地球化学指示元素为 As、Sb、Mn。

浩布高矿床成矿岩体是成分复杂的复式岩体。岩石类型有石英二长岩、黑云母钾长花岗岩及花岗斑岩。岩体的化学成分变化较大，SiO_2 为 68.6%～74.3%，与同类岩石相比，硅、碱含量高，而 MgO 和 CaO 偏低，DI 为 88～99，A/NKC 为 1.15～1.37，Ti、V、Co、Ni 偏低，Cr、Mn、Sn、Pb、Ag、F、Cl 富集。

该类型矿床的主要特征是 Sn 与 Cu、Pb、Zn、Ag 等成矿元素在同一矿床中共生，但不同矿床有所差别。如白音诺尔矿床以 Pb、Zn 为主，浩布高矿床以 Cu、Zn 为主，但均含银。伴生元素为 Sn、As、Sb、Bi 和 Mn。矿床均系多阶段形成，锡主要在早期阶段形成，依次形成 Sn-Cu→Cu-Zn→Zn-Pb→Ag，矿床的形成与花岗岩侵入有密切的成因关系，成矿物质主要来源于花岗岩同源岩浆。

十、锰矿

截至 2010 年，内蒙古锰矿上表矿区(床)13 处，多以共生和伴生矿产出，独立锰矿床较少。小、中型锰矿床主要分布在包头—兴和、额仁陶勒盖、赤峰。锰矿点主要分布在德尔布干、察右前旗，这些地区同时也是贵金属和多金属集中分布区。锰矿床形成时代主要在中元古代、奥陶纪、二叠纪和中生代。中元古代形成的锰矿床集中分布在固阳-兴和陆核中，奥陶纪锰矿床集中分布在大兴安岭成矿省查干此老-巴音杭盖金成矿亚带中，二叠纪锰矿床集中分布在锡林浩特岩浆弧的西部西里庙地区，中生代锰矿床主要集中分布在德尔布干、大兴安岭及内蒙古中部的华北陆块区。

内蒙古锰矿床主要有火山热液型、热液型和沉积变质型。

1. 火山热液型锰矿

该类型锰矿的成矿机制是：在火山活动的间歇期间，虽然大部分的岩浆喷溢活动停止，但是火山热流的喷流作用仍在继续，火山热水沿着火山活动形成的火山口及断裂构造（特别是层间的断裂构造十分发育）上升，因此在层间裂隙中形成了层状或似层状矿体，而在火山岩内则形成脉状或网脉状矿体。

西里庙锰矿位于内蒙古四子王旗卫井苏木额尔登西 6km。大地构造位置处于天山-兴蒙造山系大兴安岭弧盆系锡林浩特岩浆弧。矿体主要产出于中二叠统大石寨组第二段第一岩石组合下部的凝灰质砂砾岩与灰岩、青灰色厚层状微晶灰岩接触处，这是锰矿的主要产出部位或富集部位，也见有产于灰岩-凝灰岩砂砾岩中的次要矿层，如 ZK7001 孔的上层矿体，在矿体下盘凝灰质砂砾岩层中局部也有锰矿化，有的矿化较强，但目前还没有发现有工业意义的矿体。

矿体顶板岩石为厚层状含砂屑微晶灰岩，层理清楚，底板岩石为凝灰质砂砾岩或流纹质岩屑晶屑凝灰岩。矿体呈层状，形态规则，矿体与围岩界线明显。

2. 热液型锰矿

热液型锰矿床对围岩基本无或有一定的选择性，主要受岩浆岩及断裂构造控制，多为锰银矿。该类型锰矿成矿时代主要为燕山期，已在银矿中详细介绍。

3. 沉积变质型锰矿

这是内蒙古锰矿床主要类型，分布有乔二沟中型锰矿床、东加干锰矿点。矿床形成时代为中元古代、奥陶纪。该类型锰矿赋存于地层中，受到后期变质作用的改造。

（1）乔二沟中型锰矿床：主要分布在华北陆块区。矿区内出露地层主要为阿古鲁沟组一段粉砂质板岩。岩石呈灰—灰褐色，具粉砂质变余结构，板状构造。地层总体走向北东，倾角60°～75°。矿体赋存于粉砂质板岩中，矿石呈褐—黑褐色。岩浆岩不发育。

矿区总的构造线走向为东西向的单斜构造，倾向北西或北，倾角50°～82°。矿区内断层不太发育，仅局部地段见层间滑动，对矿体没有破坏。矿体形态较简单，主要呈似层状，局部有分支复合现象。

（2）东加干锰矿：位于内蒙古巴彦淖尔市乌拉特中旗巴音杭盖苏木。锰矿赋存在中—下奥陶统乌宾敖包组二段地层中。矿体与围岩产状一致，呈整合接触，界线清晰。矿层底板为绢云母千枚岩，顶板为薄层白云质灰岩。白云质灰岩以其浅棕色—褐紫色为特征，层位较稳定连续，但厚度变化很大，最厚处4m，最薄处只有几厘米，向东变薄尖灭。该层灰岩与矿层关系最密切，灰岩厚处，矿层亦厚，灰岩变薄尖灭，矿层亦消失。

矿区由 3 个不连续的矿体组成，由西向东分别为Ⅰ号、Ⅱ号、Ⅲ号矿体。矿层西部走向 NE30°，向东逐渐变为走向 NE80°，倾向南东，倾角 20°～41°。

矿区矿石结构以纤维状、隐晶状、粉末状结构为主，构造为团块状、条带状构造。块状矿石品位为 10.25%～32.34%。烟灰色粉末状矿石深度一般 1～3m。

矿石矿物主要成分为软锰矿和硬锰矿，未发现含锰碳酸盐矿物，自然类型属氧化锰矿石。锰矿石工业类型属铁锰矿石的Ⅱ级品，按锰铁比值和铁锰总量要求应属贫锰矿石。

十一、镍矿

内蒙古已知镍矿床数量不多。截至 2010 年，内蒙古已探明储量的镍矿床及共伴生镍矿床有 12 个，已知矿点（矿化点）有 7 个，包括正在进行普查（部分详查）阶段的乌拉特后旗达布逊镍钴矿以及刚完成预查工作的阿拉善左旗小亚干铜镍钴多金属矿。其中大型或特大型矿床 1 个、中型 3 个，其余为小型矿床或矿点。多数为共生和伴生矿床，独立镍矿床较少。大、中型镍矿床主要分布在阿拉善左旗、乌拉特后旗、西乌珠穆沁旗。镍成矿时代主要集中在从加里东期至海西期,其中大中型矿床的成矿时代分别为新元古代、石炭纪—二叠纪。岩浆成因的镍矿床集中分布在二连—贺根山蛇绿混杂岩带、额济纳旗-北山弧盆系及华北陆块区北缘(狼山-阴山陆块),沉积变质作用形成的镍矿床主要分布在秦祁昆造山系。

内蒙古镍矿床类型较简单,有风化壳型、基性—超基性铜-镍硫化物型和沉积变质型。其中以基性—超基性铜-镍硫化物型为主,其他成因类型数量不多。

1. 风化壳型镍矿

风化壳型镍矿是指出露地表的含镍超镁铁(超基性)岩,受异常强烈的机械、化学风化淋滤作用,在地下水面以上及其附近,形成一定规模的风化壳氧化镍-硅酸镍矿,该类型矿床分布不多,在内蒙古现仅见于锡林郭勒盟西乌珠穆沁旗的白音胡硕苏木一带,包括白音胡硕中型镍矿、珠尔很沟中型镍矿和乌斯尼黑矿点。其原岩(超基性岩)形成时代为泥盆纪。该类镍矿床以白音胡硕镍矿为典型。

白音胡硕镍矿,大地构造上位于西乌珠穆沁旗海西晚期地槽褶皱带,矿区位于二连浩特-贺根山深大断裂带的东部。矿床成因与中晚泥盆纪超基性岩关系密切。矿体赋存在超基性岩——斜辉、二辉辉橄岩体中,矿体平面形态为不规则纺锤型,矿体长轴呈胳膊肘状。矿石类型为绿高岭石黏土型镍矿石及风化蛇纹岩型矿石,其中绿高岭石型主要分布于盖砂覆土或赭石层下部,多为黄色、绢黄色,夹杂暗红色、红褐色、棕灰色、绿灰色、黄绿色等,呈松散—致密型土状、沙土状、粉土状。矿物成分主要为绿高岭石、镍蛇纹石,可见蛇纹石残留构造。这类矿石镍品位大于1%,最高可达1.20%,品位变化不大。风化蛇纹岩型主要分布于绿高岭石型矿体下部,含镍品位普遍偏低。矿石为浅绿、黄绿、灰黑色,岩石多已土化。由于风化淋滤作用,硅质常形成网格状硅质骨架,网格内充填有灰黑色或灰绿色黏土,此类矿石镍品位大于1%,品位变化不大。在绿高岭石型和风化蛇纹岩型之间有2~4m厚的硅质骨架黑土状夹石层。矿床中镍品位一般为1%~1.5%,属低品级矿石。

2. 基性—超基性铜-镍硫化物型镍矿

又称为岩浆铜镍硫化物矿床。这类矿床与镁铁-超镁铁质岩有关,铜镍常共生,且多数以镍为主,少数以铜为主,并常伴生有铂、钴、金、银等多种有用组分。主要分布在陆内裂谷、大陆边缘裂陷槽区及碰撞后伸展环境,多呈似层状和透镜状,多与基性程度较高的岩相关系密切。该类镍矿床主要分布在二连-贺根山蛇绿混杂岩带和索伦山蛇绿混杂岩带及其两侧,为最主要的镍矿类型,主要有小南山铜镍矿、达布逊镍钴多金属矿、哈拉图庙镍矿、亚干铜镍矿、克布镍矿和额布图镍矿等,除亚干铜镍矿成矿时代为新元古代外,其余均形成于志留纪—二叠纪。

(1)小南山铜镍矿:所处大地构造单元为白云鄂博裂谷带,而新古生代为构造-岩浆活化区。成矿区带属滨太平洋成矿域(叠加在古亚洲成矿域之上),华北成矿省,华北地台北缘西段金银铌稀土铜铅锌银镍铂钨石墨白云母成矿带(Ⅲ-11)、白云鄂博-商都金铁铌稀土铜镍成矿亚带(Ⅲ-11-①)。

辉长岩是含铂硫化铜矿床的成矿母岩,呈不规则的脉状沿北东向和北西向断裂产出。岩体热液蚀变发育,主要为次闪石化、绿泥石化、钠黝帘石化、绢云母化和碳酸盐化,其中以次闪石化最常见。辉长岩呈灰绿色,中细粒结构。主要矿物为斜长石,另有少量橄榄石、角闪石、黑云母、磁铁矿、钛铁矿和磷灰石等。该矿床由两种不同成因类型的矿体组成:一种是岩浆熔离型矿体,赋存于辉长岩的底板内,形成辉长岩型铜镍矿体,呈似层状、透镜状产出。地表出露长200m,最宽处18m,局部有分支膨缩现象,总体走向为NW315°~330°,倾向南西,倾角55°~80°,垂深可达285m,以浸染状、斑点状矿石为主。另一种是热液型矿体,主要赋存于辉长岩体下盘泥灰岩中,形成泥灰岩型铜镍矿体,矿体产状与接触带基本一致或稍有交角。分布在辉长岩体上盘的矿体多沿围岩层理贯入,矿体地表出露长50m,断续延伸达300m,厚2~14m,矿石主要呈网脉状产出。金属矿物主要有黄铁矿、紫硫镍铁矿、黄铜矿、磁黄铁矿、辉铜矿,还有少量的斑铜矿、辉砷钴镍矿、锑针镍矿、方黄铜矿、闪锌矿、铬铁矿、辉砷钴镍矿等。主要铂族矿物为砷铂矿、硫铱钌矿、碲钯矿、锑碲钯矿等。脉石矿物主要有方解石、白云石、次闪石绿泥石长石石英绿帘石等。

(2) 达布逊镍钴多金属矿：所处大地构造单元为天山-兴蒙造山系包尔汉图-温都尔庙弧盆系宝音图岩浆弧。成矿区带属大兴安岭成矿省阿巴嘎-霍林河铬铜(金)锗煤天然碱芒硝成矿带，查干此老-巴音杭盖金成矿亚带。

该矿区发现镍矿体(矿化体)共18条，矿体总体产状为倾向南西，倾角40°，为层状(似层状或透镜状)矿体。超基性岩体中局部见有矿体，矿体厚度为0.90~36.17m，矿体埋深一般为20~300m，镍矿物主要为硫化镍，呈浸染状分布，以囊状体(或透镜体)形态存在，局部矿体受构造影响沿走向变化较大，矿体镍最高品位4.37%。超基性岩体下部与地层接触带中见有较富集镍-钴-硫化铁矿体，矿体厚度3.30~10m，矿体现控制埋深多分布在70~150m，倾向南西，呈层状(似层状)分布，矿体最高品位镍1.1%，钴0.15%，矿体较连续，倾向、倾角受岩性接触带影响变化较大。含矿岩石硅化较强，矿区中北部超基性岩体在石英片岩接触带规模较大，是找矿的主要目的层位(含矿层)。

岩体内部矿体多呈囊状体或透镜体等不规则状(分布浅、易开采)，矿体品位较高，厚度、产状变化较大。超基性岩体下盘岩性接触带矿体呈似层状分布(较稳定)，见浸染状、块状矿石，黄铁矿含量较高，控制的镍、钴矿体厚度较大，品位较高。

(3) 哈拉图庙镍矿：大地构造位置处于天山-兴蒙造山系大兴安岭弧盆系二连-贺根山蛇绿混杂岩带。成矿区带位于滨太平洋成矿域大兴安岭成矿省东乌珠穆沁旗-嫩江(中强挤压区)铜钼铅锌金钨锡铬成矿带朝不楞-博克图钨铁铅锌成矿亚带。

矿体赋存于泥盆系下统泥鳅河组第一岩段上部云母石英片岩和海西中期基性—超基性岩体的内接触带上。地表矿体多以蛇纹岩型和褐铁矿化角砾岩型矿石产出，深部则过渡为橄榄岩型矿石。含矿岩石地表一般为辉长岩、辉绿岩、蛇纹岩，深部为蛇纹石化橄榄岩、蛇纹岩等，近矿围岩及夹石基本同含矿岩石。矿体呈不太规则的脉状，矿体产状与岩体产状基本一致。矿体平均品位，氧化镍矿中镍1.56%、铜0.21%、钴0.031%；硫化镍矿中镍1.27%、铜0.23%、钴0.013%。矿石中金属矿物主要为磁黄铁矿、黄铁矿，其次为紫硫镍矿、镍黄铁矿、磁铁矿、褐铁矿，少量为黄铜矿、方黄铜矿、斑铜矿，微量为孔雀石、闪锌矿、自然铜等。矿石中脉石矿物主要为基性斜长石、石英，其次为橄榄石、蛇纹石、方解石、黑云母等，少量为透辉石、透闪石、石榴石、沸石。

(4) 亚干铜镍矿：大地构造单元属于天山-兴蒙造山系额济纳旗-北山弧盆系红石山裂谷。成矿区带属磁海-公婆泉铁铜金铅锌钨锡铷钒铀磷成矿带(Ⅲ级)、珠斯楞-乌拉尚德铜金铅锌成矿亚带(Ⅳ级)。

矿区与成矿作用关系密切的主要为新元古代辉长岩、橄榄辉石岩，呈岩株或岩脉产出，受构造控制，多呈北西西向展布，侵入北山岩群，被石炭纪二长花岗岩侵入。辉长岩与白云质大理岩内接触带形成透辉石矽卡岩，外接触带形成蛇纹石化大理岩。该期辉长岩为主要赋矿岩体。脉岩有强细晶花岗岩和石英脉。岩体沿北东向大断裂的次级北西向断裂分布。矿区内有铜钴镍、镍钴和钴矿体，矿体形态为脉状，具有膨胀收缩、分支复合，复杂程度属中等。矿体走向近东西，倾角近直立或南倾，呈透镜状、似透镜状。矿石矿物有黄铜矿、镍黄铁矿、磁黄铁矿和孔雀石。脉石矿物有黄铁矿、辉石、斜长石、绢云母、绿泥石。矿石为浸染状结构、粒状结构，条带状构造、团块状构造。主元素含量分别为：铜0.196%~0.285%、镍0.165%~0.304%、钴0.019%~0.0374%。

3. 沉积变质型镍矿床

该类型矿床仅见于阿拉善左旗元山子镍钼矿。该类矿床多形成于深水还原条件下，分布于黑色硅质岩、碳质岩、磷质岩等黑色岩系中，常富含Ni、Mo、As、Se、Re、Au、Ag、Pt、Pd等多元素矿化组合，并构成镍、钼、重晶石等矿床。矿体一般呈层状、似层状及透镜状产出。成矿时代为寒武纪。

十二、锡矿

截至 2010 年,内蒙古锡矿上表单元 15 个(包括以锡为主矿产的矿产地 5 个、共生锡 5 个、伴生锡 5 个),其中大型或特大型矿床 1 个、中型 5 个,其余为小型矿床或矿点,多数为共生和伴生矿床,独立锡矿床较少。大、中型锡矿床主要分布在锡林浩特—巴林左旗地区,同时又是多金属集中分布区。成矿时代主要为侏罗纪—早白垩世(燕山期)。锡矿床集中分布在西伯利亚板块与华北板块缝合带的两侧,其中大兴安岭弧盆系、锡林浩特岛弧内集中了内蒙古约 90% 的锡矿床。

内蒙古锡矿床类型较单一,有热液型、矽卡岩型两种类型。其中以热液型为主,其他成因类型多为中小型矿床、矿点或矿化点。

1. 热液型锡矿

热液型锡矿床是内蒙古最主要的锡矿成因类型。热液型锡矿主要分布在地台活化的断裂构造形成的隆起与拗陷交接带中,特别是隆起边缘存在长期活动深断裂,而拗陷又属于火山岩断陷盆地的地区。热液型锡矿床对围岩基本无或有一定的选择性,主要受不同时代侵入岩(花岗岩)及断裂构造控制。成矿时代主要为燕山期,该类型锡矿床主要有黄岗式铁锡矿、毛登式铜锡矿、千斤沟锡矿、孟恩陶勒盖银铅锌锡矿、大井子锡矿等。

(1)黄岗式铁锡矿:属岩浆期后热液型矿床。大地构造上位于锡林浩特岛弧,总体构造线为北东向,北东向断裂构造发育,且有多期次活动特征。主矿体主要产于花岗岩与二叠系哲斯组地层接触带中,明显受构造控制,呈脉状及透镜状产出。成矿时代分两期:第一期形成矽卡岩型铁锡矿;第二期是在矽卡岩型铁锡矿形成之后又一期成矿活动,形成了细脉带型锡矿体,成矿活动在一定程度上承袭了第一期成矿活动的导矿构造和容矿构造,导致矿化叠加于第一期矽卡岩型铁锡矿之上,部分细脉带型锡矿体重叠于矽卡岩型铁矿之上,矿体产状与矽卡岩型铁矿大体一致。

矿体呈透镜状产出,沿走向和倾向局部有分支现象,沿走向和倾向矿化连续性好。矿脉总体走向北东,倾向北西,倾角 40°~65°。矿体围岩普遍发育云英岩化、萤石化、方解石化蚀变,矿石矿物有锡石、毒砂、黄铜矿、闪锌矿等,矿石中含有电气石、黄玉、云母、萤石等矿化剂矿物,具有典型岩浆期后热液矿床的特征。

(2)毛登式铜锡矿:所处大地构造单元属天山-兴蒙造山系大兴安岭弧盆系锡林浩特岩浆弧。成矿区带划属滨太平洋成矿域(叠加在古亚洲成矿域之上)大兴安岭成矿省林西-孙吴铅锌铜钼金成矿带索伦镇-黄岗梁铁(锡)铜锌成矿亚带。

矿区出露地层为古生代大石寨组火山岩段,由杂砂岩和少量的流纹岩及变质粉砂岩组成。大石寨组上碎屑岩段(P_1d^3):下部为含碳质变质粉砂岩、粉砂岩夹细—粗砂岩、泥岩及少量的碳质板岩等,以浅海潟湖相沉积为主;上部为灰绿色岩屑晶屑凝灰岩、安山岩、砂砾岩、凝灰质粉砂岩、粉砂质板岩夹砂岩、灰岩薄层,以陆相沉积为主。大石寨组上碎屑岩段是主要赋矿地层。侵入岩为阿鲁包格山似斑状花岗岩体边缘相花岗斑岩,是矿区主体岩石。

锡矿体总体呈 SE120°,倾向南西,倾角 23°~47°。矿体沿走向有分支复合现象,矿体总体呈似层状产出,沿倾向形态较稳定。主矿体沿走向控制长度约 560m,宽 75~170m,埋深 166~460m。矿体厚度 1.46~3.27m,平均厚度为 2.05m,厚度变化系数为 32.51%,属稳定型。主元素锡品位 0.21%~2.22%,平均品位 1.09%,品位变化系数为 70.22%,属较均匀。矿体中伴生有 Ag、Cu、Pb、Zn 等元素,伴生银品位 0.22×10^{-6}~771.13×10^{-6},平均品位 64.31×10^{-6};伴生铜品位 0.01%~0.53%,平均品位 0.11%;伴生铅品位 0.01%~17.99%,平均品位 0.27%;伴生锌品位 0.01%~2.98%,平均品位 0.29%。矿体主要产于变质粉砂岩或含碳质(或黄铁矿)变质粉砂岩的层间裂隙,个别矿体产在细砂岩。矿石矿物主要有锡石、黄锡矿、黄铜矿、方铅矿、闪锌矿、黄铁矿、斑铜矿、辉铜矿等,次生矿物有褐铁矿、孔雀石等。锡元素主要呈锡石单矿物形式存在,锡石锡占全部锡含量的90.7%。蚀变类型有云英岩化、电气石化、黄玉化、硅化、绿泥石化、绢英岩化。

(3)千斤沟锡矿:所处大地构造单元古生代为华北陆块区狼山-阴山陆块(大陆边缘岩浆弧)色尔腾山-太仆寺旗古岩浆弧,中生代为大兴安岭火山岩带突泉-林西火山喷发带。成矿区带划属华北成矿省华北地台北缘西段金铁铌稀土铜铅锌银镍铂钨石墨白云母成矿带,白云鄂博-商都金铁铌稀土铜镍成矿亚带。

矿区出露地层单一,除新生界第四系外,仅见中生界上侏罗统玛尼吐组中酸性火山岩,岩性主要为粗面岩,偶见石英粗面岩、流纹岩和火山角砾岩。岩浆岩从中深成到浅成、超浅成均有产出,其活动时代都在燕山早期,均侵入于张家口组二岩段粗面岩中。其中似斑状花岗岩与成矿关系密切。矿区锡矿化主要赋存于玛尼吐组中酸性火山岩与似斑状花岗岩内外接触带上。矿区内构造多带有海西晚期—燕山期构造运动发生、发展和演化的特征,发育构造以断裂为主,对成岩成矿有着明显的控制作用,而褶皱构造不太明显。岩石蚀变发育广泛,蚀变以硅质的带入和铁镁质含量相对增高为最主要特征,类型有硅化、绿泥石化、钾化、钠化、绢云母化、萤石化和微弱的碳酸盐化等,表生条件下还普遍发育褐铁矿化。

主矿体绝大多数赋存于似斑状花岗岩外接触带的硅化次石英粗面岩中,矿体在空间上受陡倾角(大于75°)剪性节理控制。产状较简单,多以65°∠75°左右产状产出,形态多呈板状或似层状。矿体规模都较小,长度25.0~125.5m,厚度0.50~4.05m。矿石自然类型为硫化矿石,矿石类型以网脉状、浸染状锡石-石英型为主,次为脉状锡石-硫化物型。矿物共生组合特征可划出3类组合:①石英、萤石、白云母、锡石组合,矿区绝大部分矿石属这一类;②金属硫化物矿物、方解石、锡石组合;③锡石细脉。

(4)孟恩陶勒盖银铅锌锡矿:所处大地构造单元属天山-兴蒙造山系大兴安岭弧盆系锡林浩特岩浆弧。成矿区带划属滨太平洋成矿域(叠加在古亚洲成矿域之上)大兴安岭成矿省林西-孙吴铅锌铜钼金成矿带,莲花山-大井子铜银铅锌成矿亚带。

矿区无地层出露,近矿区见有下二叠统滨海相陆源碎屑夹碳酸盐岩沉积和中酸性火山碎屑岩沉积。矿区岩体主要由中二叠世黑云斜长花岗岩组成,微量元素中Be、B、Nb、Zn、Pb、Ga、Sn、Ag等均高于克拉克值。孟思陶勒盖银铅矿与黑云斜长花岗岩关系密切,既提供了容矿空间,又提供了部分矿源。控矿构造主要为东西向断裂,其次为北东向断裂。

矿床以银铅锌矿为主,伴生锡矿,矿床已查明具工业意义的大小矿体共44条,其中主要矿体9条,延长400~2000m,已控制延深250~500m。按容矿构造的产状和空间展布,矿区矿体由西向东可分为下、中、上3个矿脉群,矿石类型由锌矿石递变为银铅矿石,矿化强度以中东段最高。下脉群以8号矿体为主干,走向以复合脉型为主,膨缩变化显著,矿化连续性较差。中脉群以1号矿体为主干,走向NE80°~90°,倾向南,倾角65°~75°,顺矿构造发育,网脉状、角砾状构造及串珠状夹石发育,该脉群矿体较密集,总宽100m左右,西端矿体最大间距80m。上脉群以11号矿体为主干,走向NE75°~85°,倾向东南,倾角70°~85°,矿石构造复杂,以角砾状、胶状环带构造为特征,发育浸染状方铅矿化及硅化闪锌矿,富矿段常见,可连续长达50m以上。该脉群矿体间紧密关联,向东聚合,总宽100m左右,西端矿体最大间距70m。

与成矿有关的围岩蚀变为绢云母化、锰菱铁矿化、硅化、黄铁矿化,其次是绿泥石化和黑云母退色。矿石矿物主要是闪锌矿、方铅矿、深红银矿、黑硫银锡矿、自然银等,共生矿物有黄铜矿、黝锡矿、锡石、黄铁矿、磁黄铁矿和毒砂。矿石结构主要为结晶结构、包含结构、填隙结构、胶状结构、交代熔蚀结构、固溶体分解结构、碎裂结构等。矿石构造主要有浸染状构造、网脉状构造、梳状构造、条带状构造、块状构造、角砾状构造、斑杂状构造、球粒状-半球粒状构造、环带状构造、晶洞状构造。锡品位0.022%、铅品位0.1%、锌品位0.99%、银品位$92×10^{-9}$。

(5)大井子锡矿:属次火山热液型,所处大地构造单元古生代为天山-兴蒙造山系大兴安岭弧盆系锡林浩特岩浆弧,中生代为环太平洋巨型火山活动带、大兴安岭火山岩带、突泉-林西火山喷发带。成矿区带划属滨太平洋成矿域(叠加在古亚洲成矿域之上)大兴安岭成矿省林西-孙吴铅锌铜钼金成矿带、莲花山-大井子铜银铅锌成矿亚带。

矿区大面积分布第四系,出露地层有志留系片麻岩、片岩夹大理岩,上二叠统林西组暗色砂岩、板岩,杂色含泥灰岩砂岩、板岩。上侏罗统满克头鄂博组、玛尼吐组、白音高老组。矿区无较大的岩体出露,但酸性、中性、基性岩脉非常发育,主要有霏细岩脉、英安斑岩脉、安山玢岩脉、玄武玢岩脉和煌斑岩脉,除煌斑岩脉属浅成侵入岩体,其余均属次火山岩。矿区发育构造以断裂为主,而褶皱构造不明显。其中北西向断裂十分发育,多被中酸性脉岩及矿脉充填,其控岩、控矿作用十分明显,是主要容矿构造。

矿床中部以铜锡矿化为主,向外逐渐过渡为以铅锌矿化为主。剖面上,浅部铅锌矿化相对发育,向深部铜锡矿化逐渐增强,这种垂直分带现象在铜锡与铅锌的过渡区内表现尤为明显。

矿体数量众多,成群成带产出。全矿区可大致划分成北、中、南3个大的矿带,每个大矿带内又可划分出若干个次级矿带(群)。

矿化对地层和岩石无选择性,矿床内林西组各段、带和各种岩石中均有矿化赋存。矿化主要呈充填脉状产出,仅局部有浸染状和细脉-浸染状,矿体则由矿脉组成。据组成矿体的矿脉形态和组合关系,将矿体划分为单脉型、复脉型和细脉-浸染型3种基本类型。矿体产状在宏观上规律性明显,即矿带和绝大部分矿体走向北西,倾向北东,西部矿体倾角中等偏缓,东部中等偏陡。仅少数矿体为走向北北西向或北东向。

锡-铜矿石为最主要的矿石类型,不仅分布范围广泛,而且其矿石量占总矿石量的90%;铅-锌矿石仅占总矿石量的10%。主要有黄铁矿-锡石矿石、黄铜矿矿石、锡石矿石、方铅矿-铁闪锌矿矿石、铁闪锌矿矿石、方铅矿矿石。矿石结构较简单,有晶粒状结构、固溶体分离结构、填隙(间)结构、包含-嵌晶结构、胶状结构、不等粒压碎结构、交代残余结构、骸晶结构。矿石构造有块状构造和准块状构造、脉状构造和网脉状构造、浸染状-斑点状构造、带状构造、角砾状构造、空洞构造、蜂窝状构造。

该区地层岩石的热液蚀变极其微弱,但是各次火山岩脉蚀变很普遍,主要有碳酸盐化、硅化、绢云母化、绿泥石化。该热液矿物脉体十分发育,热液矿物主要是石英、碳酸盐矿物(主要为菱铁矿,其次为铁白云石、白云石、锰方解石、方解石),其中石英与铜锡矿化关系密切,即矿床中部铜锡矿化区热液脉体以石英为主,锡品位0.08%～0.14%,平均品位0.11%。

除上述典型矿床外,还有分布于大兴安岭弧盆系锡林浩特岩浆弧元顺昌锡矿床、维拉斯托锡矿床和二道沟锡矿床。

2. 矽卡岩型锡矿床

该类型矿床也是内蒙古主要的一种锡矿成因类型,成矿时代为燕山期。

朝不楞铁锡矿:位于扎兰屯-多宝山岛弧。矿区主要发育中上泥盆统塔尔巴格特组,周边所见地层除新生界外,还零星出露晚侏罗世白音高老组酸性火山岩。塔尔巴格特组为与成矿有关的主要地层,为一套浅海相泥砂质岩石夹灰岩及火山碎屑岩。矿区岩浆岩较发育,岩浆岩和喷出岩均有出露,侵入岩主要为燕山早期的黑云母花岗岩、石英闪长岩、闪长岩及其派生脉岩等,其中细粒-粗粒黑云母花岗岩类(朝不楞花岗岩体)规模最大,又是成矿母岩,地层与花岗岩体外接触带内赋存有接触交代(矽卡岩)型铁、多金属矿床。长期多次活动的北东向断裂构造为主要的成矿控矿构造,北西向断裂构造为成矿后构造,对矿体的破坏较大。

矽卡岩带对矿体的控制作用明显,矿区分为南北两个矽卡岩矿化带。矿体走向NE50°,倾向南东,倾角陡立。矿体呈扁豆体、条带状及豆荚状成群成带平行断续分布,在平面上呈雁行状排列,剖面上呈重迭扁豆状和不规则筒状。矿体规模一般长数十至100m,个别达300~400m,厚数十厘米至17m。四矿带矿体长达千余米,但厚度仅2~4m。矿体走向NE50°~73°,倾向南东,倾角70°~80°。

矿石工业类型为铁矿石、铁锡矿石、铁锌矿石、铁锌铋矿石、铁铜矿石,自然类型分磁铁贫矿和富矿两种。金属矿物以磁铁矿为主,锡石次之,闪锌矿少量,次要矿物有赤铁矿、镜铁矿、褐铁矿、磁黄铁矿、黄铁矿、白铁矿、黄铜矿等。脉石矿物以钙铁石榴石为主,透辉石次之,次要矿物还有黑云母、角闪石、石英等。

矿石结构主要有他形晶结构、半自形晶结构、自形晶结构、反应边结构、压碎结构、固熔体分解结构。矿石构造为浸染状构造、条带状构造、斑杂状构造、斑点状构造、块状构造、角砾状构造等。围岩蚀变为矽卡岩化、角岩化。

十三、铬矿

内蒙古铬铁矿主要分布在区内的几条蛇绿岩带上，已发现有39处矿床及矿点，其中中型矿床1处、小型矿床4处、矿（化）点32处。截至2010年，已探明储量的铬矿床及伴生铬矿床有$288.605×10^4$ t。内蒙古已上表的铬矿床有10处，其中独立铬铁矿8处、伴生矿床2处。保有资源储量（矿石量）$258.7×10^4$ t，累计查明资源储量$304.9×10^4$ t。

铬矿床主要分布在索伦山蛇绿岩带、贺根山蛇绿岩带和西拉木伦深大断裂。矿床形成时代为中晚泥盆世、晚石炭世、中元古代、中奥陶世、中晚二叠世和晚侏罗世有少量分布。内蒙古铬铁矿床类型主要为岩浆晚期矿床，主要是产于蛇绿岩中超镁铁质岩中的豆荚状铬铁矿。

1. 索伦山式铬铁矿

矿床产于索伦山蛇绿岩带内，该带位于中蒙边境内蒙古中段西部的中国一侧，西起哈布特盖，向东经索伦山、阿不盖敖包、乌珠尔到哈尔陶勒盖，该带分东西两部分。

西部为索伦山岩块，东西长32km，宽2～6km，面积约$70km^2$。索伦山岩块由变质橄榄岩（主要由斜辉橄榄岩、二辉橄榄岩、异剥橄榄岩和纯橄榄岩组成）、辉长岩、斜长花岗岩和辉绿岩岩墙组成，纯橄榄岩中发育蛇绿岩（阿尔卑斯型）豆荚状铬铁矿。目前已发现察汗胡勒、索伦山2个小型矿床，巴音301、两棵树、巴润索伦、巴音104、巴音查5个矿点。

东部为阿布格-乌珠尔岩块，东西长20km，宽2～5km，出露面积$23km^2$。目前已发现乌珠尔三号矿床小型矿床，桑根达来209、桑根达来206、桑根达来、塔塔4个矿点。该区铬铁矿产在地幔岩橄榄岩中，矿石工业类型为富铬的冶金型。

察汗胡勒铬铁矿呈似脉状、矿条状、脉混合岩状、矿巢、矿瘤、透镜状、扁豆状及脉状，矿体分布位置位于纯橄榄岩异离体中部，平行分布，地表矿体行间距20～30m。其空间位置在海拔1395～1300m之间，垂直埋藏深度0～90m。主要矿体和多数矿体均分布在矽化淋滤风化壳中。矿体形状以似脉状、扁豆状为主。矿体规模大小不一，其中最大的矿体如5号矿体长250m，厚度0.1～0.9m，延伸10～30m。一般的矿体长20～60m，厚0.3～1m，延伸10～20m。矿体走向近东西向，除5号矿体局部有向北倾斜之外，均倾向南，倾角50°～60°，个别见20°。多数矿体产状与纯橄榄岩异离体构造一致，矿石品位含Cr_2O_3最高55.02%，最低11.09%，一般以20%～30%为主。该矿带具尖灭再现、成群出现的特征，成矿时代为早二叠世。

2. 赫格敖拉式铬铁矿

矿床产于二连-贺根山蛇绿岩带内，呈北东东向展布，延伸长达1300km。贺根山蛇绿岩分布集中，出露齐全，是内蒙古研究程度较高和最具代表性的蛇绿岩带之一。

贺根山蛇绿岩块，北东长约12km，南北宽约6km，除东侧与塔尔巴组呈断层接触外，其余均被下白垩统白彦花组不整合覆盖。蛇绿岩主要为超镁铁质岩，岩石类型为纯橄榄岩和辉石橄榄岩，其次为辉长质岩石，出露于岩块东侧，岩性为辉长岩及少量辉绿岩，镁铁质火山杂岩有片理化玄武岩、蚀变安山岩等。在纯橄榄岩中产蛇绿岩（阿尔卑斯型）豆荚状铬铁矿。目前已发现赫格敖拉区3756中型铬铁矿床，赫格敖拉620小型铬铁矿床，以及贺白区、贺根山西、赫白区733、贺根山、朝克乌拉、贺根山北、贺根山南、朝根山8个矿点。

赫格敖拉区3756中型铬铁矿床，由180个矿体组成，其中有工业价值参与资源储量估算的矿体为

59个，埋深170~440m，矿体走向NE50°~60°，倾向南东，倾角30°~70°，除个别矿体在地表有出露外，其余均为盲矿体产出。

该矿床产于斜辉橄榄岩杂岩相内，而矿体赋存于该岩相内的纯橄榄岩异离体中，也有少数矿体围岩为斜辉辉橄岩。矿体呈透镜状、豆荚状断续分布，形成一个北东向含矿带。矿体集中在纯橄榄岩异离体的中上部，往下逐渐减弱。

矿石主要为等粒浸染状自形—半自形结构，微网环形构造，局部矿石具豆斑状构造，部分铬尖晶石集合体分布于橄榄石粒间。矿石矿物以铬尖晶石为主，以磁铁矿次之，并含黄铁矿、黄铜矿和赤铁矿少量。非金属矿物以叶蛇纹石为主，绿泥石次之。蛇纹石、橄榄石在局部非常集中，形成橄榄岩及蛇纹岩矿，风化壳底部可见菱镁矿矿化点。成矿时代为中晚泥盆世。

3. 柯单山式铬铁矿

矿床分布在柯单山蛇绿岩带，沿西拉木伦河北岸分布。该带由柯单山、九井子和杏树洼蛇绿岩块组成，其中柯单山蛇绿岩块发育最好，岩块长约10km，宽0.3~1.7km，面积8km²。呈北东走向，主要岩性为辉石岩、辉长岩、单辉橄榄岩、辉橄岩、橄榄岩和纯橄岩等。按不同岩性的分布规律，可以划分为3个岩相带：上部杂岩带、中部纯橄榄岩相带、下部杂岩相带。3个岩相带大致互相平行，沿北东-南西向分布；在平面图上则表现为以纯橄榄岩相带为中心略具对称分异的特征；在剖面图上具有自上而下由酸性至基性的变化特征，有微具垂直重力分异的特征。

柯单山铬铁矿床查明的矿体有4个，均为隐伏矿体。矿体总体走向北东-南西向或南北向，倾向南东。形态多为透镜状。工业类型为冶金用贫铬铁矿石。自然类型为星散-稀疏浸染状矿石及条带状矿石、稠密浸染-致密块状的细脉状矿石，但后者不发育。

4. 呼和哈达式铬铁矿床

呼和哈达铬铁矿床产在二叠纪超基性岩体内，可划分为5个岩体，岩石类型为蛇纹石化纯橄榄岩、蛇纹石化含辉纯橄榄岩、蛇纹石化斜辉橄榄岩。其中Ⅲ岩体中铬铁矿最佳。Ⅰ、Ⅱ、Ⅲ岩体分布在舍岭扎嘎西南，Ⅳ岩体则分布于呼和哈达东北，距前者约1500m。

Ⅰ岩体：在地表为北东部膨大、南西部狭窄直至尖灭的似脉状，而深部形态（在岩体北部）呈南东翼缓、北西翼陡的不对称向斜盆状，其中心部位厚55m。

Ⅱ岩体：在地表呈北部略宽、南西变窄的似脉状，而深部与Ⅱ岩体相连，呈西翼陡（60°~80°）、东翼缓（45°~55°）的不对称向斜盆状构造，其中心部位厚130~215m。此外，岩体还受后期北东向张扭性断裂破坏。

Ⅲ岩体：是矿区含矿性较好、投入工作量多、研究程度最详细的岩体。岩体在地表的出露形态呈南北走向的纺锤体状。其深部经磁法和钻探工作证实，具有与Ⅱ岩体相连而呈向斜盆状的构造特征。据岩体出露特点和Ⅲ岩体纵投影圈，岩体后期构造较发育，致使岩体具有强烈的挤压片理化带，片理走向为NW300°，倾角40°~60°，岩体中部有一组张扭性断裂，走向为NW330°~340°，倾向南西，倾角50°~60°，岩体西侧有一组北西向压扭性断裂，其时代较前者新，既切断了岩体中的矿体和一组压扭性断裂，又切断了岩体与覆盖其上的上侏罗统火山岩的不整合界线。此外，尚有多组规模较小、对岩体影响不大、性质不明的断裂。

Ⅳ岩体：在底边呈南宽北窄的蝌蚪状。经物探及浅钻论证，岩体南北两端是相连的。岩体深部形态为一单斜脉状。岩体后期构造形迹主要表现为断裂构造，而规模较大、表现明显的主要集中在岩体北段，在其上下盘具强烈挤压片理破碎带，延长150~400m，宽约数米，该破碎带与岩体产状基本一致。而在岩体中还有3条走向为北北西向的压扭性断裂。

Ⅴ岩体：为隐伏于第四系高河漫滩沙砾石层之下的超基性岩体。由于仅3条剖面（只3个钻孔）控制，故尚未了解岩体地表和深部的形态。目前仅据3条地质剖面图推断，岩体为走向北北西的脉状体。

根据Ⅲ岩体开采期间的观察，铬铁矿几乎全部产在纯橄榄岩中，说明了铬铁矿的成因与纯橄榄岩有着密切的关系。厚大的纯橄榄岩异离体对成矿有利，随着纯橄榄岩增厚，铬铁矿体也增厚，如岩体中纯橄榄岩带的膨胀部分，铬铁矿则从十几厘米增厚至2m左右。产在厚大的纯橄榄岩异离体中的铬铁矿都是中等稀疏浸染状矿石，产在窄小的纯橄榄岩中的铬铁矿是致密块状和稠密浸染状矿石。

矿体呈透镜状、扁豆状及脉状。脉状矿体一般窄而长，厚度不大，由几厘米至1.5m，连续性较好，矿石多为中等浸染状至致密块状，品位高，铬尖晶石含量70%~90%。透镜状和扁豆状矿体产在Ⅲ岩体纯橄榄岩异离体的膨胀部分，由7个不连续的透镜体组成矿床，其厚度变化很大，矿石呈稀疏至中等浸染状，矿体厚度从数厘米至20m，矿体形状复杂沿顺斜断续出现，矿体和围岩的界线清晰。扁豆状矿体一般都产在窄小的纯橄榄岩中，矿体的产状受其赋存的纯橄榄岩异离体的控制，矿体产状与围岩一致，倾角变化小，为35°~45°。成矿时代为二叠纪，成矿类型属于岩浆型的蛇绿岩型（阿尔卑斯型）豆荚状铬铁矿。

十四、钼矿

内蒙古钼矿床分布广泛，截至2011年，内蒙古已探明储量的钼矿床及伴生钼矿床有51处，其中大型或特大型矿床4处、中型11处，其余为小型矿床或矿点。多数为共生和伴生矿床，独立钼矿床较少。大、中型钼矿床主要分布在德尔布干、大兴安岭、包头-兴和以及狼山北部，这些地区同时也是贵金属和多金属集中分布区。钼矿床的形成时代主要为寒武纪、晚古生代、三叠纪至早白垩世。寒武纪形成的钼矿床集中分布在秦祁昆造山系北祁连弧盆系中，三叠纪至早白垩世形成的钼矿床主要分布在德尔布干、大兴安岭和内蒙古中部的华北陆块区。

内蒙古钼矿床类型较丰富，有斑岩型、热液型、矽卡岩型和沉积变质型4种类型。其中以斑岩型为主，其他成因类型多为中小型矿床、矿点或矿化点。

1. 斑岩型钼矿

斑岩型钼矿又称细脉浸染型矿床，是内蒙古最主要的钼矿成因类型。斑岩型铜（钼）矿分布在前寒武纪以后地槽中，特别是中新生代地槽褶皱带中，多位于地槽回返固化期靠近地台一侧的大断裂中，或地台活化的断裂构造形成的隆起与拗陷交接带中，特别是隆起边缘存在长期活动深断裂，而拗陷又属于火山岩断陷盆地的地区。内蒙古该类型铜矿床主要有乌努格吐山铜钼矿、岔路口钼铅锌矿、小东沟钼矿、八八一铜钼矿、车户沟式铜钼矿、乌兰德勒铜钼矿、敖仑花铜钼矿和太平沟铜钼矿等，成矿时代为燕山期。另一类是分布于华北陆块或其早期分离出去的小陆块上的斑岩型钼床，主要有大苏计钼矿、查干花钼矿、西沙德盖钼矿和曹四夭钼矿等。

（1）乌努格吐山铜钼矿：大地构造上位于额尔古纳岛弧，矿区位于北东向额尔古纳-呼伦深断裂的西侧。该类型矿床的形成与早侏罗世火山-侵入活动有关，与次火山斑岩体关系密切。主矿体主要赋存在斑岩体的内接触带，受围绕斑岩体的环状断裂控制。在剖面上矿体向北西倾斜，钼矿体向下分支。南矿带矿体形态不规则，以钼为主。矿带为长环形，总体倾向北西，倾角从东向西由85°~75°，南北两个转折端均内倾，倾角60°，北矿段环形中部有宽达900m的无矿核部，南矿段环形中部有宽达150~850m的无矿核部。整个矿带呈哑铃状、不规则状、似层状。矿石矿物有黄铜矿、辉钼矿、黝铜矿、黄铁矿、闪锌矿、磁铁矿等。

（2）岔路口钼铅锌矿：所处大地构造单元古生代属天山-兴蒙造山系大兴安岭弧盆系海拉尔-呼玛弧后盆地，中生代属环太平洋巨型火山活动带大兴安岭火山岩带陈巴尔虎旗-根河火山喷发带阿里河晚侏罗-早白垩世火山盆地。成矿区带划属滨太平洋成矿域（叠加在古亚洲成矿域之上）大兴安岭成矿省新巴尔虎右旗（拉张区）铜钼铅锌金萤石煤（铀）成矿带、陈巴尔虎旗-根河金铁锌萤石成矿亚带。

矿区出露地层有新元古界—下寒武统倭勒根群大网子组浅变质沉积岩、变质海相中基性火山岩、下白垩统光华组流纹岩、流纹质晶屑岩屑凝灰熔岩、流纹质角砾凝灰熔岩、英安岩、英安质凝灰熔岩和少量含杏仁安山岩等。燕山期石英斑岩、花岗斑岩和隐爆角砾岩是主要赋矿地层。

该矿床以穹状钼矿为主体，上部边缘共（伴）生有脉状铅锌银矿（化）体。钼矿体总体呈北东向拉长穹隆状，主体隐伏，长1800m，两端延长未尖灭，宽200～1000m，延深至815m，向四周倾伏，倾角25°～50°。铅锌矿化体赋存在钼矿体外侧，矿脉走向NE30°～50°，倾向北西，倾角30°～40°，控制长度100m，平均厚度1.69～7.76m，矿脉产于大网子组变质砂岩地层中。钼矿体以穹状为主，局部为层状、似层状、透镜状，局部有膨胀及收缩。铅锌银矿体呈脉状产出。矿石矿物主要为黄铁矿、闪锌矿、磁黄铁矿、方铅矿，少量黄铜矿、辉钼矿等。闪锌矿和磁黄铁矿是最主要的金属硫化物。蚀变类型为硅化、钾化、绢云母化、萤石化、碳酸岩化、高岭土化，次为高岭石化、蒙脱石化、绿泥石化、绿帘石化、硬石膏化等。

（3）小东沟钼矿：所处大地构造单元为天山-兴蒙造山系包尔汉图-温都尔庙弧盆系温都尔庙俯冲增生杂岩带。中生代属大兴安岭火山岩带突泉-林西火山喷发带小东沟-天桥沟晚侏罗世-早白垩世火山断陷盆地。成矿区带划属大兴安岭成矿省林西-孙吴铅锌铜钼金成矿带、小东沟-小营子钼、铅、锌、铜成矿亚带。

矿区地层出露中二叠统于家北沟组砂砾岩夹中性火山岩、上侏罗统满克头鄂博组酸性火山岩。该区铅锌矿化主要赋存在于家北沟组火山岩中。燕山晚期小东沟斑状花岗岩为主要的钼矿赋矿地质体。断裂构造有北北西向和北西向两组，断裂构造与成矿关系密切，控制着岩体内钼矿化体的方向。

主矿体地表呈向北开口的半环状，主体隐伏于岩体中，赋矿标高为1565～1090m。控制矿体东西长约800m，南北宽约600m。沿走向和倾向有分支复合现象。总体走向北东，倾向北西，倾角70°。矿体埋深为0～475m。矿石自然类型为硫化矿石，工业类型为蚀变斑状花岗岩型钼矿石。主要为辉钼矿，其次为黄铜矿、闪锌矿、黄铁矿、磁黄铁矿、磁铁矿、方铅矿、赤铁矿、白钨矿及黑钨矿等。矿石主要为鳞片状结构，浸染状构造、细脉-浸染状构造，少数脉状构造。矿体直接围岩主要有钾长石化-绢云母化斑状花岗岩。围岩蚀变类型有钾长石化-绢云母化、石英-绢云母化、硅化、萤石化、镜铁矿化，还有绿泥绿帘石化、碳酸盐化、阳起石化。全矿床钼平均品位为0.111%。

（4）乌兰德勒钼矿：所处大地构造单元古生代属天山-兴蒙造山系大兴安岭弧盆系扎兰屯-多宝山岛弧，中生代属环太平洋巨型火山活动带、大兴安岭火山岩带、乌日尼图-查干敖包火山喷发带、查干敖包晚侏罗世火山盆地。成矿区带划属滨太平洋成矿域（叠加在古亚洲成矿域之上）大兴安岭成矿省东乌珠穆沁旗-嫩江（中强挤压区）铜钼铅锌金钨锡铬成矿带、朝不楞-博克图钨铁铅锌成矿亚带。

矿床构造上位于二连-贺根山蛇绿岩带北侧，北部有查干敖包-东乌珠穆沁旗大断裂，这些大断裂均属区域控岩控矿断裂，与之对应的北西向次级断裂为该区的主要储矿空间，本区多数矿化与之相关。

上部矿体产于石英闪长岩与花岗闪长岩的裂隙中，呈脉状产出，北西向展布，产状与地表矿化硅质脉一致，走向NW330°，倾向南西，倾角62°。矿体总体呈脉带或脉群产出，矿脉带东西长约2km，南北宽约1km。下部矿体赋存于中细粒二长花岗岩顶边部，从西到东矿体埋深逐渐变深，局部伴生铜。浸染状或细脉浸染状矿体呈厚层、巨厚层或似桶状柱状产出。矿石自然类型为原生矿石（细脉状、浸染状硫化矿石），矿石工业类型为花岗岩型钼矿石。矿石矿物有辉钼矿、黄铜矿、闪锌矿、辉铋矿、钨矿、磁铁矿、黄铁矿。矿石为半自形—自形鳞片状结构，细脉状构造、浸染网脉状构造及稀疏浸染状构造、细脉浸染状构造。

围岩蚀变以云英岩化、硅化、钾长石化、钠长石化、高岭土化、青磐岩化为主，其次为褐铁矿化、绿泥石化、绿帘石化、绢云母化、碳酸盐化、萤石化。矿化与云英岩化和硅化关系密切，云英岩化强的地段辉钼矿化、黄铜矿化、黄铁矿化和萤石化较强。钼平均品位为0.0832%，铜平均品位为0.22%。

（5）大苏计钼矿：大地构造单元属华北陆块区狼山-阴山陆块固阳-兴和陆核，中生代属环太平洋巨型火山活动带、大兴安岭火山岩带、李清地-明星沟火山喷发带、明星沟晚侏罗世—早白垩世火山断陷盆地。成矿区带划属滨太平洋成矿域（叠加在古亚洲成矿域之上）华北成矿省华北地台北缘西段金铁铌稀土铜铅锌银镍铂钨钼石墨白云母成矿带、乌拉山-集宁金银铁铜铅锌钼石墨白云母成矿亚带。

矿床位于中太古界集宁岩群片麻岩组及太古代晚期碎裂斜长花岗岩、碎裂钾长花岗岩组成的前寒武纪基底隆起区中的印支期石英斑岩、花岗斑岩、正长花岗(斑)岩内。(碎裂)石英斑岩是主要赋矿岩体。构造上处于明星沟火山盆地的东缘。北西向断裂构造是矿区控制含矿斑岩体的主导性构造,矿化赋存于斑岩体顶部碎裂构造带和接触角砾构造带。

矿床产在石英斑岩、正长花岗(斑)岩内,受斑岩体的严格控制。向东南侧伏。地表均为氧化矿,硫化矿沿走向东西最长480m,倾向延深中间最大为440m,东西两侧变小,最小为80m。矿体空间形态为顶部两边较薄,深部中间变厚的立钟状,矿体呈巨厚层状产出。矿床分带表现为1350m标高以上至地表为钼氧化矿体,自地表厚70～130m,氧化矿平均品位0.082%;1350m标高以下为钼原生硫化矿体,硫化矿矿化带厚度达150～230m。钼达到工业品位的矿体有3～5层,单层厚最小为1～5m,平均厚度可达45m,矿体埋深0～54m,钼平均品位0.128%。矿石自然类型为辉钼矿石(原生硫化矿石)及钼华、钼酸铅矿石(氧化矿石)。矿石工业类型为花岗斑岩型钼矿。

矿石矿物有辉钼矿、黄铁矿、褐铁矿、方铅矿、闪锌矿、硬锰矿、软锰矿、磁铁矿等。矿石结构保留有斑岩成因的原始特征,主要结构特征有半自形粒状结构、片状结构、碎裂结构等。矿石构造有脉状、细脉状、细网脉状、角砾状、浸染状、蜂窝状、块状构造等。围岩蚀变规模较大,有硅化、高岭土化、绢云母化、绢英岩化、云英岩化、绿帘石化、黄铁矿化、褐铁矿化、锰矿化等。局部见以方铅矿为特征的大脉状矿体,钼品位最高0.089%,最低0.058%;铅品位最高5.00%,最低0.90%;锌品位最高16.50%,最低2.38%;银品位最高225×10^{-6},最低60×10^{-6}。

(6)查干花钼矿:所处大地构造单元古生代属天山-兴蒙造山系包尔汉图-温都尔庙弧盆系宝音图岩浆弧。成矿区带划属滨太平洋成矿域(叠加在古亚洲成矿域之上)大兴安岭成矿省阿巴嘎-霍林河铬铜(金)锗煤天然碱芒硝成矿带、查干此老-巴音抗盖金成矿亚带。

矿区出露地层主要为古元古界宝音图岩群,岩性组合为浅灰色—灰绿色千枚岩、绢云石英片岩、浅变质粉砂岩等。矿区内岩浆岩发育,查干花-查干德尔斯晚二叠世—早三叠世花岗岩体大面积分布,岩性为中细粒二长花岗岩(花岗闪长岩)。花岗岩与钼矿化关系密切,为主要控矿因素之一。

钼矿体呈不规则厚层状产于云英岩化二长花岗岩内,有分支复合现象,控制长约1400m,宽300～800m,厚2.73～280.00m。矿体走向NW330°,倾向北东,倾角10°～26°,矿体呈透镜状、似层状和脉状。该钼矿体主要隐伏于地表以下,沿中细粒二长花岗岩(花岗闪长岩)与宝音图群地层的北东接触带展布。矿体埋深为13.77～160.22m,控矿标高780～1413m。矿石自然类型为原生硫化矿石,矿石工业类型为蚀变花岗岩型及石英脉型。矿石矿物有辉钼矿、磁铁矿、黄铁矿、黄铜矿和方铅矿。矿石结构为半自形—自形粒状结构、鳞片状结构。矿石构造为浸染状、细(网)脉状、团块状构造。主要围岩蚀变有云英岩化、硅化、绢云母化、钾长石化、绢英岩化、高岭土化、绿泥石化、绿帘石化和碳酸盐化等。主成矿元素钼品位0.06%～0.89%,平均0.129%,伴生钨、铋。

2. 热液型钼矿

热液型钼矿床对围岩基本无或有一定的选择性,主要受不同时代侵入岩(花岗岩)和断裂构造控制,主要为分布在锡林浩特岩浆弧上的曹家屯高温热液型钼矿床。成矿时代为燕山期。

曹家屯钼矿:所处大地构造单元古生代属天山-兴蒙造山系大兴安岭弧盆系锡林浩特岩浆弧,中生代属环太平洋巨型火山活动带、大兴安岭火山岩带、突泉-林西火山喷发带。成矿区带划属滨太平洋成矿域(叠加在古亚洲成矿域之上)大兴安岭成矿省林西-孙吴铅锌铜钼金成矿带、索伦镇-黄岗梁铁(锡)、铜、锌成矿亚带。

矿床赋矿围岩为下二叠统寿山沟组砂板岩,沿北东向断裂构造破碎带内石英脉分布,燕山期黑云母二长花岗岩提供了热源,寿山沟组提供了成矿物质。该区古生代地层受北东向构造控制,其中北北东向断裂为唯一含钼矿断裂构造带。钼矿体产于砂板岩断裂破碎带中,为隐伏陡倾斜钼矿,平面上矿体矿化强度和元素不具明显水平分带,在纵向上地表矿化相对较贫,在深部矿化增强。矿石自然类型为块状、浸染状、网脉状石英型钼矿石。矿石工业类型为原生硫化钼矿石。矿石金属矿物主要为辉钼矿、黄铁矿和黄铜矿等，脉石矿物为石英。矿石结构以它形粒状结构、半自形粒状结构、镶嵌结构为主。矿石构造主要为致密块状、浸染状构造，其次为网脉状、团块状构造。矿区围岩为砂质板岩夹粉砂岩及凝灰质砂岩，局部夹灰岩透镜体。

围岩蚀变沿矿化蚀变带呈线性分布，见于砂质板岩和砂岩中的破碎带、断裂带内，主要有云英岩化、硅化，其次为钾长石化、绿泥石化、碳酸盐化、高岭土化和萤石化。其中，云英岩化、硅化和钾长石化与钼矿化关系密切。钼品位 0.08%～0.14%，平均 0.11%。

3. 矽卡岩型钼矿

该类型矿床是内蒙古分布较少的一种钼矿成因类型，成矿时代为晚古生代。

梨子山铁钼矿：位于扎兰屯-多宝山岛弧。矿区出露地层主要有奥陶系多宝山组、石炭-二叠系新南沟组、侏罗系上兴安岭组。与矿床关系密切的为奥陶系多宝山组大理岩及砂板岩，呈近东西向条带状断续出露于矿区中东部，倾向南偏东，倾角 65°左右的单斜构造层。海西晚期白岗质花岗岩与矿化活动有着密切的成因联系。矿区断裂对成矿控制作用十分明显，北东东和转北东向的张扭-压扭性层间断裂带是矿区的控矿构造带。

矿体分布在东西长 1100m，南北宽 20～70m 的狭长矽卡岩带内。矿体分布与矿区构造方向一致。钼矿体主要赋存于 960～1040m 标高范围内，矿体顶、底板围岩及铁矿体内，尤以顶板围岩中钼矿体规模相对较大，最大延长 290m，最大水平厚度 19.60m，钼最高品位 0.562%，底板围岩及铁矿体内的钼矿体规模较小。矿体存在垂直分带，地表为低硫富铁矿，深部为高硫富铁矿，钼矿标高最低。

矿石矿物有磁铁矿、赤铁矿、辉钼矿、黄铁矿、闪锌矿、镜铁矿、褐铁矿、针铁矿、黄铜矿、方铅矿等。矿石结构为它形—半自形粒状结构、它形晶粒状结构、细脉填充结构、交代残余结构、乳滴状结构、斑状角砾结构。矿石构造为块状构造、条带状构造、浸染状构造、细脉状构造、窝状构造、土状构造。

广泛发育矽卡岩化，从南西向北东矽卡岩化变弱，随之矿化减弱。矽卡岩属简单钙质矽卡岩，当出现石榴石矽卡岩和透辉石矽卡岩时，磁铁矿化随之出现；当出现符山石石榴石矽卡岩时，有色金属钼、铅、锌等发生矿化。铁矿石中钼含量一般为 0.001%～0.022%，最高 0.64%；矽卡岩中钼含量一般为 0.16%～0.05%，最高 0.785%；近矿蚀变花岗岩中钼含量一般为 0.008%～0.032%，最高 0.66%。

4. 沉积变质型钼矿

该类型钼矿有元山子钼镍矿和白乃庙铜金钼矿，成矿时代为新元古代—寒武纪。

(1) 元山子式沉积变质型钼矿：主要分布在秦祁昆造山带北祁连弧盆系内。矿区位于昆仑-秦岭地槽走廊过渡带和中朝地台鄂尔多斯西缘坳陷带接壤的走廊过渡带一侧，地层区划属祁连-北秦岭地层分区的北祁连地层小区。加里东早期沉积的巨厚的中寒武统香山群碎屑岩及碳酸盐岩，具海相类复理石建造特征。含矿岩系为中寒武统香山群黑色含碳石英绢云母千枚岩。矿体走向北西，倾向 42°，倾角 11°，与围岩产状完全一致。矿体呈似层状、板状产出，层位比较稳定，埋深 180～300m（顶板），厚度 0～62m。矿石自然类型为黑色含碳质页岩型辉钼矿、硫化镍、镍黄铁矿、辉铁镍矿、二硫镍矿。矿石工业类型为硫化镍钼贫矿石。矿石矿物主要为辉钼矿、辉砷镍矿、针镍矿、辉铁镍矿。脉石矿物主要由石英、绢云母及碳质物组成。矿石结构以粒状结构为主，同时具交代结构、胶状结构、生长结构等。构造为细脉浸染状构造、浸染状构造。全矿区镍最高品位 1.61%，最低品位 0.20%，平均品位 0.37%，变化系数为 47.57%；钼最高品位 0.564%，最低品位 0.011%，平均品位 0.097%，变化系数为 52.52%。

(2) 白乃庙式沉积变质型铜钼矿：位于温都尔庙俯冲增生杂岩带上，赋矿围岩为新元古界白乃庙组岛弧火山-沉积岩系，受区域变质作用底部绿片岩建造，其原岩为海底喷发的基性—中酸性火山熔岩、凝灰岩夹正常沉积的碎屑岩和碳酸盐岩。

主矿体呈似层状较稳定产出，走向为东西向，倾向南，倾角 45°～65°。Ⅱ-1 矿体长 160m，厚度

0.87～18.41m,矿体最大控制斜深760m,垂深570m,还有延伸趋势。矿石类型有花岗闪长斑岩型钼矿石、绿片岩型钼矿石。绿片岩型矿石结构有晶粒状结构、交代溶蚀结构,矿石构造主要是条带状构造、浸染状构造、脉状构造。花岗闪长斑岩型矿石结构有半自形晶粒状结构、他形晶粒结构、包含结构、交代结构、压碎结构,主要构造为浸染状构造、细脉浸染状构造、脉状构造、片状构造,矿石矿物为黄钼矿、黄铁矿、辉钼矿。矿床成因为海相火山沉积变质＋斑岩复合成因矿床。

第二节 非金属矿遥感找矿模型与找矿线索分析

一、萤石矿

内蒙古萤石矿资源丰富,有上表储量产地(小型以上矿床)29处。其中特大型矿床2处、中型矿床9处、小型矿床18处。此外,尚有萤石矿点数十处。

根据内蒙古已知萤石矿床资料,所有萤石矿床均与热液活动有关。根据矿床的成矿地质、构造条件、矿体产状,与其他矿产的共、伴生关系,可划出以下3种矿床类型。

1. 沉积改造型萤石

海西晚期火山喷发和沉积作用形成有中二叠统大石寨组火山-沉积岩地层,还产出有纹层状和条带状萤石集合体以及富萤石块体(矿胚)。燕山期区域性大断裂活动致使中酸性岩浆活动,是矿床改造的主要动力。花岗岩的发展贯穿于矿床改造的整个过程,改造作用是在基本封闭的条件下进行的,被岩浆作用直接和间接加热了的地下卤水(雨水和部分原生水),在高温-气液(可能有少量岩浆水的加入)条件下,通过渗滤作用对沉积萤石进行原地改造,使矿石矿物重新结晶成矿。然而在受到岩浆活动作用再次成矿之后,在矿石中仍可见有保存完好的原始沉积特征,即使在受到强烈改造的苏莫查干萤石矿中,也见有残留的没有受到任何改造痕迹的沉积矿石。

2. 热液充填型萤石矿

区域性大断裂构造引起岩浆活化作用,岩浆结晶分异过程中产生的含矿热水经运移或淋滤花岗岩体内部的分散物质,在构造运动晚期于岩体的内部或内外接触带,经充填和交代作用形成矿床。此类矿床一般形成高温蚀变产物,但是在岩浆分异的晚期阶段,岩浆热液上涌于地温梯度逐渐降低的部位,形成低温或中-低温的岩浆热液矿床,受构造因素影响,矿体呈脉状、透镜状,围岩蚀变常出现高岭土化、硅化等低温蚀变产物,这也是此类矿床的重要找矿标志。

3. 白云鄂博伴生萤石矿

该矿床受到白云石碳酸盐岩控制,呈东西向分布于宽沟背斜南翼,岩体顺层侵入于中元古界白云鄂博群哈拉霍疙特岩组中,其展布方向与地层走向基本一致,局部略有斜交,接触面外倾。围岩蚀变强烈,具有黑云母化、角岩化、碳酸盐化、钠长石化、萤石化等。萤石随铁矿从富至贫而增加,与稀土则有同步消长趋势。

二、磷矿

内蒙古已发现磷矿床(点)集中分布在中西部地区。大地构造位置属华北陆块区狼山-阴山陆块、鄂尔多斯陆块、阿拉善陆块。Ⅲ级成矿区带属阿拉善(台隆)铜镍铂铁稀土磷石墨芒硝盐成矿亚带、华北地台北缘西段金铁铌稀土铜铅锌银镍铂钨石墨白云母成矿带、鄂尔多斯西缘(台褶带)铁铅锌磷石膏芒硝成矿带。

1. 沉积变质型磷矿

矿床分布在华北陆块区、狼山-阴山陆块、狼山-白云鄂博裂谷带。Ⅲ级成矿区带属华北地台北缘西段金铁稀土铜铅锌磷成矿带；Ⅳ级成矿区带分属白云鄂博-商都金铁稀土铜磷成矿亚带、霍各乞-东升庙铜铅锌硫铁成矿亚带；Ⅴ级成矿区带分属浩牙日胡都格-老羊壕金磷铁矿集区、炭窑口-东升庙硫铅锌铜磷矿集区。

2. 沉积型磷矿

矿床分布在华北陆块区鄂尔多斯陆块贺兰山被动陆源盆地和阿拉善陆块龙首山基底杂岩带。Ⅲ级成矿区带分属鄂尔多斯西缘(台褶带)铁铅锌磷石膏芒硝成矿带、阿拉善(台隆)铜镍铂铁稀土磷石墨芒硝成矿带；Ⅳ级成矿区带分属龙首山元古代铜镍铁稀土成矿亚带、贺兰山-乌海铁铅锌磷石膏芒硝煤成矿亚带；Ⅴ级成矿区带分属宽湾井铁磷矿集区、正目观-崔子窑沟磷矿集区。

3. 岩浆岩型磷矿

矿床分布在华北陆块区狼山-阴山陆块固阳-兴和陆核。Ⅲ级成矿区带属华北地台北缘西段金铁稀土铜铅锌磷成矿带；Ⅳ级成矿区带属乌拉山-集宁金银铁铜铅锌石墨白云母成矿亚带；Ⅴ级成矿区带属盘路沟-三道沟磷矿集区。

三、菱镁矿

内蒙古索伦山、贺根山等超基性岩带分布地区均有菱镁矿分布。察汗奴鲁菱镁矿典型矿床与早二叠世纯橄榄岩和斜方辉橄岩有关。这两种岩体所形成的蛇纹岩易于发生化学风化作用和分解作用。纯橄榄岩的淋滤作用比较剧烈，既有利于风化壳的形成，又便于菱镁矿的大量沉积。

四、硫铁矿

内蒙古是我国硫铁矿重要产地之一。现有上内蒙古矿产储量表的自然硫矿床 3 处，总储量为 8878.3×10^4 t；硫铁矿 17 处，储量为 $52\,136 \times 10^4$ t；伴生矿产地 20 处，储量为 $12\,224 \times 10^4$ t。

在内蒙古沉积变质型、沉积型、岩浆热液型、矽卡岩型 4 种成因类型的硫铁矿床中，以沉积变质型最重要，即以分布于华北地台北缘中新元古界渣尔泰山群控制的矿床为主。

1. 沉积变质型

东升庙-甲生盘沉积变质型硫铁矿含矿岩系为中元古界长城系渣尔泰山群阿古鲁沟组，含矿岩性主要为碳质细晶灰岩、碳质板岩、千枚状碳质粉砂质板岩。

该区地处狼山-白云鄂博裂谷带，构造线总体走向北东、北东东，狼山复背斜控制着硫铁矿和其他矿产的分布。炭窑口硫铁矿赋存于狼山复背斜北翼，含矿地层为走向北东、倾向北西、倾角 $50°\sim70°$ 的单斜构造。断裂构造十分发育，狼山南缘断裂尤为发育，以压扭性逆冲断层为主，倾向北西，倾角较缓，一般 $40°\sim60°$。北东东向断裂多为平推断层，切割北东向断层。另一组较为发育的断层为北北西向横向张扭性断层，断距大，多分布于狼山西段。两组次级断裂往往组成格状构造。

该区褶皱、断裂具有明显的继承性和叠加性，控制着狼山地区的展布方向和分布范围，也限定了沉积矿产和沉积变质矿产的找矿方向。在构造复合部位伴生的次级断裂，如果热液蚀变作用比较强，岩体和围岩蚀变比较明显,都有不同程度的矿化,往往形成工业矿体。

2. 沉积型

房塔沟-榆树湾沉积型硫铁矿产于中石炭统底部的铝土页岩中,岩层延深稍有呈波状构造,随奥陶系石灰岩风化壳而变化,矿层走向北西340°,倾斜南西,倾角5°~10°。矿石矿物有黄铁矿、黄铜矿、石膏、铝土页岩,黄铁矿在铝土页岩中分布,保持着较好的规律性,是接近于奥陶系石灰岩风化壳,铝土页岩底部多呈星散状分布。黄铁矿结核常呈不规则状出现,在疏软铝土页岩中生成的结核直径有几毫米至几厘米,结核有时以生物遗骸作为核心,因其核心集结而逐渐生长。

该区断裂构造并不发育,以北西-南东向为主,具有代表性的公盖梁南部的正断层,长约8.4km,倾向南西,切断含矿建造铝土页岩地层。另外规模比较大的北西-南东向正断层,位于寺儿沟、后三黄水一带,长度分别为2.4km和4km,倾向均为南西,横切寒武系三山子组;其次为北东向正断层,位于清水河县西部,长度约2km,倾向南东,其中一条正断层倾向北西,长约1km。

3. 岩浆热液型

(1)别鲁乌图-白乃庙岩浆热液型硫铁矿:矿区内主要地层有古元古界宝音图岩群灰色榴石二云石英片岩、石英岩夹透闪石大理岩;上石炭统本巴图组活动陆缘类复理石、碳酸盐岩夹火山岩建造;下二叠统基性、中酸性火山岩及硅泥岩;中下二叠统大石寨组陆缘弧火山岩、火山岩屑复理石建造;中二叠统哲斯组残留陆表海碎屑岩、碳酸盐岩夹火山岩建造。中生界白垩系和新生界古近系、新近系、第四系均有不同程度出露。与别鲁乌图硫铁矿关系密切的地层主要为上石炭统本巴图组。

岩浆岩以海西晚期侵入岩在区域上广泛分布,主要为黑云母花岗岩。按其侵入顺序可分为4个较大的活动期。以第一、二期活动较强,岩性分布较广,多呈岩基状产出。

该区较大的断裂构造主要有两条:一是产于区域东部的80号断层,呈北东向,全长25km,断层为逆断层,构造面倾向南东,倾角不详,发育于海西晚期和燕山期花岗岩体中;二是产于西部谷那乌苏以南的40号断层,走向近东西向,长度5.5km,在东部表现为正断层,在西部性质不明,产于青白口系白乃庙组第五段第一岩性层内。其余为一些规模较小的断层,在该区零星分布,按其产出的方向可分为近东西向、北东向和北西向3组,正断层、逆断层和平移断层均有产出。

根据该区地层间存在较大的不整合,说明构造运动主要有加里东期、海西期、燕山期和喜马拉雅期。其中以海西期构造运动表现最为强烈,是本区的主要褶皱期。

(2)拜仁达坝-哈拉白旗岩浆热液型硫铁矿:该区侵入岩十分发育,主要为海西期石英闪长岩-闪长岩,二叠纪中性、中酸性侵入岩,三叠纪基性、中性侵入岩,燕山期中酸性侵入岩,其中海西期石英闪长岩是拜仁达坝矿区银多金属矿含矿母岩。侵入到宝音图群(锡林郭勒杂岩)和上石炭统本巴图组地层中,并在下二叠统砂砾岩内见其角砾。矿物成分主要为石英、斜长石、角闪石,具片麻理构造,片麻理方向与区域构造线方向一致。锆石U-Pb同位素年龄为315.2~316.7Ma。该岩体暗色矿物为角闪石,浅色矿物为斜长石和石英,副矿物为锆石,不透明矿物为磁铁矿、黄铁矿。

燕山期花岗岩类分布于该区南北两侧,北侧呈小岩株零星出露,主要为肉红色花岗岩,具半自形花岗结构,块状构造,矿物成分为石英、斜长石、钾长石和黑云母。南侧为出露于北大山地区的花岗岩基,为浅灰色斑状花岗岩,矿物成分以斜长石为主,石英次之,含少量钾长石,侵入于中下侏罗统地层,但被上侏罗统酸性火山岩覆盖,同位素测年为159Ma。

海西期石英闪长岩-闪长岩为硫铁矿的形成提供热源。

该区褶皱构造为米生庙复背斜,由一系列的小背斜、向斜组成,褶皱轴向北东,由锡林郭勒杂岩组成复背斜轴部,石炭系、二叠系组成翼部。断裂构造以北东向压性断裂为主,其次为北西向张性断裂,而近东西向压扭性断裂不甚发育,但拜仁达坝矿床矿体受东西向压扭断层控制。中亚造山带包含了多期次的岩浆弧增生地体,不同时代多种属性的微陆块,以及多条代表古洋盆残骸的蛇绿混杂带,被共识为强增生、弱碰撞的大陆造山带或增生型造山带。该造山带经历了多期次的洋盆形成、俯冲-消减和闭合,最终形成于古生代末—三叠纪初的中朝板块与西伯利亚古板块之间的大陆碰撞。因此,在中亚造山带广泛发育以锡林郭勒杂岩为代表的古生代变质杂岩,锡林郭勒杂岩的主要岩性为黑云母斜长片麻岩,变质相为角闪岩相,变质作用温度为540~550℃,压力为0.5~0.6GPa,原岩主要为晚古生代岛弧环境的钙碱性火山岩建造。主要侵入体东生庙岩体岩性与苏尼特左旗白音保力道岩体相似,白音保力道岩体的SHRIMP锆石U-Pb年龄为309±8Ma,两者同位素年龄相近。据此认为,该区石英闪长岩-闪长岩的形成构造背景可能与白音保力道岩体相同,均为石炭纪—二叠纪的岩浆弧。

拜仁达坝伴生硫铁矿在受到侵入岩提供热源的同时,与断裂构造也是密不可分的,断裂构造为成矿的主要通道及有利场所。

(3)朝不楞-霍林河岩浆热液型硫铁矿:该区大面积被新生界覆盖,古生代地层发育中上泥盆统塔尔巴格特组,周边出露地层除少量奥陶系、志留系外,还出露晚侏罗世满克头鄂博组、玛尼吐组、白音高老组火山岩等。多期次活动的北东向区域性断裂,控制了燕山期中—酸性侵入岩的侵位及其展布方向。含矿岩系为中上泥盆统塔尔巴格特组,即与燕山期中—酸性侵入岩接触带的外接触带中矽卡岩带是铁多金属矿床形成的有利构造部位。

大地构造单元属天山-内蒙地槽褶皱系内蒙古海西中期褶皱带二连-东乌珠穆沁旗复背斜的东部北翼。褶皱构造比较发育,主要褶皱期有加里东中、晚期,海西早、晚期和燕山早期,其中以海西早期的构造最发育。断裂构造也较发育,大致可分为北东向、北北东向和北西向3组,其中以北东向最发育,多发生在加里东期和海西期,而北北东向和北西向多发生在燕山期。与岩浆岩有关的矿床、矿点和推断与矿有关的磁异常呈北东向带状分布,主要是受北东向区域构造所控制,燕山早期第二次黑云母花岗岩侵入到中奥陶统汉乌拉组下岩段和中泥盆统塔尔巴格特组下岩段地层中,在成矿有利的外接触带内,形成矽卡岩型铁锰多金属矿床,沿断裂破碎带的某些地段有时发生热液型磁铁矿化作用,矿带、矿体的分布与北东向断裂破碎带有关。

4.海相火山岩型

(1)六一-十五里堆海相火山岩型硫铁矿:矿床赋存于片岩带中,片岩带则赋存于酸性熔岩与凝灰质中酸性熔岩的过渡带中,此带与上下熔岩大致呈过渡关系。

矿区位于内蒙-大兴安岭海西中期褶皱系、大兴安岭海西中期褶皱带、三河镇复向斜内,属得耳布尔-黑山头中断陷和东南沟中拗陷交会部位。该区大面积出露的中生代火山岩,基本是与北东向构造有着成生的联系,各期火山岩层的倾角多为10°~15°,很少超过25°,而且显示单斜构造或与火山机构有关,这说明中生代地层没有褶皱作用,反映了陆台区构造的基本特点。断裂活动较强,以北东向断裂为主,其次为北西向和近南北向断裂。

(2)驼峰山-孟恩陶力盖海相火山岩型硫铁矿:与硫铁矿矿床形成有直接关系的火山岩建造是大石寨组流纹质凝灰岩建造、英安质凝灰岩建造、安山岩夹凝灰质砂岩建造,建造总厚度1120m,火山喷发旋回为大石寨旋回,岩石成因类型为壳幔混合源。

该区构造线总体呈北东向,主体为天山复式背斜。由于经历多期次构造活动的影响,背斜轴部及两翼东西向、北东向、北西向断裂构造发育,大部分地区形成菱形断块或棋盘格式构造。

褶皱构造仅见于老房身—龙头山一带,称为老房身-驼峰山-龙头山背斜。背斜轴呈NE42°方向展布,轴部为中石炭统大理岩,两翼为下二叠统大石寨组中基性—中酸性火山岩。背斜两翼有黄铁矿体(化)出露,尤其是北翼更为集中。

断裂构造以北东-北东东向最发育,东西向次之,北西向断裂规模较小。北东-北东东向断裂以黄岗梁-甘珠尔庙断裂带最大,沿北东向纵贯全区,该断裂带发生于二叠纪,活跃于中生代,它不仅控制着早二叠世海槽的沉积相、中生代的断裂边界、花岗岩带的展布,同时控制硫多金属矿床的分布。

五、重晶石矿

内蒙古至今尚无一处重晶石矿上储量表产地,仅有矿点 2 处,即扎兰屯巴升河重晶石矿点和牙克石一指沟重晶石矿点,2 处矿点都具有一定规模。

巴升河重晶石典型矿点与早白垩世正长花岗岩有关,岩体为后期侵入于满克头鄂博组地层中,并受断裂构造的影响,含矿热液随着断裂带运移,为重晶石矿的形成起到了先期条件。

第七章 结 论

1. 取得的主要成果

（1）充分收集了内蒙古自治区不同时期的遥感数据资料，对内蒙古自治区范围的 ETM、ASTER、Rapideye 高分辨率数据进行系统的图像处理，并形成内蒙古自治区的遥感影像镶嵌图，所成图像色彩丰富、影像清晰、校正精度较高，为本项目不同比例尺遥感信息的提取奠定了良好的基础。

（2）在内蒙古自治区 1∶50 万遥感地质构造解译中，将内蒙古断裂构造划分为巨型、大型、中型、小型，其中巨型断裂带 10 条、大型断裂带 20 余条、小型断裂带 2000 多条，解译出上百条大型脆韧性变形构造带，2000 多个环形构造，并对上述解译内容的形成机制、空间分布特点及其与矿产的关系等进行了详细的描述，为内蒙古自治区大地构造研究、成矿规律分析、区域成矿预测提供了翔实的遥感资料。

（3）全面完成了覆盖内蒙古自治区 1∶25 万遥感资料应用研究工作，在全面编制 1∶25 万遥感影像图的基础上，针对内蒙古自治区地质构造背景、成矿规律和 14 个三级成矿带开展并完成了遥感地质矿产特征解译、遥感羟基和铁染异常信息提取工作，为内蒙古自治区基础地质构造研究和区域找矿预测提供了遥感依据。

（4）在全面执行内蒙古自治区总体项目要求、配合各专题研究的基础上，充分总结出共 177 个预测工作区、71 个典型矿床的遥感找矿要素和遥感矿化蚀变异常特征，为内蒙古自治区矿产资源量的预测提供了重要遥感预测要素。

（5）针对内蒙古自治区西部地区基岩裸露、东部地区覆盖严重的实际情况，在全面完成 ETM 数据提取遥感羟基、铁染异常信息基础上，对东部地区和西部地区分别开展了 ASTER 数据遥感异常信息的提取及对比研究工作，取得了很好的效果。

（6）在全国遥感汇总组的指导下，参考新疆、青海、甘肃等第四系盐湖型钾盐矿床的成矿规律及分布状态，提出了内蒙古自治区阿拉善盆地、巴丹吉林沙漠、腾格里沙漠等区域存在工业型钾盐矿床的可能，提出了以遥感为主要方法开展工业型钾盐矿床遥感找矿研究项目，得到了内蒙古自治区有关部门的批准，有望在内蒙古自治区钾盐找矿领域取得突破。

2. 遥感技术在内蒙古自治区矿产资源潜力评价中的地位和贡献

（1）遥感技术在内蒙古自治区矿产资源潜力评价中的地位。自然界中的地质构造及其赋存的各类地下矿产资源，在地表均不同程度地遭受到长期外动力地质作用，形成一定的地表地质特征，并且与自然地理密切相关，利用遥感图像识别地质构造、岩石类型、隐伏岩体及其所赋存的矿产资源等地质信息，是其他方法无法比拟的重要手段，具体表现在以下 4 个方面：①遥感图像视域广、概括性强，能在一张或几张图像上把规模较大的构造形迹完整地表现出来，既能得到整体概念，又便于了解平面上的变化特征。②遥感图像立体感强，便于获得构造形迹的三度空间变化特征。③利用遥感数据的多光谱段特点对不同岩石类型以及不同矿物组合的光谱反射率差异，通过计算机处理，可提取与矿化相关的遥感异常信息。④将遥感信息、物探、化探与地质相结合，建立地质、物化探、遥感综合找矿模式，可获取大量新的地质找矿信息。由此认为，遥感技术在整个项目中具有十分重要的地位。

(2)遥感技术在整个项目中的贡献。在"内蒙古自治区1∶50万遥感构造解译"中,对全区的构造形迹进行了重新厘定,并对全区断裂构造进行巨型、大型、中型、小型4个级别的划分,为内蒙古自治区构造区划以及大地构造相研究提供了重要依据。

在"内蒙古自治区1∶25万遥感矿产地质特征解译"中,首次对内蒙古范围进行遥感线、带、环、色、块"五要素"解译,为内蒙古自治区成矿规律研究及成矿区带划分提供了有用信息。对内蒙古自治区20个矿种预测工作区及相应典型矿床所在地区进行的1∶10万精度的矿产地质特征与近矿找矿标志解译,确定了各典型矿床遥感成矿要素,为编制内蒙古自治区20个矿种预测要素图、圈定预测区提供了新的证据。利用ETM数据对全区范围进行的遥感异常提取,其成果可作为内蒙古自治区成矿规律研究及成矿预测的又一依据。

3. 存在的问题

(1)遥感矿产地质特征解译采用"ETM+数据"为解译数据源,遥感解译对象为具诊断性意义的线、环、色、带、块"五要素"。解译人员的经验知识不足,存在漏判或误判。

(2)遥感解译成果在现有的技术和资料的条件下,不能完全满足矿产组提出的要求。遥感可以做的地质解译是区分侵入岩体和蚀变带,但对于较深的隐伏岩体却不能够做到详细的解译,除非有围岩蚀变。针对具体的年代,遥感图像的解译也不能具体划分,只能结合已有的基础地质图和地质报告进行年代的识别,是一个综合的过程。

(3)受资料及工作时间的限制,未能顺利开展深入的综合研究。

4. 工作建议

由于本次全国矿产资源潜力评价时间紧、任务重、内容多而复杂,大部分时间在忙于事务性、程序性的工作,深入研究不够,建议待项目总任务完成后,有计划地组织专业人员做后续的研究和资料整理工作。

全国矿产资源潜力评价项目数据库要求填写的属性项的内容需进行进一步完善。

致　谢

全国重要矿产资源潜力评价项目于 2006 年启动,由内蒙古自治区国土资源信息院承担遥感专题部分,并组织前期的技术要求和软件学习培训。在此,向院领导乌恩、杨文海和裴兰英表示感谢!

本书由张浩主编,颜涛、陈卫东、郭欣、高枫、刘其梅等参加了部分章节编写。裴兰英、刘其梅、高枫、郭欣、贾丽亚、帅建华、李婷、丁玲负责资料收集整理工作。羟基及铁染异常的工作方法、技术流程和提取工作由颜涛负责;成图由颜涛、刘其梅、高枫、郭欣负责;数据库由陈卫东和颜涛负责。具体章节分工如下:张浩、苏文、陈卫东负责本书的统稿和第一章、第二章、第四章、第五章和第六章的编写;颜涛负责第一章部分内容、第三章的编写;陈卫东负责结论的编写。

项目组工作人员情况表

人员	职称	项目工作年度(年)									供职情况
		2007	2008	2009	2010	2011	2012	2013	2014	2015	
张浩	高级工程师	√	√	√	√	√	√	√	√	√	在职
裴兰英	副研究馆员	√	√	√							在职
苏文	高级工程师							√	√	√	在职
颜涛	助工	√	√	√	√	√	√	√	√	√	在职
郭欣	助工			√	√	√	√	√	√	√	在职
蔡树彬	工程师						√	√	√		聘用专家
陈卫东	助工				√	√	√				聘用专家
高枫	助工				√	√	√	√	√		在职
刘其梅	助工				√	√	√	√	√		在职
帅建华	工程师							√	√	√	在职
贾利亚	高级工程师				√	√	√	√	√		在职
李婷	助工						√	√	√		在职
丁玲	助工						√	√	√		在职

本书涉及的内容、方法不仅面宽，而且复杂，由于安排提交报告时间有限，资料收集不全，又由于我们的业务水平有限，也没有时间做更深入的研究，书中有疏漏与不当之处，恳请读者批评指正。

本项目自启动至今，始终得到全国项目办、大区项目办的技术支持，特别对于学政老师、唐文周老师、李建国老师等这几年的技术支持和帮助，对此深表感谢！